新手入职训练

EXCEL

公式与函数处理数据

杨小丽◎ 编著

中国铁道出版社有限公司
CHINA RAILWAY PUBLISHING HOUSE CO., LTD.

内 容 简 介

　　本书重点介绍了 Excel 公式与函数在数据处理中的具体应用，全书共 9 章，可划分为两个部分：第一部分为本书的基础入门部分，其内容主要是帮助初学者快速掌握利用公式与函数进行数据处理所必须要掌握的知识与技能；第二部分为本书的重点部分，其内容从行政与人事、财务、产销这 3 个方面介绍了公式与函数在实战问题中的应用。通过对本书的学习，可以帮助读者了解大部分常见函数的具体应用，并学会一些常见职场数据处理问题的解决方法。

　　由于本书案例较多，并且对每个问题的解决方法、使用公式以及涉及的函数都进行了全面讲解，特别适合刚进入职场的 Excel 新手读者学习，另外，对于需要使用公式与函数处理各种计算问题的初、中、高级 Excel 用户也有一定的指导作用。

图书在版编目（CIP）数据

新手入职训练:Excel 公式与函数处理数据/杨小丽编著.—北京：中国铁道出版社有限公司，2019.5
ISBN 978-7-113-25588-6

Ⅰ.①新… Ⅱ.①杨… Ⅲ.①表处理软件 Ⅳ.①TP317.3

中国版本图书馆 CIP 数据核字（2019）第 039421 号

书　　名：新手入职训练：Excel 公式与函数处理数据
作　　者：杨小丽　编著

责任编辑：于先军		读者热线电话：010-63560056	
责任印制：赵星辰		封面设计：MXK DESIGN STUDIO	

出版发行：中国铁道出版社有限公司（100054，北京市西城区右安门西街 8 号）
印　　刷：三河市宏盛印务有限公司
版　　次：2019 年 5 月第 1 版　　2019 年 5 月第 1 次印刷
开　　本：700 mm×1 000 mm　　1/16　　印张：16　　字数：214 千
书　　号：ISBN 978-7-113-25588-6
定　　价：49.80 元

前言
PREFACE

数据的分析与处理工作是任何企业良性发展的重要保障，因为通过对企业的各种数据进行分析，可以及时地掌握公司的现状，也可以为领导制订计划和运营决策提供数据基础。

在这个注重办公效率的时代，如何快速、准确地处理各种数据，是企业对工作人员最基本的要求。Excel 中的公式与函数作为数据计算与处理的高效工具，也是职场人士必须掌握并熟练运用的。对职场新人而言，由于缺乏实战经验，软件操作也不熟练，难免存在以下问题：

函数种类繁多，每个种类又有许多子类，全部记住是不可能的；

刚入职场，对于一些问题不知道采用什么方法来处理；

虽然知道要对数据作何处理，但是不知道用哪个函数来解决；

…………

为了帮助更多的职场新人快速掌握 Excel 的公式与函数，并在实战的办公过程中快速解决相关的问题，我们编著了本书。

主要内容

本书共 9 章，大致可以划分为两大部分，分别为数据处理基础与数据处理实战。各部分的具体内容见下表。

	数据处理基础	第 1 章 新手学数据处理必会知识与技巧
数据处理实战	行政与人事数据处理	第 2 章 招聘与培训管理数据处理 第 3 章 员工档案数据处理 第 4 章 员工考勤与出差数据处理
	财务数据处理	第 5 章 员工工资数据处理与分析 第 6 章 公司日常财务数据管理 第 7 章 成本与货款数据的处理
	产销数据处理	第 8 章 采购与订单数据的处理 第 9 章 销售与库存数据的处理

其中，"数据处理基础"主要是针对 Excel 新手而言，要使用公式与函数处理数据时必须掌握的基础知识和技能操作；"数据处理实战"部分包括 3 方面，分别是行政与人事数据处理、财务数据处理、产销数据处理，这部分内容分别列举了各个领域中的常见问题，让读者能够真正接触并学会职场问题的解决方法。

内容特点

- **实战案例，全面提升实战技能**

本书介绍了 Excel 中各类函数中最常用的 70 多个函数，并通过近百个实战案例，全面介绍了各种函数的实战应用和综合应用，让读者大量累积职场中问题的解决方法，提升解决实际问题的能力。

- **拉通编号，现用现查更灵活**

本书从第 2 章开始，将所有的案例进行拉通编号，每个 NO.编号就是一种问题的解决，方便读者灵活查找，快速找到对应问题的解决方法。

- **结构清晰，学得更透彻**

对于每个实战问题都进行了职场情景描述，而且对应添加了"解决方法"和"公式解析"板块，帮助读者理清解决思路，读懂使用的公式，方便举一反三。而且对于初次使用的函数，都有专门的"知识看板"板块，对公式的语法结构和具体的使用说明进行详解，让读者学得更透彻。

读者对象

本书定位于希望快速掌握 Excel 中的公式与函数知识，使用 Excel 解决日常工作中各类数据处理与计算问题的初、中、高级用户，尤其对刚进入职场的工作人员解决实战问题有很大的帮助。同时，本书也可以作为大中专院校或电脑培训机构相关专业的教材。

由于编者知识有限，加之时间仓促，书中难免会有疏漏和不足之处，恳请专家和读者不吝赐教。

编　者
2019 年 3 月

配套资源下载网址
http://www.m.crphdm.com/2019/0306/14018.shtml

第4章　员工考勤与出差数据处理

第5章　员工工资数据处理与分析

第6章　公司日常财务数据管理

第 9 章 销售与库存数据的处理

配套资源下载网址

http://www.m.crphdm.com/2019/0306/14018.shtml

第1章

新手学数据处理必会知识与技巧

　　Excel 以其强大的表格制作与数据处理功能，被广泛应用于现代化商务办公中，尤其是公式与函数的应用，在数据处理方面的作用更加强大。但是，作为新手而言，在使用公式与函数进行数据处理和计算之前，首先要学会一些必知的基础知识和掌握一些技巧操作，才能更好地完成数据处理工作。

1.1 数据计算中的单元格有哪些引用形式

单元格的引用是数据计算中重要的内容，要使用哪个位置的数据，直接引用该单元格即可，但是不同的引用方式、不同的引用位置，得到的数据计算结果是不同的。因此，要想更清晰地在 Excel 中完成数据的计算，就必须了解清楚单元格的各种引用方式。在 Excel 中，单元格的引用类型可按不同的方式划分，如图 1-1 所示。

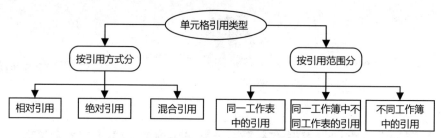

图 1-1　单元格引用类型的划分

1.1.1
区分相对应用、绝对应用与混合应用

无论以什么方式划分，相对引用、绝对引用和混合引用 3 种引用类型是公式中最基本的引用类型，也是决定公式移植到其他单元格中计算结果是否正确的主要因素。下面具体来认识这 3 种引用类型。

◆　相对引用

相对引用是指公式中引用的单元格地址随着公式所在位置或被引用单元格的位置的变化而变化。此引用类型是 Excel 默认的引用类型，也是利用同一个公式计算不同记录中相似位置的数据时使用的引用方式。

如图 1-2 所示，在 D2 单元格中使用"=A2*B2"公式计算结果，因为公式使用相对引用方式，复制公式后，在 D3、D4 单元格中系统自动将公式中单元格的行号和列标同时进行更改，得到公式"=A3*B3""=A4*B4"，并计算结果。

	A	B	C	D	E	F	G
1	数据A	数据B	使用公式	计算结果			
2	1	1	=A2*B2	1			
3	2	2	=A3*B3	4			
4	3	3	=A4*B4	9			
5							

图 1-2　相对引用示例

◆　绝对引用

相对于相对引用，绝对引用是指无论将公式复制到什么位置，公式中引用的单元格地址始终保持不变。此引用类型通常用于通过某公式计算一系列数据的过程，需要引用某一个固定的单元格的情况。在形态上，绝对引用的单元格行号和列标之前加入了 "$" 符号。

如图 1-3 所示，在 D2 单元格中使用 "=A2*\$B\$2" 公式计算数据结果，由于数据 B 使用绝对引用方式，复制公式后，在 D3、D4 单元格中系统自动将公式中数据 A 单元格的行号和列标同时进行相应的更改，而数据 B 的单元格地址保持不变，得到公式 "=A3*\$B\$2" "=A4*\$B\$2"，并计算结果。

	A	B	C	D	E	F	G
1	数据A	数据B	使用公式	计算结果			
2	1	1	=A2*\$B\$2	1			
3	20	2	=A3*\$B\$2	20			
4	30	3	=A4*\$B\$2	30			
5							

图 1-3　绝对引用示例

◆　混合引用

混合引用是指在一个单元格的地址引用中，既有相对引用，又有绝对引用。在复制公式后，相对引用部分改变，绝对引用部分不改变。

如图 1-4 所示，在 D2 单元格中使用公式 "=A\$2*\$B2" 计算数据结果，由于数据 A 的行号和数据 B 的列标都使用绝对引用方式，复制公式后，数据 A 的列标和数据 B 的行号同时进行相应的更改，数据 A 的行号和数据 B 的列标保持不变。因此，D3、D4 得到的公式为 "=A\$2*\$B3" "=A\$2*\$B4"，并计算结果。

	A	B	C	D	E	F	G
1	数据A	数据B	使用公式	计算结果			
2	1	1	=A$2*$B2	1			
3	20	2	=A$2*$B3	2			
4	30	3	=A$2*$B4	3			
5							

图 1-4　混合引用示例

TIPS *巧用【F4】键转换引用类型*

　　要将相对引用转换为绝对引用，除直接输入"$"符号外，也可在公式的单元格地址前或地址后按【F4】键，如"D2"，第一次按【F4】键变为"$D$2"，第二次按变为"D$2"，第三次按变为"$D2"，第四次按变为"D2"。

1.1.2
跨工作表的单元格引用方法

　　前面讲解的单元格的相对引用、绝对引用和混合引用是在同一工作簿的同一工作表中直接进行的。如果要在当前工作簿中引用不同工作表的单元格，其引用格式为：工作表名称!单元格地址。

　　图 1-5 所示为在"年度总销量"工作表中引用"上半年"工作表和"下半年"工作表中的 F3 单元格的值来计算"年度总销量"数据的效果。

图 1-5　相同工作簿中不同工作表单元格的引用

1.1.3
跨工作簿的单元格引用方法

　　如果当前工作簿中的某个数据需要使用其他工作簿中的数据，则会涉及不同工作簿中单元格的引用。在 Excel 中，如果要在不同工作簿中引用单元格，则其引用格式为：=[工作簿名称.xlsx]工作表名称！单元格地址。

图 1-6 所示为在"产品年度销售情况"工作簿的"年度总销量"工作表中引用"上半年销量"工作簿中"上半年"工作表的 F3 单元格的值来计算"上半年销量"数据的效果。

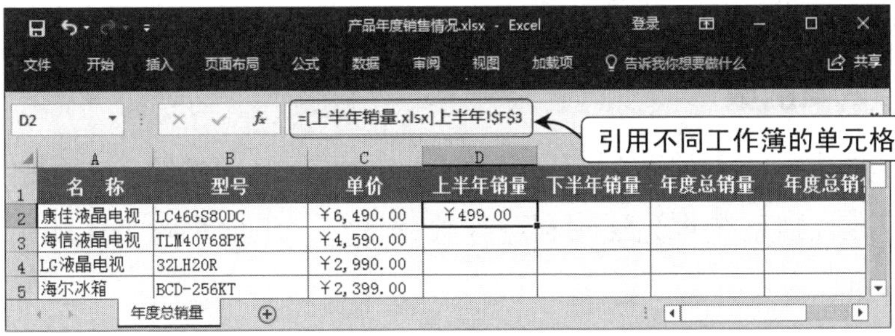

图 1-6　不同工作簿中单元格的引用

需要注意的是，在引用不同工作簿中的单元格时，要确认需要操作的工作簿都是打开状态，如果被引用的工作簿是关闭状态，则只有使用"'工作簿存储地址[工作簿名称]工作表名称'!单元格地址"格式才能完成不同工作簿中的单元格引用，如图 1-7 所示。

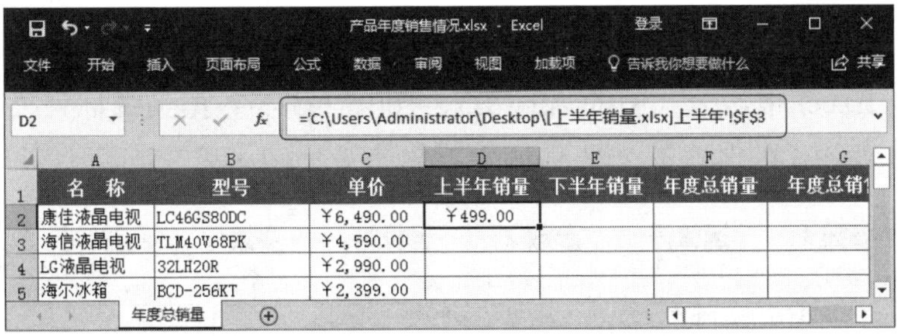

图 1-7　引用未被打开的工作簿中的数据

TIPS 不同范围的单元格地址引用情况

无论是在相同工作簿还是不同工作簿中引用单元格,其引用格式中的单元格地址引用可以是相对引用、绝对引用和混合引用,但默认情况下,在相同工作簿中的单元格引用都是相对引用,而在不同工作簿中的单元格引用为绝对引用。

1.2 用公式与函数处理数据必会操作

公式与函数是在处理数据中应用最广泛的功能，但凡与计算相关的数据处理，都离不开公式与函数的应用。因此，学会公式与函数的一些基本知识和必会操作，是快速完成数据计算的前提。

1.2.1
认清公式与函数

在 Excel 中对数据进行各种计算操作时，都必须按照一定的格式和规则进行，否则系统将无法顺利进行数据计算。下面将对公式和函数的一些基本知识进行介绍。

1. 了解公式结构

在 Excel 中，公式是用于计算数据结果的等式，它总是以等号 "=" 开始，然后将各种计算数据使用不同的运算符连接起来，从而有目的地完成某种数据结果的计算。

例如，"=A3+B3+100-D3" 就是一个简单的公式示例。从这个示例可以看出，等号、单元格引用、常量、运算符等元素是构成公式的基本元素，在 Excel 中，公式中的 A3、B3、100、D3 等数据又统称为公式的参数。组成公式的各个元素的具体作用和要求如图 1-8 所示。

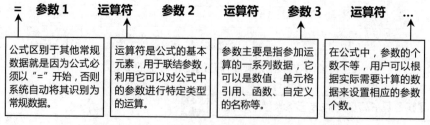

图 1-8 公式中包含的各个元素的作用和要求示意

2.　了解函数的结构和类型

在 Excel 中，通常所说的函数其实是指 Excel 的工作表函数，它是由系统事先将参数按照某种特定顺序和结构预定好，用于完成某些特殊计算和分析的功能模块。函数主要由函数名、标识符和参数 3 部分组成，各部分的具体作用如图 1-9 所示。

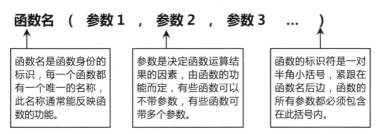

图 1-9　函数中包含的各个元素的作用和要求示意

函数中包含了特定的运算，通过向函数传递参数，即可返回需要的结果，但是要在单元格中显示函数返回的结果，则需要将函数添加到公式中，即在函数名左侧添加"="号，如"=SUM(1,5,8)"表示求 1、5 和 8 这 3 个数值的和。

在 Excel 中，由于不同函数返回的数据的类型不同，因此，不同的函数其参数的类型也不相同。可指定为函数参数的类型有常量、数组、单元格引用、逻辑值、错误值等，其各自的含义如下。

◆　**常量**：指在数据计算过程中值不会发生改变的量，如数字"10"、文本"销售部"等。

◆　**数组**：用来创建可生成多个结果，或者对行和列中排列的一组参数进行计算的单个参数。

◆　**单元格引用**：与公式表达式中的单元格引用的含义相同。

◆　**逻辑值**：包括真值（TRUE）和假值（FALSE）。

◆　**错误值**：形如"#N/A""#NAME"等的值。

Excel 提供的函数种类繁多，为了方便使用，可将函数分为不同的类别，各类别下的函数可完成一些功能相似的运算，用户可以通过"公式"选项卡的"函数库"组查看，如图 1-10 所示。

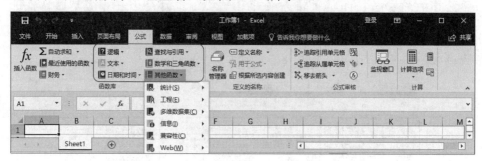

图 1-10 "公式"选项卡的"函数库"组

不同类别的函数可以对不同的数据进行处理，如文本函数主要用于文本字符串的处理；统计函数主要用于分析和统计一个范围内的数据的特性；数学和三角函数主要用于基本的数学运算和三角方面的数据计算；逻辑函数主要用于测试给定的表达式是否满足条件，并根据测试结果返回逻辑值 TRUE 或 FALSE。

本书将对这些类别的函数中的常用函数的不同使用方法进行实例讲解，方便读者快速掌握这些函数的应用，并学会解决实战问题。

1.2.2
公式中的运算符和优先顺序

在数据计算中，运算符是公式的重要组成部分，掌握着公式如何计算各参数的决定权。本节将具体介绍公式中的各种运算符及其优先级的相关知识。

1. 公式中的 4 种运算符

在 Excel 中，可以将运算符划分为 4 种类型，分别是算术运算符、比较运算符、文本运算符和引用运算符。下面对每种运算符进行介绍。

◆ **算术运算符**：主要用于对数据进行各种数学运算。各种算术运算符的具体详解如表 1-1 所示。

表 1-1　各种算术运算符详解

运算符	描　述
+	用于操作数的加法运算，如=1+2 结果为 3
−	用于操作数的减法运算，如=2-1 结果为 1
*	用于操作数的乘法运算，如=2*3 结果为 6
/	用于操作数的除法运算，如=1/2 结果为 0.5
%	用于操作数的百分比运算，如=10%结果为 0.1
^	用于操作数的乘方运算，如=2^3，结果为 8（相当于 2*2*2）

TIPS *"+"和"-"运算符的特殊用法* 🔍

在算术运算符中，"+"和"−"运算符既可以联结两个操作数，也可以联结一个操作数，当只联结一个操作数时用于标识数据的正负情况，如"+9"表示正数9，"−9"表示负数9。

◆ **比较运算符**：主要用于比较两个不同数据的值，当等式成立，则结果返回逻辑值 TRUE；当等式不成立，则结果返回逻辑值 FALSE。各种比较运算符的具体详解如表 1-2 所示。

表 1-2　各种比较运算符详解

运算符	描　述
=	判断运算符两侧的操作数是否相等，如 2=2 结果为 TRUE
>	判断运算符左侧操作数是否大于右侧操作数，如 1>2 结果为 FALSE
<	判断运算符左侧操作数是否小于右侧操作数，如 1<2 结果为 TRUE
>=	判断运算符左侧操作数是否大于等于右侧操作数,如 2>=2 结果为 TRUE
<=	判断运算符左侧操作数是否小于等于右侧操作数,如 1<=2 结果为 FALSE
<>	判断运算符两侧的运算符是否不相等，如 1<>2 结果为 TRUE

◆ **文本运算符**：在 Excel 中，文本运算符只有一个，即和号（&），通常也被称为文本串联符或文本连接符，主要用于联结运算符两侧的文本数据，"部门："&"销售部"，结果为"部门：销售部"。

◆ **引用运算符**：主要用于对指定的单元格区域进行合并计算。在 Excel 中，引用运算符只有两个，其具体的详解如表 1-3 所示。

表 1-3　各种引用运算符详解

运算符	描　述
:	用于引用两个单元格及其之间的区域，如 A1:B4 表示以 A1 和 B4 单元格为对角矩形的单元格区域
,	用于将多个引用合并为一个引用，如=SUM(A1:A4,C1:C4)表示同时引用 A1:A4 和 C1:C4 单元格区域中的数据进行计算

2. 了解公式中 4 种运算符的优先顺序

在数据计算过程中，在公式中不可能都使用一种运算符，有时候会多种运算符同时使用来计算数据，当公式中同时使用多个运算符时，系统将遵循从高到低的顺序进行计算。对于相同优先级的运算符，将遵循从左到右的原则进行计算。在 Excel 中，各运算符从高到低的优先顺序如图 1-11 所示。

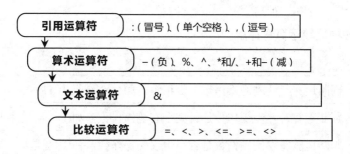

图 1-11　运算符的优先顺序

需要注意的是，上述运算顺序是默认情况下公式的运算顺序，根据需要也可以进行手动更改这些默认顺序，这就要用到括号运算符，但是在同一个括号中，如果存在多种运算符，则在这一括号中的所有数据，也要按照默认的运算符的优先顺序进行计算。

1.2.3
掌握公式的输入方法

公式的输入途径与输入普通数据的途径相同，可以通过编辑栏输入，也可以通过直接在单元格中输入，其具体的输入方法分为手动输入和选择单元格输入。

1. 手动输入公式的方法

手动输入公式的方法与输入数据的方法相同，直接输入"="后继续手动输入需要使用的公式的其他部分后按【Enter】键计算出结果，并选择该单元格同列下方的单元格。

对于确认公式，还可以通过按【Tab】键或按【Ctrl+Enter】组合键来完成。如果输入公式后，按【Tab】键，在计算出结果的同时选择该单元格右侧的单元格，如图 1-12 左图所示；如果输入公式后，按【Ctrl+Enter】组合键，在计算出结果后仍然保持当前单元格的选中状态，如图 1-12 右图所示，该方法用于同时查看数据结果和使用公式。

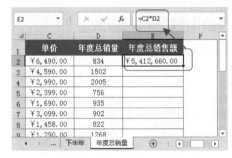

图 1-12 按【Tab】键（左图）和按【Ctrl+Enter】组合键（右图）确认公式

TIPS 通过编辑栏输入公式的说明

通过编辑栏输入公式非常适合较长公式的输入，因为在单元格中输入较长公式时，程序自动显示不完整或者会影响附近单元格的选择。

2. 选择单元格输入公式的方法

为了避免手动输入公式造成在公式中输入了错误的引用位置，可以通过选择单元格的方式来输入公式，其具体操作方法如下。

将文本插入点定位到目标单元格或者选择单元格后，输入"="，选择需要参加计算的第一个单元格确认公式的第一个操作数，如图 1-13 左图所示，然后输入运算符，并选择第二个单元格确认第二个操作数，如图 1-13 右图所示，用相同的方法完成公式的输入，按【Ctrl+Enter】组合键计算出结果。

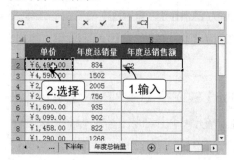

图 1-13　通过选择单元格的方式输入公式

1.2.4
掌握函数的输入方法

资源：素材\第1章\学生成绩表.xlsx　|　资源：效果\第1章\学生成绩表.xlsx

对非常熟悉函数的用户而言，可以直接在单元格中输入所需要的函数来计算数据，但是对初学者而言，对于函数的应用还不是特别熟悉，此时可以通过"插入函数"对话框来完成。

例如，要插入计数函数 COUNTA()函数来计算参加模拟测试的总人数，其具体操作如下。

STEP01　打开素材文件，选择B18单元格，单击"公式"选项卡，在"函数库"组中单击"插入函数"按钮，如图1-14所示。

STEP02　在打开的"插入函数"对话框的"搜索函数"文本框中输入"计数"关键

字，单击"转到"按钮，程序自动推荐根据关键字搜索到的相关函数，选择每个函数选项后即可在列表框下方查看到该函数具体的作用，以此来判断是否选择该函数，这里选择"COUNTA"选项，单击"确定"按钮，如图1-15所示。

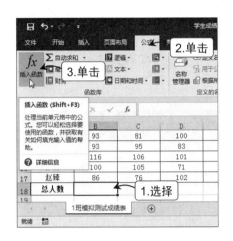

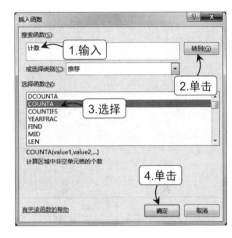

图 1-14 单击"插入函数"按钮　　　图 1-15 搜索并选择函数

STEP03 在打开的"函数参数"对话框中设置需要统计的单元格，由于这里只需根据任意一列数据来统计出个数即可得到总人数，这里选择B2:B17单元格，单击"确定"按钮，如图1-16所示。

STEP04 在返回的工作表中即可查看到，程序自动在B18单元格中计算了当前参加模拟测试的总人数，如图1-17所示。（本例得出正确结果有一个前提条件，即每个学生都参加了考试，且有对应的成绩，如果存在空单元格，则计算结果就不正确。）

图 1-16 设置函数参数　　　图 1-17 计算数据结果

在 Excel 中，如果知道函数的类别，只是不太记得住函数具体的参数用法，也可以通过在函数类别中选择函数来进行数据计算，例如在本例中，可以单击"公式"选项卡后在"函数库"组中单击"其他函数"下拉按钮，在弹出的下拉菜单中选择"统计"命令，在弹出的子菜单中选择"COUNTA"函数，如图 1-18 所示。程序会自动打开"函数参数"对话框，进行数据计算。

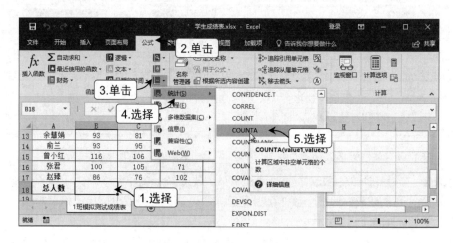

图 1-18　选择 COUNTA()函数

1.2.5
如何复制公式计算同类数据

资源：素材\第 1 章\学生成绩表 1.xlsx　　|　　资源：效果\第 1 章\学生成绩表 1.xlsx

在 Excel 中，很多时候同一个公式需要应用到多个单元格中计算相似数据，此时可在一个单元格中输入正确的公式，然将其复制到需要的单元格中从而快速完成同类数据的计算。

要完成公式的复制操作，可以选择包含公式的单元格，按【Ctrl+C】组合键或者在"开始"选项卡"剪贴板"组中单击"复制"按钮📋复制，再选择需要应用该公式的单元格，按【Ctrl+V】组合键或者在"开始"选项卡"剪贴板"组中单击"粘贴"按钮📋粘贴。此方法适用于将一个公式复制到少量分布不规则的单元格中。

　　如果在连续单元格中复制公式，此时可以通过自动填充控制柄来完成，所谓自动填充控制柄是指单元格被选中后的右下角位置。下面通过计算所有员工的总分成绩为例，讲解利用控制柄复制公式的相关操作。

STEP01　打开素材文件，选择F2单元格，在其中输入"=SUM(B2:E2)"公式，按【Ctrl+Enter】组合键后完成公式的输入并计算第一位学生的考试总分，如图1-19所示。

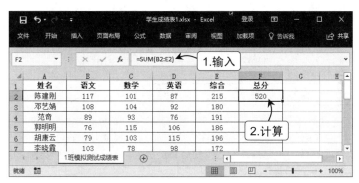

图 1-19　计算第一位学生的总分成绩

STEP02　将鼠标光标移动到F2单元格的控制柄上，当其变为➕形状时，按下鼠标左键并向需要填充公式的方向拖动鼠标到目标位置后，释放鼠标左键完成公式的复制，从而计算出其他学生的考试总分，如图1-20所示。

姓名	语文	数学	英语	综合	总分
陈建刚	117	101	87	215	520
邓艺娟	108	104	92	180	
范奇	89	93	76	191	
郭明明	76	115	106	186	
胡康云	79	103	115	196	
李晓霞	103	78	98	172	
刘毅	76	116	93	182	
柳凯	105	72	117	194	
王敬	70	83	83	175	

1.拖动

	83	175	411
	116	175	519
	73	217	480
	100	198	472
	83	191	462
	101	205	528
	71	181	457
	102	212	476

2.释放

图 1-20　复制公式计算其他学生的总分成绩

　　在利用控制柄复制公式时，在目标位置释放鼠标左键后，将出现一个"填充选项"按钮，如果填充的源单元格区域中存在属于自己的单元格格式，直接拖动控制柄复制公式时，都会将单元格的格式同步复制到其他单元格，如果只希望复制该单元格的公式，不希望将单元格的格式

复制到其他单元格，此时可以单击"填充选项"按钮，在弹出的列表中
选中"不带格式填充"单选按钮即可，如图 1-21 所示。

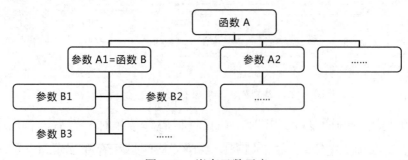

3	邓艺娟	108	104	92	180	484
4	范奇	89	93	76	191	449
5	郭明明	76	115	106	186	483
6	胡康云	79	103	115	196	493
7	李晓霞	103	78	98	172	451
8	刘毅	76	116	93	182	467
9	柳凯	105	72	117	194	488
10	王敏	70	83	83	175	411
11	徐佳	109	119	116	175	519
12	杨晓丽	108	82	73	217	480
13	余慧娟	93	81	100	198	472
14	俞兰	93	95	83	191	

○ 复制单元格(C)
○ 仅填充格式(F)
○ 不带格式填充(O)
○ 快速填充(F)

图 1-21　不带格式复制公式

TIPS *利用快捷方式复制公式*

如果在连续的单元格中输入公式计算数据，可以选择包含公式的单元格后，双击控制柄，程序自动将公式复制到当前列下方的所有记录对应的单元格中。也可以先选择这些不连续的单元格，输入公式后直接按【Ctrl+Enter】组合键即可将公式全部复制到这些单元格中。

1.2.6
理解函数的嵌套结构

由于函数最终的结果是一个值，因此可以将函数作为另一个函数的
参数，这种结构就是嵌套结构。其结构示意如图 1-22 所示。

函数 A

参数 A1=函数 B　　参数 A2　　......

参数 B1　　参数 B2　　......

参数 B3　　......

图 1-22　嵌套函数示意

在 Excel 2016 中，默认情况下，函数的嵌套级别限制为 7 级以内，

如果嵌套级别超过 7 级，则函数将无法进行运算。

此外，在使用嵌套函数的时候，对作为参数的函数也有要求，即作为参数的函数，其函数返回的类型必须与参数的类型相同，即图示中函数 B 的函数返回值的类型必须与函数 A 中该位置的参数的数据类型相同，否则 Excel 将显示"#VALUE!"错误。

1.2.7
你不得不知的数组公式应用

资源：素材\第 1 章\业绩统计表.xlsx　　|　　**资源**：效果\第 1 章\业绩统计表.xlsx

在 Excel 中，数组是指按一行、一列或多行多列排列的一组数据元素的集合。数组公式就是指按顺序计算这个数组中每一个元素的公式。

在数据计算过程中，如果出现统计模式相同而引用的单元格不同的情况，例如在某列单元格中计算几组数据，而每个单元格中的数据计算公式都相同。此时，可以利用数组公式来简化计算。

当利用数组公式计算数据时，Excel 的计算引擎自动对公式执行多重计算，即对公式中有对应关系的数组元素同步执行相同的运算，并在指定位置返回数组中的多个元素。

与普通公式不同的是，在确认输入的数组公式并计算公式结果时，是采用【Ctrl+Shift+Enter】组合键来完成的，并且使用数组公式计算数据结果，系统会自动在公式两边加上花括号"{}"，用户不能手动输入该花括号，否则 Excel 认为输入的是一个正文标签。

下面通过在业绩统计表中利用数组公式计算每位员工 2 季度的销售总额数据为例，讲解数组公式的应用及其相关操作。

STEP01 打开素材文件，在某工作表中选择需要存放计算结果的单元格区域，这里选择E2:E14单元格区域，在编辑栏中输入相应的计算公式，如"=B2:B14+C2:C14+D2:D14"，如图1-23所示。

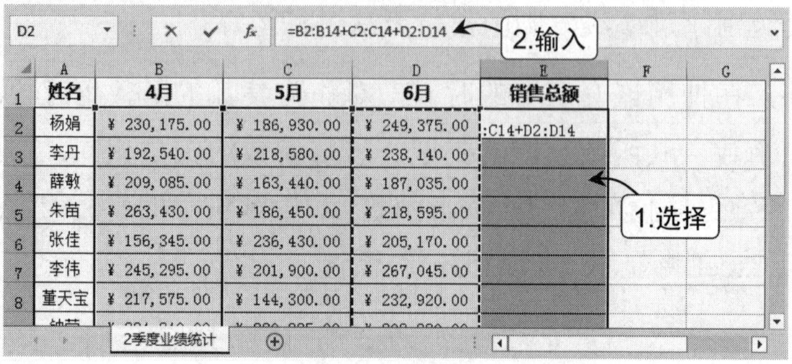

图 1-23　输入数组公式

STEP02 按【Ctrl+Shift+Enter】组合键，公式自动变为"{=B2:B14+C2:C14+D2:D14}"，同时在E2:E14单元格区域中快速对相应单元格中的数据进行计算，如图1-24所示。

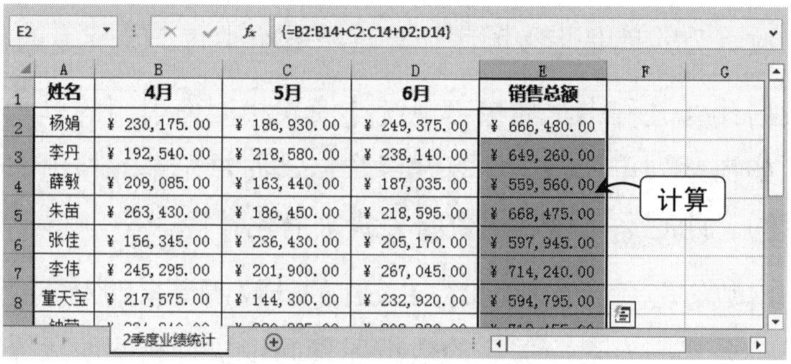

图 1-24　计算数据结果

　　需要特别说明的是，利用数组公式计算的结果是不能单独对其中的某一部分进行修改的，如上例中单独改变 E2:E14 单元格区域中的任意单元格，系统都会打开如图 1-25 所示的提示对话框。

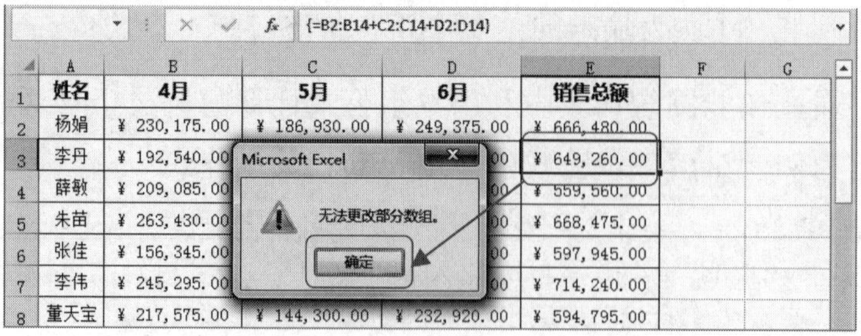

图 1-25　单独更改数组的某一部分时的提示对话框

若要删除结果单元格区域中的数组公式，则可以选择 E2:E14 单元格区域中的任意单元格，将文本插入点定位到编辑栏中，公式两边的花括号将自动消失，此时在编辑栏中选中公式后按【Delete】键将其删除，再按【Enter】键即可删除 E2:E14 单元格区域中的数组公式。

1.2.8
Excel中常见错误及解决方法

在 Excel 中，利用公式和函数计算数据时，如果使用的参数不符合要求，则可能导致数据无法进行计算，从而显示一些错误代码。当出现这些错误值后，初学者往往不知道原因出现在哪里，也就找不到解决问题的方法。因此，要想快速解决这些问题，首先就需要初学者能够看懂这些错误值。

下面列举一些常见的错误值及其对应的解决方法供读者学习，具体内容见表 1-4 所示。

表 1-4　Excel 中的常见错误及其解决方法

错误值	产生原因	解决方法
####	（1）单元格宽度过小；（2）计算日期和时间的公式或函数产生负值	（1）增加列宽；（2）检查日期与时间公式或函数是否正确
#DIV/0!	（1）公式中被除数直接输入为0；（2）用包含零值的单元格引用作除数	（1）将除数更改为非零值；（2）修改单元格引用，或在用作除数的单元格中输入不为零的值
#VALUE!	（1）当公式需要数字或逻辑值时，参数输入为文本；（2）为需要单个值（而不是区域）的运算符或函数提供了区域	（1）检查公式或函数所需的运算符或参数是否正确和引用数据的有效性；（2）修改数值区域，使其包含公式所在的数据行或列
#N/A	（1）为 HLOOKUP()等查询函数的 lookup_value 参数赋予了不适当的值；（2）使用的自定义工作表函数不可用	（1）检查 lookup_value 参数值的类型是否正确，如应引用值或单元格却引用了区域；（2）确认包含此函数的工作簿已经打开且函数工作正常

错误值	产生原因	解决方法
#NAME?	（1）公式中引用的名称不存在；（2）函数名称拼写或参数类型错误；（3）公式中引用的名称在当前工作表中无效；（4）漏输入了单元格区域引用中的冒号（:）；（5）对其他工作表的引用未包含在单引号中；（6）公式中引用的文本未添加双引号	（1）检查公式中名称的引用是否拼写错误，或者重新定义单元格名称；（2）修改为正确的拼写和参数类型；（3）修改被引用的名称的作用范围；（4）补上冒号；（5）检查被引用的工作表名称是否包含了非字母字符或空格，如果有，则必须将工作表名称包含在半角单引号内；（6）在公式中的文本类型的参数两端添加半角双引号
#NULL!	（1）使用了不正确的区域运算符；（2）单元格引用区域不相交	（1）检查并更改为正确的区域运算符；（2）更改引用，使其相交
#REF!	（1）公式引用的单元格被删除或者被其他公式引用的单元格覆盖；（2）使用的链接指向的程序未处于运行状态	（1）更改公式的引用，或者在公式出错后立即撤销刚才的操作；（2）立即启动链接所指向的程序
#NUM!	（1）在需要数字参数的函数中使用了无法接受的参数；（2）公式产生的结果太大或太小	（1）确保函数中使用的参数是数字；（2）更改公式，修改公式，使其计算结果保持在$-1\times10^{307}\sim1\times10^{307}$之间

1.3　计算的数据结果怎么保护

在了解了一些数据计算的基本操作后，初学者有必要掌握一些公式与函数的高级操作，如将公式结果转化为数值、彻底隐藏工作表中的公式等，通过这些高级操作，可以更好地保护计算的数据结果。

1.3.1

将公式结果转化为数值的方法

资源：素材\第1章\学生成绩表2.xlsx　　|　　资源：效果\第1章\学生成绩表2.xlsx

在Excel中通过公式和函数引用单元格来进行数据计算，则计算结果与其引用的单元格是联动的关系，即引用位置发生变化，则公式结果对应进行变化，如果计算结果已经核对正确无误了，为了避免他人恶意修改引用位置的数据，造成数据结果发生变化，此时可以将计算的数据结果转化为数值。

其实现原理是直接将计算结果以数值的方式进行粘贴完成的，下面通过在"学生成绩表2"工作簿文件中将总人数的数据结果转化为数值为例，讲解具体的操作方法。

STEP01 打开素材文件，选择B18单元格，按【Ctrl+C】组合键执行复制操作，单击"剪贴板"组中的"粘贴"按钮下方的下拉按钮，选择"选择性粘贴"命令（也可以复制单元格后，按【Ctrl+Alt+V】组合键），如图1-26所示。

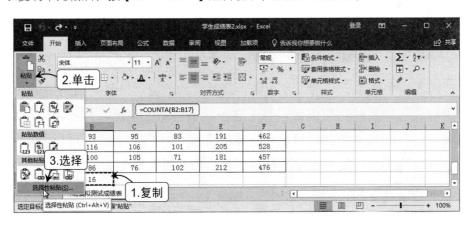

图 1-26　选择"选择性粘贴"命令

TIPS　*用快捷菜单将公式结果转化为值*

在工作表中选择包含公式的单元格并执行复制操作后，直接右击，在弹出的快捷菜单中选择"值"粘贴方式可以快速将公式结果转化为常量值，如图1-27所示。

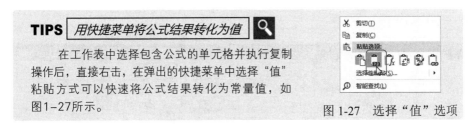

图 1-27　选择"值"选项

STEP02 程序自动打开"选择性粘贴"对话框，选中"数值"单选按钮，单击"确定"按钮关闭对话框，完成公式结果转换为数值的操作，在返回的工作表中即可查看到编辑栏中的公式被转化为常量值，如图1-28所示。

 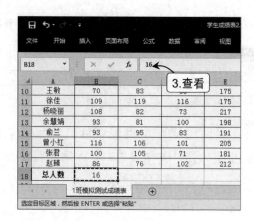

图 1-28 将公式的计算结果转换为数值

1.3.2
如何彻底隐藏工作表中的公式

资源：素材\第1章\学生成绩表 3.xlsx | 资源：效果\第1章\学生成绩表 3.xlsx

当表格中的数据可能发生更新，则对应的数据结果就必须同步更新，如果将公式结果转化为值后，对于这种数据更新的情况，再重新计算数据就显得有些烦琐，此时可以通过彻底隐藏公式的方法，既可以防止他人恶意修改公式，又可以在数据源发生更新后，数据结果同步更新。

下面通过在"学生成绩表 3"工作簿文件中将总分成绩的公式彻底隐藏为例，讲解在工作表中彻底隐藏公式的具体操作方法。

STEP01 打开素材文件，选择F2:F17单元格区域，单击"数字"组中的"对话框启动器"按钮，如图1-29所示。

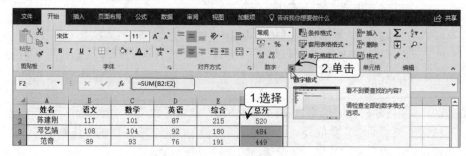

图 1-29 单击"对话框启动器"按钮

STEP02 在打开的"设置单元格格式"对话框中单击"保护"选项卡，选中"隐藏"复选框，单击"确定"按钮，如图1-30所示。

STEP03 在返回的工作表中单击"审阅"选项卡，单击"保护"组中的"保护工作表"按钮，如图1-31所示。

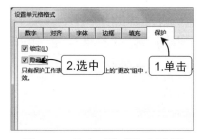

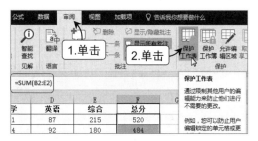

图 1-30　选中"隐藏"复选框　　　　图 1-31　单击"保护工作表"按钮

STEP04 在打开的"保护工作表"对话框的"取消工作表保护时使用的密码"文本框中输入密码，这里输入"123456"，单击"确定"按钮，如图1-32所示。

STEP05 在打开的"确认密码"对话框的"重新输入密码"文本框中输入"123456"，单击"确定"按钮确认设置的密码，完成工作表的保护操作，如图1-33所示。

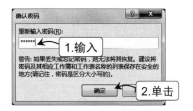

图 1-32　设置密码保护　　　　图 1-33　确认设置的密码

STEP06 在返回的工作表中即可查看到，选择F2:F14单元格区域时，编辑栏中的公式被隐藏起来了，如图1-34所示。

	A	B	C	D	E	F	G	H	I	J	K
1	姓名	语文	数学	英语	综合	总分					
2	陈建刚	117	101	87	215	520					
3	邓艺娟	108	104	92	180	484					
4	范奇	89	93	76	191	449					
5	郭明明	76	115	106	186	483					

图 1-34　查看公式被隐藏

在彻底隐藏工作表的公式时，必须执行对工作表设置保护操作，否则设置的隐藏将不起作用，从图1-31中就可以看到，在设置工作表保护之前，编辑栏中的公式仍然可见。

当然，对工作表设置密码保护后，要更新数据源的数据，重新得到新的数据结果，必须要取消工作表的保护，否则当你试图进行任何编辑操作时，程序都将打开一个提示对话框，提示工作表被保护了的信息，如图1-35所示。

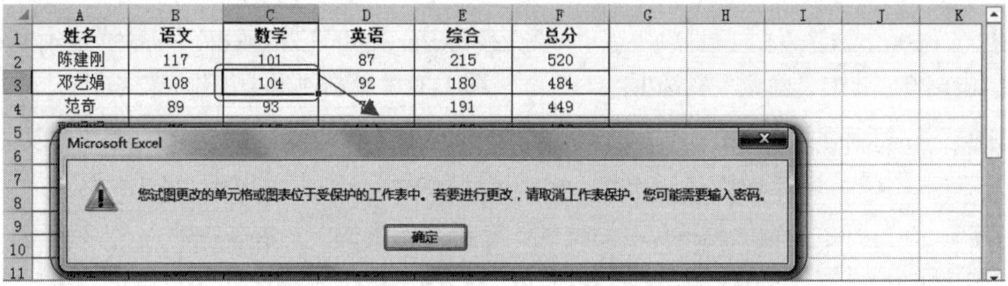

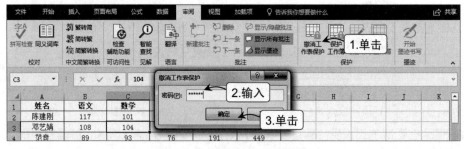

图1-35　提示被保护的工作表不可进行更改操作

要撤销工作表的保护也很简单，直接单击"保护"组中的"撤销工作表保护"按钮，在打开的提示对话框中输入设置的密码，单击"确定"按钮即可，如图1-36所示。

图1-36　撤销工作表的保护

1.4　名称在数据计算中怎么用

在数据计算中，引用的单元格都是用行号和列标标识的，为了直观地了解公式中使用的数据，可以为其设置一个名称，在本节中将具体介绍名称在数据计算中怎么用。

1.4.1
为什么要使用名称

　　名称只是一个别称，它不会影响数据计算结果，但是使用名称却有几个显著的特点，下面具体进行介绍。

◆ **提高可读性**：在使用公式或者函数计算数据方面，使用单元格名称可以清楚地显示计算结果是根据哪些数据产生的，便于理解和记忆，如图 1-37 所示，将常规公式中引用的单元格地址用具有实际意义的名称进行替换。

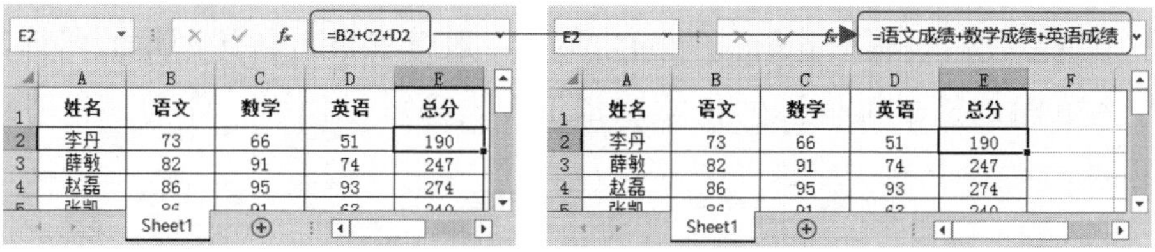

图 1-37　用名称指代单元格引用

◆ **简化冗余部分**：名称可以将复杂、冗长的计算公式进行简化，在一定程度上还可以避免错误的产生，如图 1-38 所示，将常规公式中的"SUM(B2:D2)"部分定义为"综合成绩"。

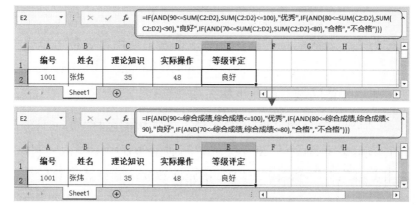

图 1-38　用名称指代函数

◆ **扩展函数嵌套的级数**：默认情况下，一个公式可以包含多达 7 级的嵌套函数，将公式中的某些嵌套项定义为名称，在一定程度上可以变相地扩展函数嵌套的级别。

1.4.2
了解名称的作用范围

所谓名称的作用范围，是指该名称指代的是哪个位置，在哪里起作用。在 Excel 中，根据作用范围可以将名称分为工作簿级名称和工作表级名称，下面分别对这两种作用范围的名称进行说明。

◆ 工作簿级名称

工作簿级名称的作用范围为整个工作簿，即在工作簿的所有工作表中都可以使用，因此也称为全局名称。一般情况下，默认创建的名称其作用范围是整个工作簿的任意一张工作表都可以使用，即为工作簿级名称。

例如，定义一个工作簿级的名称"总销量"，其指代的 Sheet1 的 D1 单元格，在 Sheet2 或者其他工作表中，都可以识别到"总销量"名称，并通过该名称引用 Sheet1 的 D1 单元格数据。

◆ 工作表级名称

工作表级名称的作用范围只针对当前工作表，即如果某个单元格区域的名称为工作表级名称，则在当前工作表中使用该名称可以引用指定的单元格区域，对于同一工作簿的其他工作表而言，使用该名称则不能引用对应的单元格区域。因此也称为局部名称。

例如，在 Sheet1 工作表中定义一个工作表级的名称"Sheet1!总销量"，其指代的单元格为 D1，在 Sheet2 或者其他工作表中不能识别到该名称，如果使用该名称引用 Sheet1 的 D1 单元格数据，则公式计算结果将出现错误值。

1.4.3
定义名称的几种方法

从 1.4.1 节可知，名称可以指代单元格引用，也可以指代公式中的某个函数，那么，在 Excel 中，应该怎样对名称进行定义呢？下面具体进行介绍。

1. 通过编辑栏定义名称

在所有的定义名称的方法中，通过编辑栏定义名称是最快速的一种方法，其具体的操作是，选择需要定义名称的单元格或者单元格区域后，在编辑栏的名称框中输入需要定义的名称，按【Enter】键完成命名操作，如图 1-39 所示。

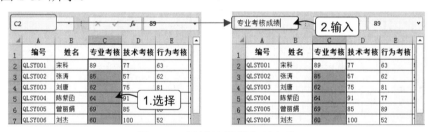

图 1-39 通过编辑栏定义名称

在 Excel 中，如果直接使用名称框的方式为单元格命名，则该名称被自动识别为工作簿级名称，如果要通过该方法定义一个工作表级名称，则需要手动在定义的名称前面添加工作表名，如"Sheet1!专业考核成绩"。

TIPS *定义单元格名称的注意事项* 🔍

无论在哪个版本的Excel中定义单元格名称，都必须遵循如下规则。①名称可以包含下画线和小数点，但不能包含空格及其他符号。②必须以字母或汉字开头，也可以是字母和数字的组合。③名称尽量简单且容易理解。④在同一工作簿中，尽量避免定义相同名称的工作簿级名称和工作表级名称。⑤不能定义内置的名称，在Excel中，当设置了打印区域后，系统会自动创建两个特殊的工作表级名称，分别是Print_Area和Print_Titles。其中，Print_Area名称主要用于指定用户设置的打印区域；Print_Titles名称主要用于指定用户设置的重复打印的行标题单元格区域或者列标题单元格区域。

2. 通过对话框定义名称

资源：素材\第1章\面试成绩表.xlsx | 资源：效果\第1章\面试成绩表.xlsx

通过对话框定义名称既可以对单元格定义名称，也可以为公式定义名称，下面通过在"面试成绩表"工作簿文件中将C2:C15单元格区域定义为"专业考核成绩"名称，将"AND(C2>60,D2>60,E2>60,F2>60)"公式定义为"各科考核成绩都大于60"名称为例，讲解通过对话框定义名称的方法，其具体操作如下。

STEP01 打开素材文件，选择C2:C15单元格区域，单击"公式"选项卡，在"定义的名称"组中单击"定义名称"按钮，如图1-40所示。

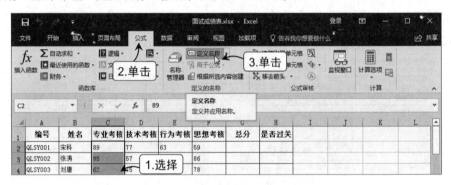

图1-40 单击"定义名称"按钮

STEP02 在打开的"新建名称"对话框的"名称"文本框中输入"专业考核成绩"，保持范围和引用位置参数不变（如果要将该名称定义为工作表级名称，则直接在"范围"下拉列表框中选择工作表选项即可），单击"确定"按钮，如图1-41左图所示。在返回的工作表中的名称框中即可查看到定义的名称，如图1-41右图所示。

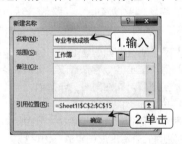

图1-41 定义工作簿级名称并查看定义的名称

STEP03 选择任意单元格，再次打开"新建名称"对话框，在"名称"文本框中输

入"各科考核成绩都大于60",如图1-42左图所示。在"引用位置"文本框中输入
"=AND(C2>60,D2>60,E2>60,F2>60)",单击"确定"按钮完成对公式的名称定义,如
图1-42右图所示。

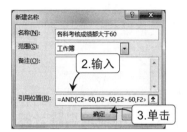

图1-42　为公式定义名称

3. 批量定义名称

资源:素材\第1章\面试成绩表1.xlsx　|　资源:效果\第1章\面试成绩表1.xlsx

前面介绍的两种定义名称的方法一次都只能定义一个名称,在 Excel
中,系统还提供了批量命名单元格区域功能,通过该功能用户可以一次
性为多个单元格区域进行命名。下面通过在"面试成绩表1"工作簿文件
中批量对各科考核成绩的数据单元格进行定义名称为例,讲解批量定义
名称的方法,其具体操作如下。

STEP01　打开素材文件,选择C1:F15单元格区域,单击"公式"选项卡,在"定义的
名称"组中单击"根据所选内容创建"按钮,如图1-43所示。

STEP02　在打开的"根据所选内容创建名称"对话框中设置批量命名的规则,这里
选中"首行"复选框,如图1-44所示,单击"确定"按钮关闭对话框完成单元格区
域的批量命名。

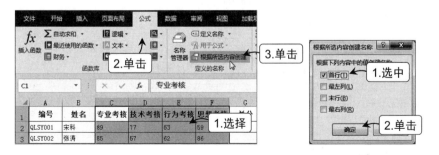

图1-43　单击"根据所选内容创建"按钮　　　图1-44　设置批量命名规则

在"根据所选内容创建名称"对话框中,选中"首行"(或"末行")复选框表示将选择的单元格区域的首行(或末行)单元格的值作为所在列的单元格区域的名称;选中"最左列"(或"最右列")复选框表示将选择的单元格区域的最左列(或最右列)单元格的值作为所在行的单元格区域的名称。

1.4.4
在公式或函数中使用名称计算数据

资源:素材\第 1 章\面试成绩表 2.xlsx | 资源:效果\第 1 章\面试成绩表 2.xlsx

定义完名称后,就可以在公式或者函数中使用这些名称来计算数据了,既可以通过"用于公式"下拉列表选择名称进行引用,也可以通过手动输入的方法来使用名称进行数据计算。

下面通过在"面试成绩表 2"工作簿文件中使用名称计算总分和判断是否过关为例,讲解在公式或函数中使用名称计算数据的方法,其具体操作如下。

STEP01 打开素材文件,在G2单元格中输入"=",单击"公式"选项卡,在"定义的名称"组中单击"用于公式"下拉按钮,在弹出的下拉列表中即可查看到当前工作表中定义的所有名称,选择需要使用的名称,这里选择"专业考核"名称,如图1-45所示。

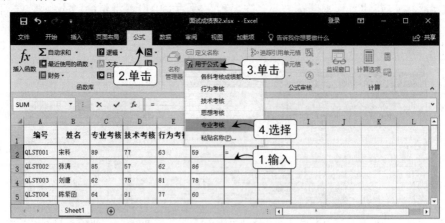

图 1-45 选择使用"专业考核"名称

STEP02 程序自动将名称添加到公式中，作为公式的第一个参数，继续输入"+"运算符，单击"用于公式"下拉按钮，选择"技术考核"名称，如图1-46左图所示，用相同的方法完成整个公式的输入，如图1-46右图所示。

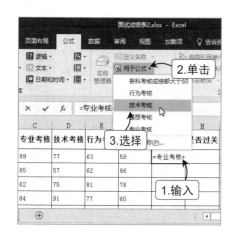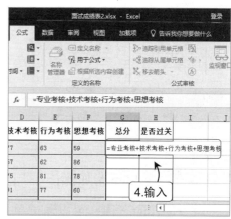

图 1-46 完成公式的输入

STEP03 按【Ctrl+Enter】组合键确认输入的公式并计算结果，双击控制柄完成数据的计算，如图1-47所示。

STEP04 选择H2单元格，在其中输入"=if()"公式，并将文本插入点定位到括号之间，如图1-48所示。

专业考核	技术考核	行为考核	思想考核	总分	是否过关
89	77	63	59	288	
85	57	62	86	290	
62	75	81	78	296	
64	91	77	60	292	
69	85	89	71	314	
60	100	52	72	284	
66	95	77	63	301	

图 1-47 计算总分数据

专业考核	技术考核	行为考核	思想考核	总分	是否过关
89	77	63	59	288	=if ()
85	57	62	86	290	IF(logical
62	75	81	78	296	
64	91	77	60	292	
69	85	89	71	314	
60	100	52	72	284	
66	95	77	63	301	

图 1-48 输入公式

STEP05 输入"各科"文本，此时程序自动弹出关联的单元格名称，如图1-49所示，双击该名称选项即可将其插入函数中，作为函数的第一个参数。

STEP06 完成"=IF(各科考核成绩大于60,"过关","不过关")"公式的输入，按【Ctrl+Enter】组合键确认输入的公式并计算结果，双击控制柄完成数据的计算，如图1-50所示。

图 1-49　选择要使用的名称　　　　　图 1-50　计算数据结果

1.4.5
对名称进行编辑与删除操作

对于创建的名称，可以通过单击"公式"选项卡"定义的名称"组的"名称管理器"按钮打开"名称管理器"对话框，如图 1-51 所示。在其中即可对名称进行编辑、删除等操作。

图 1-51　打开"名称管理器"对话框

1. 编辑名称

编辑名称包括对其具体的名称标识、引用位置等信息进行修改，但是其作用范围是不能修改的。要编辑名称，直接选择名称后，单击"编辑"按钮，在打开的对话框中即可进行，如图 1-52 所示。

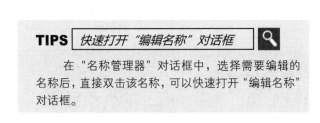

TIPS *快速打开"编辑名称"对话框*

　　在"名称管理器"对话框中，选择需要编辑的名称后，直接双击该名称，可以快速打开"编辑名称"对话框。

图 1-52　编辑名称

2. 删除名称

　　如果要删除指定的名称，直接打开"名称管理器"对话框，在其中选择需要删除的名称，单击"删除"按钮，在打开的提示对话框中单击"确定"按钮即可，如图 1-53 所示。

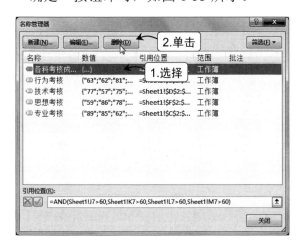

图 1-53　删除名称

　　需要注意的是，在 Excel 中，将正在使用的名称删除后，将出现引用问题，具体情况有如下两种。

◆ **删除仅有的一个名称**：当前工作簿中只有一个名称，如果将该名称删除，则引用名称的单元格将出现"#NAME?"错误。

◆ **删除局部名称**：如果当前工作簿中存在全局名称和局部名称，将局部名称删除后，引用该名称的单元格会自动判断当前工作簿中是否有相同名称的全局名称，如果有相同的全局名称，则系统自动引用该名称对应单元格的数据；如果没有相同名称的全局名称，则出现"#VALUE!"错误。

TIPS *快速删除多个单元格名称*

　　如果要同时删除多个单元格名称，则可以选择一个单元格名称后，按住【Ctrl】键选择多个不连续的单元格名称，或者选择一个单元格名称后，按住【Shift】键不放选择另一个单元格名称来选择连续多个单元格名称，然后单击"删除"按钮可一次性删除多个单元格名称。

新手入职 TRAINING 训练

第 2 章

招聘与培训管理数据处理

员工是企业生产经营活动开展的重要基础，因此，在人力资源管理中对人员的招聘和培训工作要格外地重视。在这个过程中，会遇到各种各样的数据，如统计面试人员、处理面试成绩、确定培训结果等，通过对这些数据进行处理，才能筛选并最终确定符合公司要求的人才。

2.1 人员面试及成绩分析

人员面试是公司招纳人才的第一步，通过对面试人员的面试成绩进行分析，初步筛选出目标人才。因此，在本节中，将重点对面试的人员数量及其面试成绩数据进行处理，通过一些实战案例教会用户在处理这类数据时，会用到哪些函数。

NO.001
计算面试总人数【SUM()】

资源：素材\第2章\面试人员信息登记表.xlsx　　|　　资源：效果\第2章\面试人员信息登记表.xlsx

公司新一轮的面试工作结束后，人事部工作人员将此次面试人员的基本信息整理到一张电子表格中，如图 2-1 所示，以便在后期的工作中进行查看和联系，现在需要在该表格中统计出面试人员的总人数。

面试总人数									
应聘部门	应聘岗位	人数	姓名	身份证号码	性别	民族	学历	籍贯	联系电话
销售部	经理	1	艾佳	511129*********6112	男	汉	硕士	绵阳	1314456****
	销售代表	7	蒋成军	513861*********1246	男	汉	专科	贵阳	1591212****
			李海峰	610101*********2308	男	汉	本科	天津	1324578****
			钱堆堆	210456*********2454	男	汉	本科	洛阳	1361212****
			冉再峰	415153*********2156	男	汉	专科	威национальный阳	1334678****
			汪恒	510158*********8846	男	汉	本科	青岛	1369458****
			王春燕	213254*********1422	男	汉	专科	沈阳	1342674****
			郑舒	123486*********2157	女	汉	专科	太原	1391324****
后勤部	主管	1	陈小利	330253*********5472	男	汉	本科	郑州	1371512****
	送货员	1	欧阳明	101125*********3464	男	汉	专科	佛山	1384451****
行政部	主管	1	高燕	412446*********4565	女	汉	本科	泸州	1581512****
	文员	1	李有煜	310484*********1121	女	汉	本科	杭州	1304453****
财务部	经理	1	胡志军	410521*********6749	女	汉	硕士	西安	1324465****
	会计	1	张光	211411*********4553	女	汉	本科	兰州	1514545****
技术部	主管	1	周鹏	670113*********4631	女	汉	硕士	昆明	1531121****
	技术员	3	舒姗姗	511785*********2212	男	汉	本科	唐山	1398066****
			孙超	510662*********4266	男	汉	硕士	大连	1359641****
			谢怡	101547*********6482	男	汉	本科	无锡	1369787****

图 2-1 面试人员信息登记数据

解决方法

在本例中，C 列记录了每个部门各应聘岗位的人数，要得到所有面试人员的具体数量，直接将这些数据加起来即可，可以使用 Excel 提供的 SUM()函数来完成，其具体操作如下。

STEP01 打开素材文件，在B1单元格中输入如下公式。

=SUM(C3:C20)

STEP02 按【Ctrl+Enter】组合键即可计算面试人员的总人数，如图2-2所示。

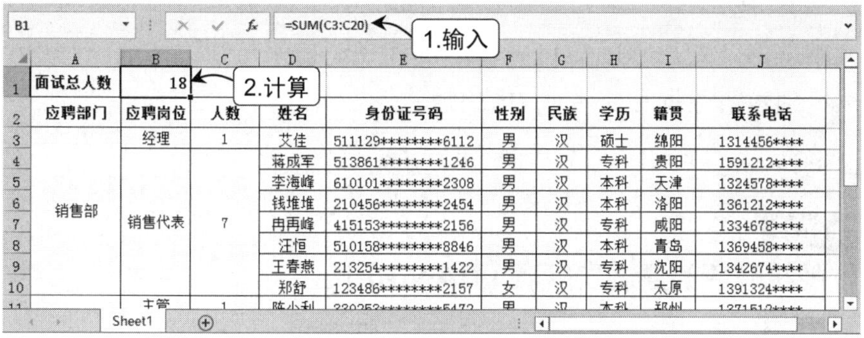

图 2-2　使用 SUM()函数统计面试的总人数

公式解析

在本例的"=SUM(C3:C20)"公式中，"C3:C20"参数表示各部门面试人数数据的保存位置，该区域包含以 C3 单元格为左上角、C20 单元格为右下角的矩形区域中的所有单元格。SUM()函数是数学函数中的一个求和函数，所以"=SUM(C3:C20)"公式的含义就是对 C3:C20 单元格区域中的所有数值进行求和，达到汇总面试人员人数的目的。

在本例中不建议使用加法运算来对人数数据进行求和，因为本例中存在合并单元格，而且涉及的数据范围比较广，手动输入引用位置和利用鼠标选择应用位置都容易出错。

知识看板

①SUM()函数参数的个数范围为 1～255 个，分别用于指定需要参加求和计算的数据，它可以是常量，例如给定一个数据集"1,2,3"，如果要使用 SUM()函数计算其结果，则直接在结果单元格中输入如下公式即可。

=SUM(1,2,3)

②SUM()函数的参数可以是指定的一个或多个单元格或者单元格区域，例如在本例中，要统计销售部（C3:C4）和技术部（C17:C18）的面

试总人数，可以使用如下所示的公式。

$$=SUM(C3:C4,C17:C18)$$

③SUM()函数的求和对象是数值数据，如果引用的单元格为数字型的文本数据，使用该函数也可以进行计算，如果是使用常数，则用双引号来区别数值数据和文本型的数字数据，公式如下。

$$=SUM(B3,15,"25")$$

NO.002
制作随机顺序的复试次序表【RAND()】

资源：素材\第2章\复试次序表.xlsx | 资源：效果\第2章\复试次序表.xlsx

在某些公司，招聘人才是非常严格的，面试会分为两次，即在初试过后会通知通过初试的人员进行复试，如图 2-3 所示为某公司初试后筛选的进入复试的人员，现需要制作一张随机顺序的复试次序表。

	A	B	C	D	E	F	G	H	I	J	K
1	姓名	应聘部门	应聘岗位	身份证号码	性别	民族	学历	籍贯	联系电话		
2	艾佳	销售部	经理	511129********6112	男	汉	硕士	绵阳	1314456****		
3	蒋成军	销售部	销售代表	513861********1246	男	汉	专科	贵阳	1591212****		
4	李海峰	销售部	销售代表	610101********2308	男	汉	本科	天津	1324578****		
5	钱堆堆	销售部	销售代表	210456********2454	男	汉	本科	洛阳	1361212****		
6	冉再峰	销售部	销售代表	415153********2156	男	汉	专科	威固	1334678****		
7	汪恒	销售部	销售代表	510158********8846	男	汉	本科	青岛	1369458****		
8	王春燕	销售部	销售代表	213254********1422	男	汉	专科	沈阳	1342674****		
9	陈小利	后勤部	主管	330253********5472	男	汉	硕士	郑州	1371512****		
10	欧阳阳	后勤部	送货员	101125********3464	男	汉	专科	佛山	1384451****		
11	高燕	行政部	主管	412446********4565	女	汉	本科	泸州	1581512****		
12	李有煜	行政部	文员	310484********1121	女	汉	本科	杭州	1304453****		
13	胡志军	财务部	经理	410521********6749	女	汉	硕士	西安	1324465****		
14	张光	财务部	会计	211411********4553	女	汉	本科	兰州	1514545****		
15	周鹏	技术部	主管	670113********4631	女	汉	硕士	昆明	1531121****		
16	孙超	技术部	技术员	510662********4266	男	汉	硕士	大连	1359641****		
17	谢怡	技术部	技术员	101547********6482	男	汉	本科	无锡	1369787****		

图 2-3　初试后整理的面试人员

解决方法

在本例中，需要制作随机顺序的复试次序表，就需要添加一个辅助列，在该列中利用 RAND()函数产生随机数，最后通过随机数的升序或者降序顺序排序就可随机打乱原来的顺序，其具体操作如下。

STEP01 打开素材文件，在J1单元格中输入"辅助列"，选择J2:J17单元格区域，在编辑栏中输入如下公式，按【Ctrl+Enter】组合键产生随机数，如图2-4所示。

=RAND()

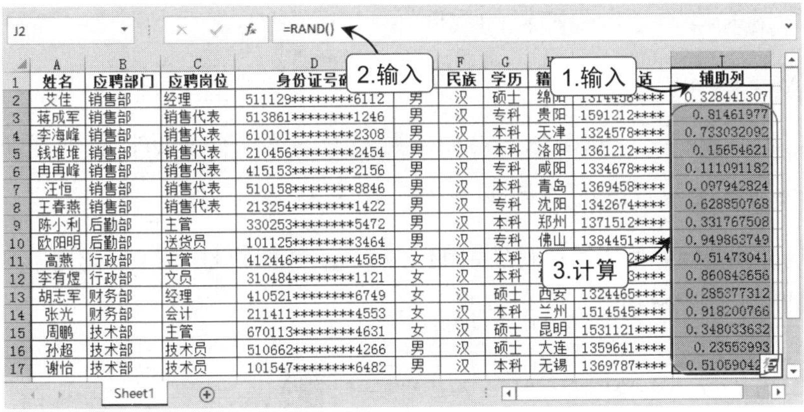

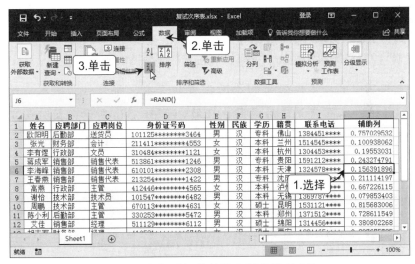

图 2-4　添加辅助列并产生随机数

STEP02　选择任意随机数，单击"数据"选项卡，在"排序和筛选"组中单击"降序"按钮对整个表格进行排序得到随机复试次序表，如图2-5所示。最后删除辅助列完成操作。

图 2-5　根据随机数的降序顺序排列表格

公式解析

　　因为 RAND() 函数可以产生大于等于 0 且小于 1 的随机数，因此本例直接使用"=RAND()"公式即可获取一组 0~1 之间的随机数。由于这些随机数是不会重复的随机大小的数据，再对这些数据进行大小排序，从而获取的表格顺序也是随机的次序。

知识看板

①在 Excel 中，虽然 RAND()函数没有参数，但是即使获取随机数的公式相同，函数返回的数据也不相同。

②如果修改了 RAND()函数的公式，甚至重新打开该工作簿，则该函数都将返回一个新的随机数据进行计算。

TIPS 用RAND()函数返回10～11的随机数

在Excel中，使用RAND()函数只能随机返回0～1之间的数值，如果用户希望返回其他大小的随机数数值，例如要返回10～11之间的随机数，此时只需先使用RAND()函数返回0~1之间的随机数据，然后再将返回结果加上10即可。

NO.003
查询面试最高成绩【MAX()】

资源：素材\第 2 章\面试人员成绩表.xlsx | **资源**：效果\第 2 章\面试人员成绩表.xlsx

面试过程中，根据公司的不同性质和要求，都会对面试人员的各方面进行考核，从而得到最后的面试成绩，如图 2-6 所示为某公司工作人员整理的面试人员的成绩表，现在需要查找面试成绩的最高分。

	A	B	C	D	E	F	G	H	I
1	姓名	专业考核	技术考核	行为考核	思想考核	面试总分			
2	艾佳	87	95	86	89	357			
3	蒋成军	91	82	88	78	339			
4	李海峰	96	79	85	66	326			
5	钱堆堆	69	85	89	71	314			
6	冉再峰	69	80	64	96	309			
7	汪恒	89	77	63	79	308			
8	王春燕	89	93	60	62	304			
9	陈小利	66	95	77	63	301			
10	欧阳明	62	75	81	78	296			
11	高燕	64	91	77	60	292			
12	李有煜	85	57	62	86	290			
13	胡志军	60	100	52	72	284			
14	张光	58	85	59	73	275			
15	周鹏	62	54	56	74	246			
16	孙超	75	85	78	83	321			
17	谢怡	68	74	81	88	311			
18				最高成绩					

图 2-6 面试人员的成绩表

解决方法

在本例中，需要查找最高的面试成绩，可以通过使用 MAX()函数来快速从一组数据中获取最大值，其具体操作如下。

STEP01 打开素材文件，在F18单元格中输入如下公式。

$$=MAX(F2:F17)$$

STEP02 按【Ctrl+Enter】组合键即可从所有面试人员的总分成绩中提取最大的值，如图2-7所示。

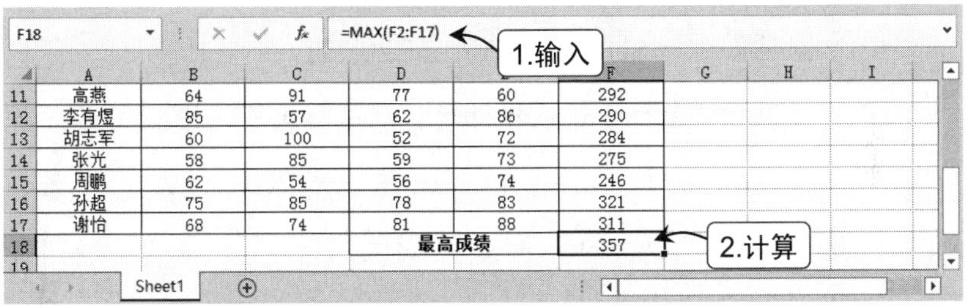

图 2-7　使用 MAX()函数获取面试成绩最大值

公式解析

在本例的"=MAX(F2:F17)"公式中，"F2:F17"参数表示记录面试人员成绩的单元格区域，使用 MAX()函数就可以从该区域中找出最高的成绩。

知识看板

①MAX()函数可返回一组数值中的最大值,其参数的个数范围为1～255 个，第 1 个参数是必需的，其余参数都是可选的。

②MAX()函数中的参数可以是数字或者是包含数字的名称、数组或引用，如果参数不包含任何数字，则函数返回 0。

NO.004
统计面试总成绩大于等于320分的人数【SUM()】

资源：素材\第 2 章\面试人员成绩表 1.xlsx　　|　　**资源**：效果\第 2 章\面试人员成绩表 1.xlsx

某公司人事部对面试人员在专业、技术、行为和思想这 4 方面（单项考核满分为 100）进行考核后，需要统计面试总分高于 320 分（包含 320 分）的人数。

解决方法

在本例中，统计面试总分成绩大于等于 320 分的人数，这是一个带有条件的计数问题，使用 SUM()函数的数组形式可以得到结果。其具体操作如下。

STEP01 打开素材文件，在F18单元格中输入如下公式。

$$=SUM((F2:F17>=320)*1)$$

STEP02 按【Ctrl+Shift+Enter】组合键即可计算总分大于等于320的总人数，如图2-8所示。

	A	B	C	D	E	F	G	H	I
10	欧阳明	62	75	81	78	296			
11	高燕	64	91	77	60	292			
12	李有煜	85	57	62	86	290			
13	胡志军	60	100	52	72	284			
14	张光	58	85	59	73	275			
15	周鹏	62	54	56	74	246			
16	孙超	75	85	78	83	321			
17	谢怡	68	74	81	88	311			
18	面试总分大于等于320分的人数					4			

图 2-8　使用 SUM()函数统计面试人数

公式解析

在本例的"=SUM((F2:F17>=320)*1)"公式中，先对 F2:F17 单元格区域中的每个值与 320 进行比较，并返回一组逻辑值{TRUE;TRUE;TRUE;FALSE;FALSE;FALSE;FALSE;FALSE;FALSE;FALSE;FALSE;FALSE;FALSE;TRUE;FALSE}，然后执行"*1"部分，其中"1*TRUE"返回 1；"1*FALSE"返回 0，因此逻辑数组值被转化为{1;1;1;0;0;0;0;0;0;0;0;0;0;0;1;0}，最后利用 SUM()函数对这个包含 0 和 1 的数组进行求和，最终得到结果。

知识看板

在 SUM()函数中可以对逻辑值参数进行求和，并且默认逻辑值为 1，例如 SUM(TRUE,2)公式的结果为 3；若该函数的参数为数组，则数组中的逻辑值就会被忽略。

NO.005
计算面试人员的平均成绩【ROUND()/AVERAGE()】

资源：素材\第 2 章\面试人员成绩表 2.xlsx | **资源：效果\第 2 章\面试人员成绩表 2.xlsx**

某公司对员工面试的各方面进行了考核并得出了各项考核的成绩，现在要计算面试人员的平均成绩是多少，要求平均成绩按四舍五入保留一位小数即可。

解决方法

对于平均值，直接使用系统提供的 AVERAGE()函数即可快速得到，对于计算结果的小数位数的处理，则使用 ROUND()函数来处理。其具体操作如下。

STEP01 打开素材文件，在C2:C17单元格区域，在编辑栏中输入如下公式。

=ROUND(AVERAGE(B2:E2),1)

STEP02 按【Ctrl+Enter】组合键即可计算出所有面试人员小数位数只有1位的平均成绩，如图2-9所示。

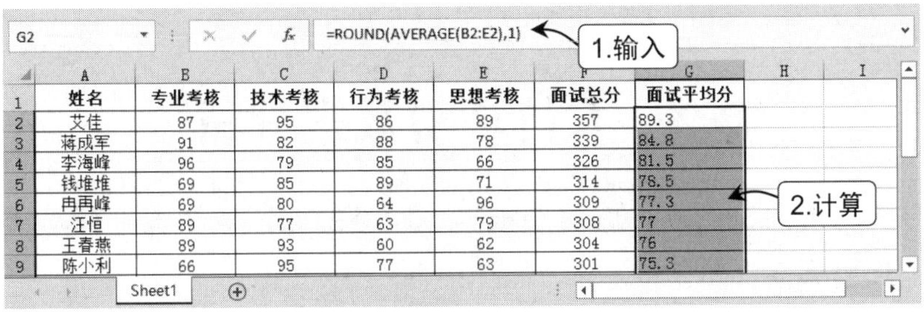

图 2-9　计算面试人员的平均成绩

公式解析

在本例的"=ROUND(AVERAGE(B2:E2),1)"公式中，B2:E2 单元格区域中存储的是各考核项的成绩，用 AVERAGE()函数计算得到两位小数的考核成绩，ROUND()函数主要对平均成绩进行四舍五入处理，该函数中第二个参数"1"表示将小数位数保留为一位。

知识看板

①AVERAGE()函数参数的个数的取值范围为 1～255，如果函数只有一个参数，使用该函数进行平均值计算，则其返回结果为参数本身。

②AVERAGE()函数的参数包含文本型的数字、逻辑值或空单元格，则这些值将被忽略，但包含零值的单元格将被计算在内。如果参数为错误值或为不能转换为数字的文本，将会导致错误。

③ROUND()函数有两个参数，第一个参数 number 主要用于指定需要进行四舍五入的数据，它可以是具体数字数据，也可以是包含数字数据的单元格引用；第二个参数 num_digits 主要用于指定四舍五入的位数，其值为整数。

④在 ROUND()函数中，当 num_digits 参数等于 0 时，表示在小数点右侧的第一位进行四舍五入运算；当 num_digits 参数大于 0 时，表示在小数点右侧的指定位进行四舍五入运算；当 num_digits 参数小于 0 时，表示在小数点左侧的指定位进行四舍五入运算。

2.2 人员录用数据分析

对应聘者面试之后，就需要根据应聘者的面试成绩来进行筛选，以便决定录用哪些人员。

NO.006
判断面试人员是否被录用【IF()/AND()】

资源：素材\第2章\面试人员录用情况.xlsx | 资源：效果\第2章\面试人员录用情况.xlsx

某公司规定，当专业考核和技术考核成绩在 75 分以上（包含 75 分），且行为考核和思想考核的成绩都在 60 分（包含 60 分）以上的应聘人员，才被录用，现需依此条件判断应聘人员是否被录用。

解决方法

由于考核成绩包括 4 部分，且需要每项考核的成绩满足公司规定的最低成绩要求，应聘人员才能被录用，对于这种要多个条件同时成立的判断，可以使用 AND()函数将每个需要成立的条件联结起来，实现所有条件成立时最终结果才成立的判断。

最后再结合 IF()函数对 AND()函数的处理结果进行判断，从而最终显示判断结果，其具体操作如下。

STEP01 打开素材文件，选择H2:H17单元格区域，在编辑栏中输入如下公式。

=IF(AND(B2>=75,C2>=75,D2>=60,E2>=60),"录用","不录用")

STEP02 按【Ctrl+Enter】组合键即可判断所有应聘者是否被录用的结果，如图2-10所示。

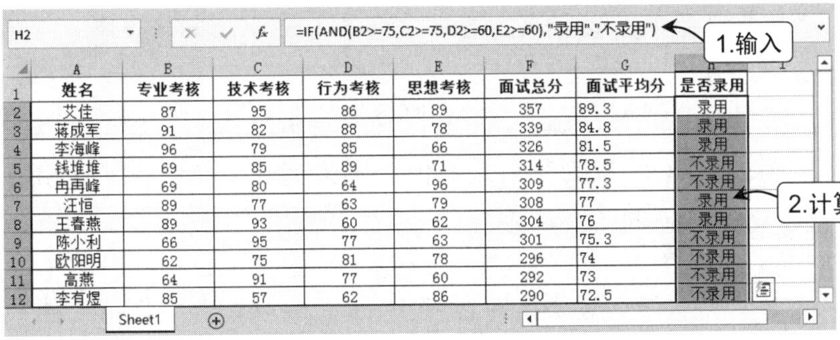

	A	B	C	D	E	F	G	H
1	姓名	专业考核	技术考核	行为考核	思想考核	面试总分	面试平均分	是否录用
2	艾佳	87	95	86	89	357	89.3	录用
3	蒋成军	91	82	88	78	339	84.8	录用
4	李海峰	96	79	85	66	326	81.5	录用
5	钱堆堆	69	85	89	71	314	78.5	不录用
6	冉再峰	69	80	64	96	309	77.3	不录用
7	汪恒	89	77	63	79	308	77	录用
8	王春燕	89	93	60	62	304	76	录用
9	陈小利	66	95	77	63	301	75.3	不录用
10	欧阳明	62	75	81	78	296	74	不录用
11	高燕	64	91	77	60	292	73	不录用
12	李有煜	85	57	62	86	290	72.5	不录用

图 2-10 根据条件判断应聘者是否被录用

公式解析

在本例的“=IF(AND(B2>=75,C2>=75,D2>=60,E2>=60),"录用","不录用")”公式中，“AND(B2>=75,C2>=75,D2>=60,E2>=60)”部分可以判断出应聘者专业考核和技术考核成绩在 75 分以上（包含 75 分），且行为考核和思想考核的成绩都在 60 分（包含 60 分）的结果，也是应聘人员被录用与否的条件。

在 IF()函数中，当 AND()函数的判断结果返回逻辑真值时，条件成立，则执行 IF() 函数条件为真的返回值，即返回"录用"。当 AND() 函数的判断结果返回逻辑假值时，条件不成立，则执行 IF() 函数条件为假的返回值，即返回"不录用"。

知识看板

①AND() 函数主要用于对数据进行并集运算，也称逻辑与运算。当指定的所有条件都成立时，该函数返回逻辑真值 TRUE；只要有一个条件不成立，则函数返回逻辑假值 FALSE。例如数据 1 和数据 2，在进行逻辑并集运算后，结果如表 2-1 所示。

表 2-1　不同情况 AND() 函数的返回结果

数据 1	数据 2	AND() 函数结果
真	真	真
真	假	假
假	真	假
假	假	假

②如果 AND() 函数的参数是数值，则会把 0 当作逻辑 FALSE 处理，而把非 0 数值当成 TRUE 处理。

③IF() 函数是 Excel 中一个常用的函数，它可以根据条件判断真假值，并根据逻辑计算的真假值返回不同结果。其具体的语法结构为：IF(logical_test,value_if_true,value_if_false)。

④在 IF() 函数中，logical_test 参数表示计算结果为 TRUE 或 FALSE 的任意值或表达式，即判断条件；value_if_true 用于指定当设置的 logical_test 条件成立返回 TRUE 值时要返回的值，value_if_false 用于指定当设置的 logical_test 条件不成立返回 FALSE 值时要返回的值。

⑤从上面介绍的 IF() 函数参数的含义看起来显得太过抽象，可以将 IF() 函数简单地理解为"IF（条件，真值，假值）"，它表示当"条件"成立时，

结果取“真值”，否则取“假值”。

NO.007

统计录用人员中本科以上学历的人数【COUNTIF()】

资源：素材\第 2 章\录用人员信息表.xlsx | **资源**：效果\第 2 章\录用人员信息表.xlsx

在录用人员信息表中详细记录了新录用人员的基本信息，如图 2-11 所示。该公司需要了解新录用的员工的学历水平如何，要求工作人员统计出被录用员工中本科以上学历的人数。

	A	B	C	D	E	F	G	H	I	J	K
1	姓名	应聘部门	应聘岗位	性别	民族	学历	籍贯	现居地	联系电话		
2	宋科	销售部	经理	男	汉	硕士	绵阳	惠州花园2号	8745****		
3	朱宏	销售部	销售代表	男	汉	专科	贵阳	浣花溪路3号	8336****		
4	王宛平	销售部	销售代表	男	汉	本科	天津	德恒街18号	8747****		
5	刘梅	销售部	销售代表	男	汉	本科	洛阳	巴黎小区208号	8128****		
6	张涛	销售部	销售代表	男	汉	本科	青岛	金雁路10号	8749****		
7	宋佳玉	销售部	销售代表	男	汉	专科	沈阳	西湖花园9号	8750****		
8	刘宇	销售部	销售代表	女	汉	专科	太原	春熙小区105号	8751****		
9	王婷	后勤部	主管	男	汉	专科	郑州	光明路5号	8752****		
10	顾洪涛	后勤部	送货员	男	汉	专科	佛山	湘潭路15号	8553****		
11	周觅	行政部	主管	女	汉	本科	泸州	五星街6号	8754****		
12	孙伟强	行政部	文员	女	汉	本科	杭州	汇川路20号	8205****		
13	郭明	财务部	经理	女	汉	本科	西安	八里屯小区8号	8756****		
14	姜志林	财务部	会计	女	汉	专科	兰州	解放路13号	8757****		
15	李帆	技术部	主管	女	汉	硕士	昆明	滨河小区20号	8758****		
16	宋明	技术部	技术员	男	汉	专科	唐山	白环路8号	8759****		
17	黄晓鹏	技术部	技术员	男	汉	专科	无锡	长江路9号	8105****		
18						本科以上学历总人数					

Sheet1

图 2-11　录用人员信息表

解决方法

本例是一个条件计数问题，可直接使用 COUNTIF()函数来完成，在本例中，录用的新员工的学历有专科、本科和硕士 3 种，要统计本科以上学历的人数就是统计本科和硕士学历的人数，因此可以分别将本科人数和硕士人数统计出来，再相加即可，其具体操作如下。

STEP01 打开素材文件，在I18单元格中输入如下公式。

=COUNTIF(F2:F17,"本科")+COUNTIF(F2:F17,"硕士")

STEP02 按【Ctrl+Enter】组合键即可统计出录用员工中本科以上学历的人数，如图2-12所示。

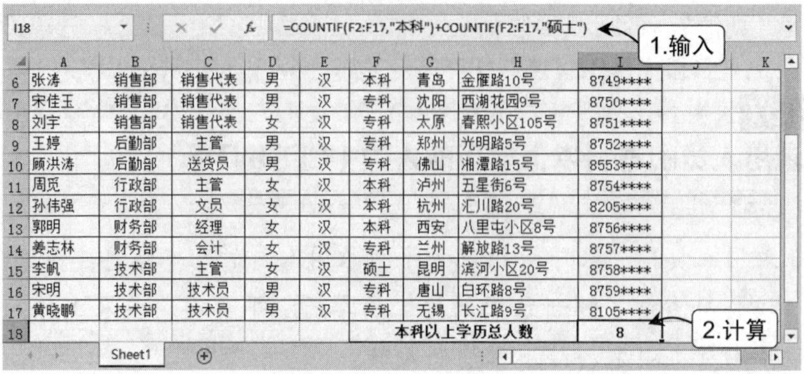

	A	B	C	D	E	F	G	H	I
6	张涛	销售部	销售代表	男	汉	本科	青岛	金雁路10号	8749****
7	宋佳玉	销售部	销售代表	男	汉	专科	沈阳	西湖花园9号	8750****
8	刘宇	销售部	销售代表	女	汉	专科	太原	春熙小区105号	8751****
9	王婷	后勤部	主管	男	汉	专科	郑州	光明路5号	8752****
10	顾洪涛	后勤部	送货员	男	汉	专科	佛山	湘潭路15号	8553****
11	周觅	行政部	主管	女	汉	本科	泸州	五星街6号	8754****
12	孙伟强	行政部	文员	女	汉	本科	杭州	汇川路20号	8205****
13	郭明	财务部	经理	女	汉	本科	西安	八里屯小区8号	8756****
14	姜志林	财务部	会计	女	汉	专科	兰州	解放路13号	8757****
15	李帆	技术部	主管	女	汉	硕士	昆明	滨河小区20号	8758****
16	宋明	技术部	技术员	男	汉	专科	唐山	白环路8号	8759****
17	黄晓鹏	技术部	技术员	男	汉	专科	无锡	长江路9号	8105****
18						本科以上学历总人数			8

图 2-12　使用 COUNTIF()函数统计本科学历以上总人数

公式解析

在本例的“=COUNTIF(F2:F17,"本科")+COUNTIF(F2:F17,"硕士")”公式中，“F2:F17”单元格用于指定需要进行统计的单元格区域，“本科”和“硕士”用于指定统计的单元格需要符合的条件，前面的 COUNTIF()函数用于只统计本科学历的人数，后面的 COUNTIF()函数用于只统计硕士学历的人数，最后利用加法运算将两个数据结果加起来得到学历在本科以上的总人数。

知识看板

COUNTIF()函数必须要有两个参数，第 1 个参数表示要计数的一个或多个单元格，包括数字和包含数字的名称、数组或引用。空值和文本值将被忽略。第 2 个参数表示要进行计数的单元格的数字、表达式、单元格引用或文本字符串。例如，条件可以表示为 32、">32"、B4、"男"、"32"等。

此外，在本例中，因为是对同一列数据中的不同条件的数据进行统计，可以将 COUNTIF()函数的参数用数据集的方式来表示，即用如下的公式计算得到结果，如图 2-13 所示。

=SUM(COUNTIF(F2:F17,{"本科","硕士"}))

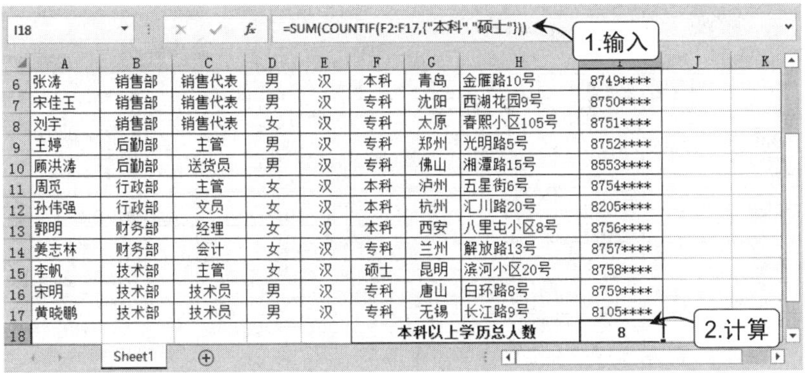

	A	B	C	D	E	F	G	H	I
6	张涛	销售部	销售代表	男	汉	本科	青岛	金雁路10号	8749****
7	宋佳玉	销售部	销售代表	男	汉	专科	沈阳	西湖花园9号	8750****
8	刘宇	销售部	销售代表	女	汉	专科	太原	春熙小区105号	8751****
9	王婷	后勤部	主管	男	汉	专科	郑州	光明路5号	8752****
10	顾洪涛	后勤部	送货员	男	汉	专科	佛山	湘潭路15号	8553****
11	周觅	行政部	主管	女	汉	本科	泸州	五星街6号	8754****
12	孙伟强	行政部	文员	女	汉	本科	杭州	汇川路20号	8205****
13	郭明	财务部	经理	女	汉	本科	西安	八里屯小区8号	8756****
14	姜志林	财务部	会计	女	汉	专科	兰州	解放路13号	8757****
15	李帆	技术部	主管	女	汉	硕士	昆明	滨河小区20号	8758****
16	宋明	技术部	技术员	男	汉	专科	唐山	白环路8号	8759****
17	黄晓鹏	技术部	技术员	男	汉	专科	无锡	长江路9号	8105****
18						本科以上学历总人数			8

图 2-13 使用 SUM()与 COUNTIF()函数统计本科学历以上的总人数

在“=SUM(COUNTIF(F3:F18,{"本科","硕士"}))”公式中，“COUNTIF(F3:F18,{"本科","硕士"})”函数可以得到本科学历的人数和硕士学历的人数，然后使用 SUM()函数可将这两个数量进行求和。

NO.008

统计符合录用条件的总人数【COUNTIFS()】

资源：素材\第 2 章\面试人员录用情况 1.xlsx | **资源**：效果\第 2 章\面试人员录用情况 1.xlsx

有些公司在录用人才时，虽然考核的项目比较多，但是为了招聘到更合适的人才，会根据公司的性质和要求，对其中的某些考核项目进行重点考察，比如某公司比较注重员工的专业和行为，要求专业和行为考核单项都在 80 分以上，且总分在 300 分以上就可以被录用了，现在要统计满足这些条件的应聘人员的总人数。

解决方法

本例是一个多条件同时满足的计数问题，在 Excel 中，可以直接使用 COUNTIFS()函数来完成，其具体操作如下。

STEP01 打开素材文件，在J8单元格中输入如下公式。

=COUNTIFS(B2:B17,">80",D2:D17,">80",F2:F17,">300")

STEP02 按【Ctrl+Enter】组合键即可计算出专业和行为考核单项成绩在80分以上，且总分在300分以上的人数，如图2-14所示。

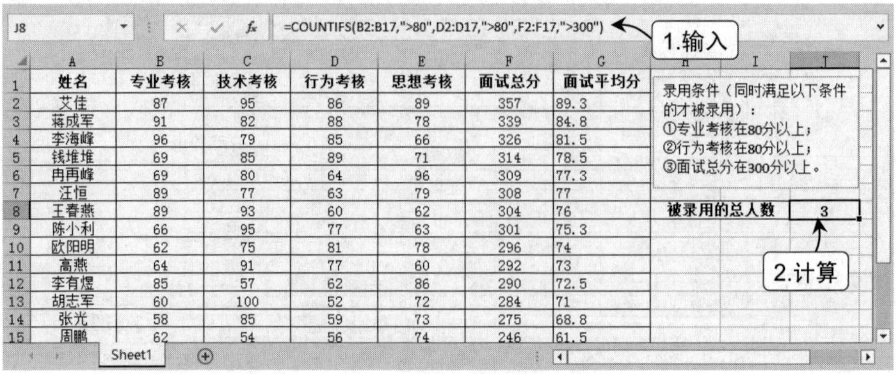

	A	B	C	D	E	F	G
1	姓名	专业考核	技术考核	行为考核	思想考核	面试总分	面试平均分
2	艾佳	87	95	86	89	357	89.3
3	蒋成军	91	82	88	78	339	84.8
4	李海峰	96	79	85	66	326	81.5
5	钱堆堆	69	85	89	71	314	78.5
6	冉再峰	69	80	64	96	309	77.3
7	汪恒	89	77	63	79	308	77
8	王春燕	89	93	60	62	304	76
9	陈小利	66	95	77	63	301	75.3
10	欧阳明	62	75	81	78	296	74
11	高燕	64	91	77	60	292	73
12	李有煜	85	57	62	86	290	72.5
13	胡志军	60	100	52	72	284	71
14	张光	58	85	59	73	275	68.8
15	周鹏	62	54	56	74	246	61.5

图 2-14　使用 COUNTIFS()函数统计同时满足多条件的数据

公式解析

在本例的“=COUNTIFS(B2:B17,">80",D2:D17,">80",F2:F17,">300")”公式中，“B2:B17”表示专业考核成绩所在的单元格区域，“D2:D17”表示行为考核成绩所在的单元格区域，“F2:F17”表示总分所在的单元格区域，最后使用 COUNTIFS()函数就可以统计同时满足 H3:H18、D2:D17 单元格区域中值大于 80 和 I3:I18 单元格区域中值大于 300 这 3 个条件的单元格个数。

知识看板

COUNTIFS()函数的语法结构为：COUNTIFS(criteria_range1,criteria1,[criteria_range2,criteria2]…)。从该函数的语法格式可以看出，该函数至少包含一组 criteria_range1 和 criteria1 参数，其参数的意义如下。

- criteria_range1：必选参数。需要指定条件的第一个单元格区域。
- criteria1：必选参数。需要匹配的第一个条件，条件的形式为数字、表达式、单元格引用或者文本，该参数与 COUNTIF()函数的第二个参数的意义相同。
- criteria_range2, criteria2,…：可选参数。附加的区域及其关联条件。最多允许 127 个区域和条件对。

需要特别注意的是，COUNTIFS()函数虽然处理的是多条件的统计，但这些条件都是分散在不同的列，如果是同列中的不同条件，如 NO.007 中，统计本科学历以上的人数，要在学历所在的列中既统计本科学历的人数，也要统计学历为硕士的人数，虽然是两个条件，但是不能用 COUNTIFS()函数，即不能使用如下公式来解决 NO.007 的问题。如果使用该公式，最终返回结果将会是 0，如图 2-15 所示。

=COUNTIFS(F2:F17,"本科",F2:F17,"硕士")

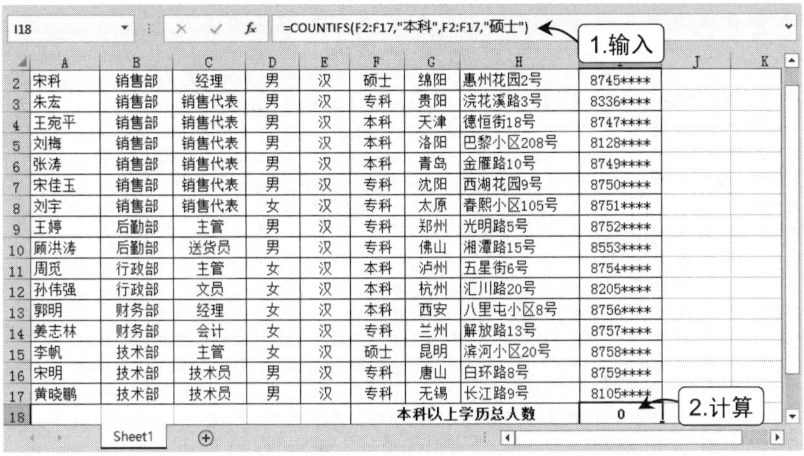

	A	B	C	D	E	F	G	H	I
2	宋科	销售部	经理	男	汉	硕士	绵阳	惠州花园2号	8745****
3	朱宏	销售部	销售代表	男	汉	专科	贵阳	浣花溪路3号	8336****
4	王宛平	销售部	销售代表	男	汉	本科	天津	德恒街18号	8747****
5	刘梅	销售部	销售代表	男	汉	本科	洛阳	巴黎小区208号	8128****
6	张涛	销售部	销售代表	男	汉	本科	青岛	金雁路10号	8749****
7	宋佳玉	销售部	销售代表	男	汉	专科	沈阳	西湖花园9号	8750****
8	刘宇	销售部	销售代表	女	汉	专科	太原	春熙小区105号	8751****
9	王婷	后勤部	主管	男	汉	专科	郑州	光明路5号	8752****
10	顾洪涛	后勤部	送货员	男	汉	专科	佛山	湘潭路15号	8553****
11	周觅	行政部	主管	女	汉	本科	泸州	五星街6号	8754****
12	孙伟强	行政部	文员	女	汉	本科	杭州	汇川路20号	8205****
13	郭明	财务部	经理	女	汉	本科	西安	八里屯小区8号	8756****
14	姜志林	财务部	会计	女	汉	专科	兰州	解放路13号	8757****
15	李帆	技术部	主管	女	汉	硕士	昆明	滨河小区20号	8758****
16	宋明	技术部	技术员	男	汉	专科	唐山	白环路8号	8759****
17	黄晓鹏	技术部	技术员	男	汉	专科	无锡	长江路9号	8105****
18						本科以上学历总人数			0

图 2-15　使用 COUNTIFS()函数处理 NO.007 的问题得到一个错误结果

2.3　人员培训与转正数据分析

员工录用并不意味着一定就成为公司的正式员工，还需要对这些员工进行培训，只有经过培训后考核合格的员工，才可能转正成为正式员工。

NO.009

判断员工是否缺考【IF()/ISBIANK()/OR()】

资源：素材\第 2 章\新员工考核成绩表.xlsx　|　**资源：**效果\第 2 章\新员工考核成绩表.xlsx

新员工在培训一段时间后，为了检测培训效果，都需要对培训内容进行考核，但是由于迟到、请假等因素，可能导致新员工不能准时参考而出现缺考情况。

　　对于这种情况，人事部门一般会根据实际情况给予不同的处理，如让员工补考、重考或者直接记为不合格等。

　　某公司对新员工进行了业务、专业和技能这 3 方面的培训，并对每位员工进行了考核，统计出了对应考核成绩，对于员工缺考的情况，则该项考核成绩保留为空白，如图 2-16 所示。现在需要判断员工是否存在缺考科目。

序号	姓名	业务考核	专业考核	技能考核	是否有缺考
1	赵仑	66	97	72	
2	钱小美		50	61	
3	李国良	62	67	70	
4	周文娟	68	88	68	
5	吴浩	71	57	55	
6	王玉林	73	52	56	
7	冯强		92	54	
8	陈紫彤	61	82	64	
9	诸文勋	70	69	74	
10	蒋小琴	88	83	64	
11	沈涛	59	92	90	
12	韩梅梅	58	67	96	
13	朱琳琳	81	51	82	
14	秦勇	91		58	
15	许昌华	71	68	97	

图 2-16　新员工培训阶段的各项考核成绩统计

解决方法

　　要判断是否缺考，只需看是否存在空白单元格即可，在 Excel 中，可以使用 ISBLANK() 函数来判断单元格是否为空白单元格。

　　在 3 项考核中只要有一项考核成绩为空白单元格，就可以判断出缺考，对于这个判断可以使用 OR() 函数来完成，最后再结合 IF() 函数输出想要的判断结果，其具体操作如下。

STEP01 打开素材文件，选择F2:F16单元格区域，在编辑栏中输入如下公式。

　　=IF(OR(ISBLANK(C2),ISBLANK(D2),ISBLANK(E2)),"存在缺考项目","无")

STEP02 按【Ctrl+Enter】组合键即可判断出所有新员工在此次考核中是否存在缺考项目，如图2-17所示。

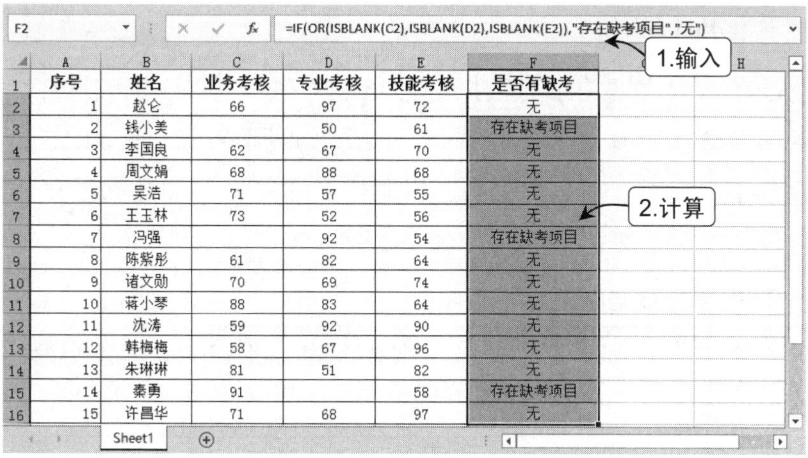

序号	姓名	业务考核	专业考核	技能考核	是否有缺考
1	赵仑	66	97	72	无
2	钱小美		50	61	存在缺考项目
3	李国良	62	67	70	无
4	周文娟	68	88	68	无
5	吴浩	71	57	55	无
6	王玉林	73	52	56	无
7	冯强		92	54	存在缺考项目
8	陈紫彤	61	82	64	无
9	诸文勋	70	69	74	无
10	蒋小琴	88	83	64	无
11	沈涛	59	92	90	无
12	韩梅梅	58	67	96	无
13	朱琳琳	81	51	82	无
14	秦勇	91		58	存在缺考项目
15	许昌华	71	68	97	无

图 2-17 判断员工是否存在缺考项目

公式解析

在本例的“=IF(OR(ISBLANK(C2),ISBLANK(D2),ISBLANK(E2)),"存在缺考项目","无")”公式中，“ISBLANK(C2)”“ISBLANK(D2)”“ISBLANK(E2)”分别用于判断 C2、D2、E2 单元格是否为空。

“OR(ISBLANK(C2),ISBLANK(D2),ISBLANK(E2))”函数可以判断出 C2、D2、E2 这 3 个单元格中任意一个空白单元格的存在，即判断是否存在任意一个缺考项目。

最后使用 IF()函数将 OR()函数判断的结果进行输出，“存在缺考项目”是当有单元格为空时的返回值（有任意一个项目缺考），“无”是当没有单元格为空时的返回值（没有缺考项目）。

知识看板

①使用 ISBLANK()函数来判断单元格是否为空白单元格，当指定的单元格为空白时，ISBLANK()函数返回 TRUE 值；当指定的单元格不为空白时，ISBLANK()函数返回 FALSE 值。

②在 Excel 中，如果需要检测的单元格中包含空格，虽然在表面上看起来，也是空白的单元格，但是在使用 ISBLANK()函数进行判断时，函

数仍然返回 FALSE 值。

③OR()函数主要用于对数据进行交集运算，也称逻辑或运算。只要指定的所有条件中有一个条件成立，该函数返回逻辑真值 TRUE；当所有条件都不成立时，则函数返回逻辑假值 FALSE。例如数据 1 和数据 2，在进行逻辑交集运算后，结果如表 2-2 所示。

表 2-2　不同情况 OR()函数的返回结果

数据 1	数据 2	OR()函数结果
真	真	真
真	假	真
假	真	真
假	假	假

④如果 OR()函数的参数是数值，则会把 0 当作逻辑 FALSE 处理，而把非 0 数值当成 TRUE 处理。

NO.010
根据考核成绩判断员工的考核结果【IF()/AND()/OR()】

资源：素材\第 2 章\新员工考核成绩表 1.xlsx　　|　　资源：效果\第 2 章\新员工考核成绩表 1.xlsx

某公司规定，新员工在培训阶段，各项考核成绩都在 60 分以上（包含 60 分）时，考核才能通过，对于考核不合格的，公司不会直接全部淘汰，而是给任意一项考核成绩低于 60 分的员工一次补考机会，如果两项及以上的考核成绩都低于 60 分，则公司直接淘汰。现在要求根据以上的条件来判断员工的考核结果。

解决方法

本例的考核结果有 3 个，分别是"合格""补考"和"淘汰"，对于这种多条件判断的输出结果，可以使用 IF()函数来完成。在本例中对于"补考"结构的条件判断稍微复杂一点，可以使用 OR()函数与 AND()函数的综合应用来完成，其具体操作如下。

STEP01 打开素材文件，选择F2:F16单元格区域，在编辑栏中输入如下公式。

=IF(AND(C2>=60,D2>=60,E2>=60),"合格",IF(OR(AND(C2<60,D2>=60,E2>=60),AND(C2>=60,D2<60,E2>=60),AND(C2>=60,D2>=60,E2<60)),"补考","淘汰"))

STEP02 按【Ctrl+Enter】组合键即可对所有新员工的考核结果进行判断，如图2-18所示。

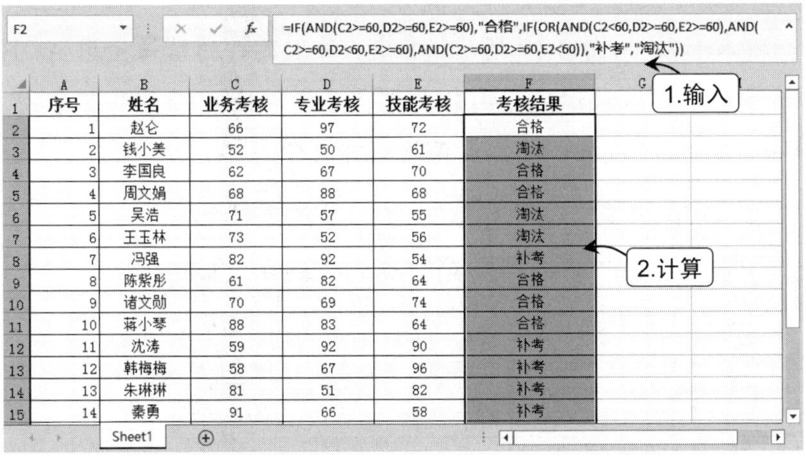

序号	姓名	业务考核	专业考核	技能考核	考核结果
1	赵仑	66	97	72	合格
2	钱小美	52	50	61	淘汰
3	李国良	62	67	70	合格
4	周文娟	68	88	68	合格
5	吴浩	71	57	55	淘汰
6	王玉林	73	52	56	淘汰
7	冯强	82	92	54	补考
8	陈紫彤	61	82	64	合格
9	诸文勋	70	69	74	合格
10	蒋小琴	88	83	64	合格
11	沈涛	59	92	90	补考
12	韩梅梅	58	67	96	补考
13	朱琳琳	81	51	82	补考
14	秦勇	91	66	58	补考

图 2-18　判断所有员工的考核结果

公式解析

在本例的“=IF(AND(C2>=60,D2>=60,E2>=60),"合格",IF(OR(AND(C2<60,D2>=60,E2>=60),AND(C2>=60,D2<60,E2>=60),AND(C2>=60,D2>=60,E2<60)),"补考","淘汰"))”公式中，“AND(C2>=60,D2>=60,E2>=60)”部分作为IF()函数的第一个参数，用于判断所有考核合格的员工，该IF()函数的第三个参数是一个嵌套函数。

在嵌套的IF()函数中，其第一个参数是一个OR()函数，在该函数中有3个参数，分别是“AND(C2<60,D2>=60,E2>=60)”“AND(C2>=60,D2<60,E2>=60)”和“AND(C2>=60,D2>=60,E2<60)”。这3个参数依次分别表示只有业务考核成绩小于60分、只有专业考核成绩小于60分和只有技能考核成绩小于60分。这3个参数任意一个成立，OR()函数都返回

TRUE 值，即嵌套的 IF()函数的条件判断成立，则返回“补考”考核结果，否则返回“淘汰”考核结果。

NO.011

计算员工测评总分【SUM()/LOOKUP()】

资源：素材\第 2 章\员工能力测评成绩统计表.xlsx | **资源**：效果\第 2 章\员工能力测评成绩统计表.xlsx

某公司为了更合理地安排新录用员工的工作，会对员工各方面的能力进行详细测评，如图 2-19 所示。其中，每项测评的结果使用 A、B、C、D、E 这 5 个字母来表示，它们分别代表 5 分、4 分、3 分、2 分和 1 分，现在需要根据测评的结果计算员工的测评总分。

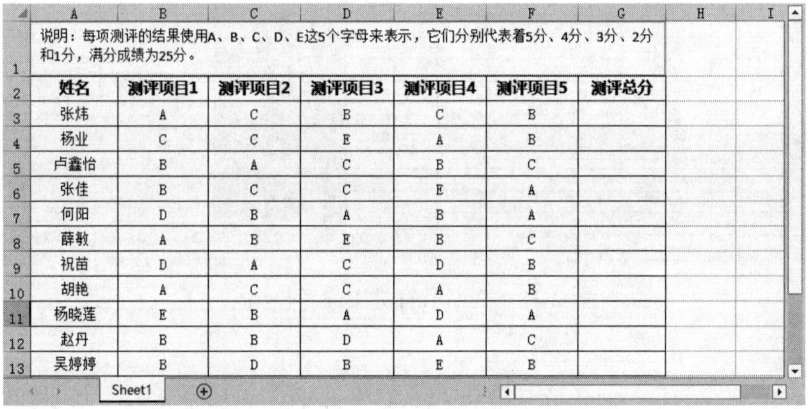

说明：每项测评的结果使用A、B、C、D、E这5个字母来表示，它们分别代表着5分、4分、3分、2分和1分，满分成绩为25分。

姓名	测评项目1	测评项目2	测评项目3	测评项目4	测评项目5	测评总分
张炜	A	C	B	C	B	
杨业	C	C	E	A	B	
卢鑫怡	B	A	C	B	C	
张佳	B	C	C	E	A	
何阳	D	B	A	B	A	
薛敏	A	B	E	B	C	
祝苗	D	A	C	D	B	
胡艳	A	C	C	A	B	
杨晓莲	E	B	A	D	A	
赵丹	B	B	D	A	C	
吴婷婷	B	D	B	E	B	

图 2-19 新员工能力测评成绩统计

解决方法

要解决本例的问题，首先需要将利用 A~E 字母表示的分数转化为使用数字表示的分数，然后利用 SUM()函数求和即可得到员工的测评总分。要实现字母分数转化为数字分数，可以使用 LOOKUP()函数来完成，其具体操作如下。

STEP01 打开素材文件，选择G3单元格区域，在编辑栏中输入如下公式，按【Ctrl+Shift+Enter】组合键即可计算出第一位员工的测评总分，如图2-20所示。

=SUM(LOOKUP(B3:F3,{"A","B","C","D","E"},{5,4,3,2,1}))

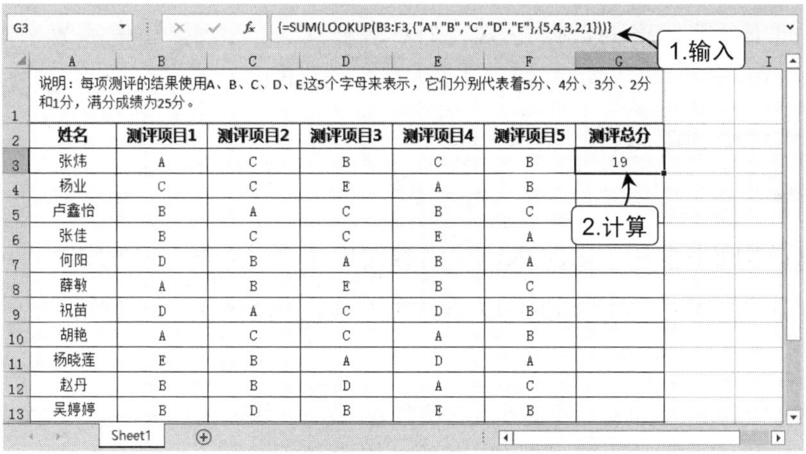

G3 {=SUM(LOOKUP(B3:F3,{"A","B","C","D","E"},{5,4,3,2,1}))}

	A	B	C	D	E	F	G
1	说明：每项测评的结果使用A、B、C、D、E这5个字母来表示，它们分别代表着5分、4分、3分、2分和1分，满分成绩为25分。						
2	姓名	测评项目1	测评项目2	测评项目3	测评项目4	测评项目5	测评总分
3	张炜	A	C	B	C	B	19
4	杨业	C	C	E	A	B	
5	卢鑫怡	B	A	C	B	C	
6	张佳	B	C	C	E	A	
7	何阳	D	B	A	B	A	
8	薛敏	A	B	E	B	C	
9	祝苗	D	A	C	D	B	
10	胡艳	A	C	C	A	B	
11	杨晓莲	E	B	A	D	A	
12	赵丹	B	B	D	A	C	
13	吴婷婷	B	D	B	E	B	

图 2-20　计算第一位员工的测评总分

STEP02 双击G3单元格的控制柄填充公式，完成其他员工的测评总分的计算，如图2-21所示。

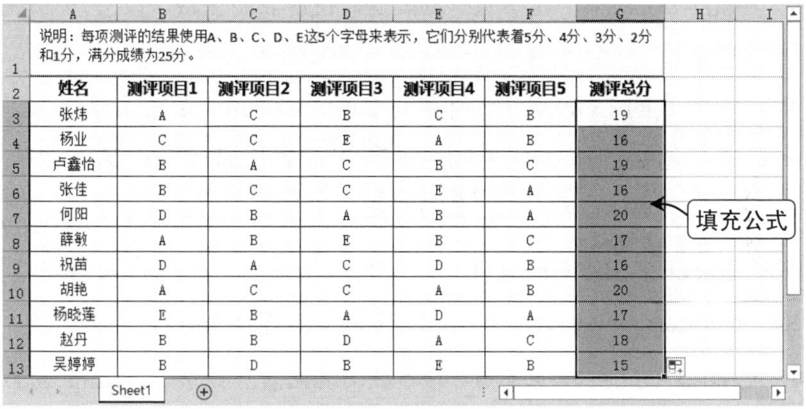

	A	B	C	D	E	F	G
1	说明：每项测评的结果使用A、B、C、D、E这5个字母来表示，它们分别代表着5分、4分、3分、2分和1分，满分成绩为25分。						
2	姓名	测评项目1	测评项目2	测评项目3	测评项目4	测评项目5	测评总分
3	张炜	A	C	B	C	B	19
4	杨业	C	C	E	A	B	16
5	卢鑫怡	B	A	C	B	C	19
6	张佳	B	C	C	E	A	16
7	何阳	D	B	A	B	A	20
8	薛敏	A	B	E	B	C	17
9	祝苗	D	A	C	D	B	16
10	胡艳	A	C	C	A	B	20
11	杨晓莲	E	B	A	D	A	17
12	赵丹	B	B	D	A	C	18
13	吴婷婷	B	D	B	E	B	15

图 2-21　填充公式计算其他员工的测评总分

公式解析

在本例的“=SUM(LOOKUP(B3:F3,{"A","B","C","D","E"},{5,4,3,2,1}))”公式中，“LOOKUP(B3:F3,{"A","B","C","D","E"},{5,4,3,2,1})”表示将让B3:F3单元格区域中的值匹配{"A","B","C","D","E"}数据集，然后返回{5,4,3,2,1}数据集中对应的数字。

如 B3 单元格的数据为 A，则对应{5,4,3,2,1}数据集中的数字 5，因此通过查询匹配，将字母转化为数字后，公式变为"=SUM({5,3,4,3,4})"，最后执行求和函数得到结果 19。

知识看板

①本例中使用了 LOOKUP()函数的向量形式，其具体的语法结构为：LOOKUP(lookup_value,lookup_vector,[result_vector])，各参数的具体作用如下。

◆ lookup_value：必选参数。函数在第一个向量中查找的值，该参数可以是数字、文本、逻辑值、名称或单元格引用。

◆ lookup_vector：必选参数。要查找的值列表，只包含一行或一列的单元格区域，其中的值可以是文本、数字或逻辑值。

◆ result_vector：可选参数。函数返回值所在的区域，只包含一行或一列的单元格区域，其大小必须与 lookup_vector 参数的大小相同。

②向量形式的 LOOKUP()函数的 lookup_vector 参数不区分大小写，并且参数中数值必须按照从小到大的顺序，字母必须按照 A~Z 的顺序排列，否则函数可能无法返回正确的结果。

③在 Excel 中，LOOKUP()函数还有数组形式，其具体的语法结构为：LOOKUP(lookup_value,array)，各参数的具体作用如下。

◆ lookup_value：必选参数。该参数与其向量形式中的 lookup_value 参数意义相同。

◆ array：必选参数。该参数表示包含要与 lookup_value 进行比较的文本、数字或逻辑值的单元格区域，该参数也不区分大小写，且参数中的数值和字母也必须按照升序顺序排列，否则可能导致函数无法返回正确的结果。

④如果本例使用 LOOKUP()函数的数组形式将字母的分数转化为数字的分数，可以使用如下公式来解决本例的问题，其效果如图 2-22 所示。

=SUM(LOOKUP(B3:F3,{"A","B","C","D","E" ; 5,4,3,2,1}))

A	B	C	D	E	F	G
说明：每项测评的结果使用A、B、C、D、E这5个字母来表示，它们分别代表着5分、4分、3分、2分和1分，满分成绩为25分。						
姓名	测评项目1	测评项目2	测评项目3	测评项目4	测评项目5	测评总分
张炜	A	C	B	C	B	19
杨业	C	C	E	A	B	16
卢鑫怡	B	A	C	B	C	19
张佳	B	C	C	E	A	16
何阳	D	B	A	B	A	20
薛敏	A	B	E	B	C	17
祝苗	D	A	C	D	B	16

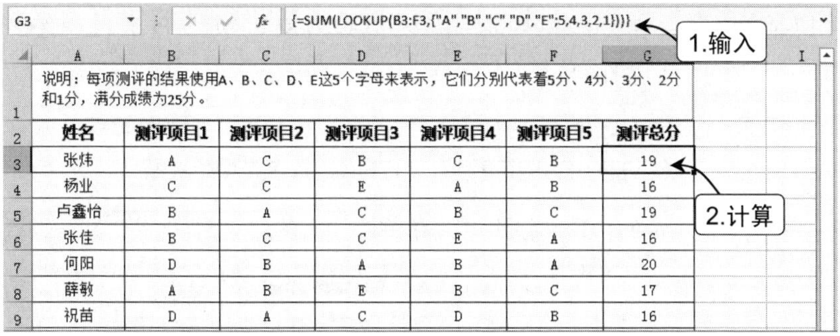

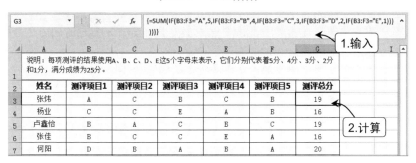

图 2-22　使用 LOOKUP()函数的数组形式计算员工的测评总分

⑤对于查询参数比较少的情况，还可以使用 IF()函数的嵌套结构来解决本例的问题，其使用的公式如下，其效果如图 2-23 所示。

=SUM(IF(B3:F3="A",5,IF(B3:F3="B",4,IF(B3:F3="C",3,IF(B3:F3="D",2,IF(B3:F3="E",1))))))

A	B	C	D	E	F	G
说明：每项测评的结果使用A、B、C、D、E这5个字母来表示，它们分别代表着5分、4分、3分、2分和1分，满分成绩为25分。						
姓名	测评项目1	测评项目2	测评项目3	测评项目4	测评项目5	测评总分
张炜	A	C	B	C	B	19
杨业	C	C	E	A	B	16
卢鑫怡	B	A	C	B	C	19
张佳	B	C	C	E	A	16
何阳	D	B	A	B	A	20

图 2-23　使用 IF()函数的嵌套结构计算员工的测评总分

NO.012 计算员工的转正时间【YEAR()/MONTH()/DAY()/DATE()】

资源：素材\第 2 章\新员工基本信息表.xlsx　|　**资源**：效果\第 2 章\新员工基本信息表.xlsx

某公司规定，新员工需要经过 3 个月的培训期才能转正，现在已知每位员工的培训第一天的报到时间，需要计算每位员工的转正时间。

解决方法

本例中使用 MONTH()函数提取新员工的报到月份，然后在该月份上加上 3 表示转正的月份，对于转正的年份和具体日期则分别用 YEAR()

函数和 DAY()函数提取，最后使用 DATE()函数将得到的年月日数据联结起来即可，其具体操作如下。

STEP01 打开素材文件，选择H2:H16单元格区域，在编辑栏中输入如下公式。

=DATE(YEAR(G2),MONTH(G2)+3,DAY(G2))

STEP02 按【Ctrl+Enter】组合键即可计算每位员工的转正时间，如图2-24所示。

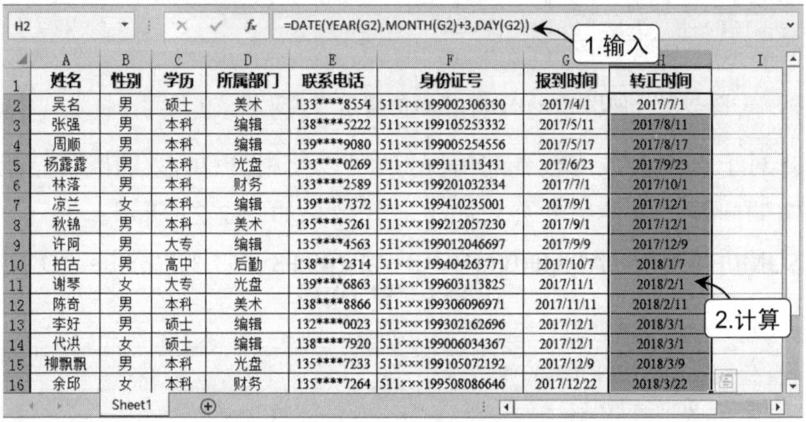

姓名	性别	学历	所属部门	联系电话	身份证号	报到时间	转正时间
吴名	男	硕士	美术	133****8554	511×××199002306330	2017/4/1	2017/7/1
张强	男	本科	编辑	138****5222	511×××199105253332	2017/5/11	2017/8/11
周顺	男	本科	编辑	139****9080	511×××199005254556	2017/5/17	2017/8/17
杨露露	男	本科	光盘	133****0269	511×××199111113431	2017/6/23	2017/9/23
林落	男	本科	财务	133****2589	511×××199201032334	2017/7/1	2017/10/1
凉兰	女	本科	编辑	139****7372	511×××199410235001	2017/9/1	2017/12/1
秋锦	男	本科	美术	135****5261	511×××199212057230	2017/9/1	2017/12/1
许阿	男	大专	编辑	135****4563	511×××199012046697	2017/9/9	2017/12/9
柏古	男	高中	后勤	138****2314	511×××199404263771	2017/10/7	2018/1/7
谢琴	女	大专	光盘	139****6863	511×××199603113825	2017/11/1	2018/2/1
陈奇	男	本科	美术	138****8866	511×××199306096971	2017/11/11	2018/2/11
李好	男	硕士	编辑	132****0023	511×××199302162696	2017/12/1	2018/3/1
代洪	女	硕士	编辑	138****7920	511×××199006034367	2017/12/1	2018/3/1
柳飘飘	男	本科	光盘	135****7233	511×××199105072192	2017/12/9	2018/3/9
余邱	女	本科	财务	135****7264	511×××199508086646	2017/12/22	2018/3/22

图 2-24 计算每位员工的转正时间

公式解析

在本例的“=DATE(YEAR(G2),MONTH(G2)+3,DAY(G2))”公式中，G2 单元格表示报到时间的单元格引用，“YEAR(G2)”和“DAY(G2)”部分分别表示提取报到时间中的年份和日期，“MONTH(G2)+3”表示提取报到时间中的月份，并对月份加 3，即可获取转正的月份，最后利用 DATE()函数将分别得到的年份、转正的月份和日期数据联结起来得到最终的转正时间。

知识看板

①YEAR()、MONTH()、DAY()都是常见的年月日处理函数，各函数的具体作用如下。

- YEAR()函数：主要用于返回指定日期中的年份，其语法结构是 YEAR(serial_number)，serial_number 参数表示将要返回其年份数的日期，它可以是单元格引用，也可以是多种日期格式的数据。

◆ MONTH()函数：主要用于返回指定日期中的月份，其语法结构是 MONTH(serial_number)，serial_number 参数用于指定将要返回其月份的日期。

◆ DAY()函数：主要用于返回指定日期在当月的天数，其语法结构是 DAY(serial_number)，serial_number 参数用于指定将要返回其天数的日期。

②DATE()函数的功能是将分散的年月日数据转换为标准格式的日期数据。若结果单元格的格式为"常规"，则结果将以日期形式出现；若结果单元格的格式为"数字"，则结果将以日期代码的形式出现。

③DATE()函数的语法结构为：DATE(year,month,day)，从函数的语法格式可以看出，DATE()函数包含 3 个必选参数，各参数的说明如下。

◆ year：表示即将返回的日期中的年份，为 0~9999 之间的整数。如果取值小于 0 或者大于 9999，则函数将返回"#NUM！"错误。如果取值位于 0 ~ 1899 年之间，则返回 year 值加上 1900 后的年份，如函数"=DATE(117,10,9)"将返回"2017/10/9"。

◆ month：表示日期数据中的月份，可以是任意整数。当 month 大于 12 时，结果将从指定年份的下一年的 1 月份开始往后累加，如函数"DATE(2017,20,17)"将返回"2017/8/17"；当 month 小于 1 时，结果将从指定年份的上一年的 12 月开始递减，如函数"DATE(2017,-16,16)"将返回"2015/8/16"。

◆ day：必选参数。表示日期数据中的天数，可取任意整数。如果该参数的值大于指定月份的最大天数或者小于 1 时，则其计算规则与 month 参数的计算规则相同。

④在给 DATE()函数指定参数时，year 参数最好用 4 位数字，从而确保数据的准确输出，例如想要表达 2017 年的年份，必须输入"2017"，如果直接使用"17"，则函数会输出"1917"的结果。

此外，虽然 month 参数和 day 参数都支持负数和大于 12 或 31 的正数，但为了函数更加直观，也应尽量使用 1~12 或 1~31 之间的整数。

NO.013

判断员工是否符合转正条件【IF()/AND()/DATEDIF()/TODAY()】

资源：素材\第 2 章\新员工信息表.xlsx | **资源**：效果\第 2 章\新员工信息表.xlsx

某公司规定：试用员工在培训 3 个月后，并且在培训期间培训的 3 个科目的总成绩大于等于 240 分才符合转正条件，现在要求判断每位试用员工是否符合转正条件。

解决方法

由于需要同时满足两个条件才具有转正资格，所以可以使用 AND()函数来判断该员工是否同时符合转正的两个条件，对于培训时间是否满 3 个月，可以通过 DATEDIF()函数对报到时间和当前时间的月份进行差值运算，其具体操作如下。

STEP01 打开素材文件，选择H2:H16单元格区域，在编辑栏中输入如下公式。

=IF(AND(DATEDIF(D2,TODAY(),"M")>=3,E2>=240),"符合转正条件","不符合转正条件")

STEP02 按【Ctrl+Enter】组合键即可根据报到时间和培训总成绩判断该员工是否符合转正条件，如图2-25所示。

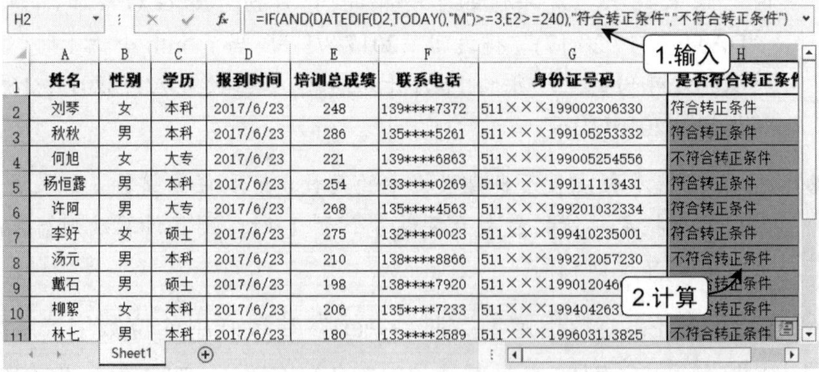

	A	B	C	D	E	F	G	H
1	姓名	性别	学历	报到时间	培训总成绩	联系电话	身份证号码	是否符合转正条件
2	刘琴	女	本科	2017/6/23	248	139****7372	511××199002306330	符合转正条件
3	秋秋	男	本科	2017/6/23	286	135****5261	511××199105253332	符合转正条件
4	何旭	女	大专	2017/6/23	221	139****6863	511××199005254556	不符合转正条件
5	杨恒露	男	本科	2017/6/23	254	133****0269	511××199111113431	符合转正条件
6	许阿	男	大专	2017/6/23	268	135****4563	511××199201032334	符合转正条件
7	李好	女	硕士	2017/6/23	275	132****0023	511××199410235001	符合转正条件
8	汤元	男	本科	2017/6/23	210	138****8866	511××199212057230	不符合转正条件
9	戴石	男	硕士	2017/6/23	198	138****7920	511××199012046	转正条件
10	柳絮	女	本科	2017/6/23	206	135****7233	511××199404263	转正条件
11	林七	男	本科	2017/6/23	180	133****2589	511××199603113825	不符合转正条件

图 2-25 判断员工是否符合转正条件

公式解析

在本例的“=IF(AND(DATEDIF(D2,TODAY(),"M")>=3,E2>=240),"符合转正条件","不符合转正条件")”公式中，“DATEDIF(D2,TODAY(),

"M")>=3"部分公式就是对时间是否满3个月进行判断。首先利用TODAY()函数获取到系统当前的时间，然后利用 DATEDIF()函数对时间进行差值运算，该函数的第一个参数 D2 表示的是报到时间，第二个参数表示当前的系统时间，将其第三个参数设置为""M""，表示对前面两个时间的月份进行差值运算。

知识看板

①在 Excel 中，如果要返回当前系统的日期，则可以使用系统提供的TODAY()函数来完成，其语法结构为：TODAY()。从语法结构中可以看出，该函数没有任何参数，如果要在某个位置获取当前系统的日期，则直接输入"=TODAY()"，按【Ctrl+Enter】组合键即可。

②使用 TODAY()函数获取当前系统的日期后，下次再打开该文件时，其中的日期会自动更新为系统当前的日期。

TIPS 使用手动重算数据功能避免日期自动更新

当获取的当前日期根据系统的时间变化进行更新后，早期计算的数据结果也就会发生变化，如果不希望日期根据系统时间自动更新，则可以启用手动重算数据功能。其具体的操作是，打开"Excel选项"对话框，单击"公式"选项卡，在右侧的"计算选项"栏中选中"手动重算"单选按钮，单击"确定"按钮即可，如图2-26所示。

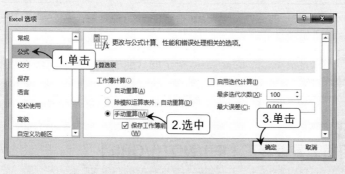

图 2-26 启用手动重算功能

③DATEDIF()函数返回两个日期之间的年、月、日的间隔数，该函数在帮助和插入公式里面没有，但是可以在 Excel 中使用，这样的函数被

称为 Excel 的隐藏函数。

④DATEDIF()函数的语法结构为：DATEDIF(start_date,end_date,unit)，从语法结构中可以看出，DATEDIF()函数有 3 个参数，对于该函数需要注意以下几点。

◆ start_date：该参数为一个日期，它代表时间段内的第一个日期或起始日期。

◆ end_date：该参数为一个日期，它代表时间段内的最后一个日期或结束日期。

◆ unit：该参数用于指定计算时间间隔的单位和方式，该参数有多种值，参数值不同，函数返回的差值就不同，具体作用如表2-3所示。

表2-3　unit 参数的值及其对应的作用

参数值	作用
"y"	计算 start_date 与 end_date 指定的日期中的整年数
"m"	计算 start_date 与 end_date 指定的日期中的整月数
"d"	计算 start_date 与 end_date 指定的日期中的天数
"md"	计算 start_date 与 end_date 指定的日期中天数的差；该参数值忽略日期中的月和年
"ym"	计算 start_date 与 end_date 指定的日期中月数的差，该参数值忽略日期中的年和日
"yd"	计算 start_date 与 end_date 指定的日期中天数的差，该参数值忽略日期中的年

NO.014
判断试用员工是否转正【IF()/NOT()/OR()】

资源：素材\第2章\新员工转正审批.xlsx　　|　　**资源**：效果\第2章\新员工转正审批.xlsx

在有些公司中，对人才的选择很严格，经过层层的审批后才能转正，如某公司规定：试用员工一般在提名转正后，需要通过人事部、部门主管、经理和总经理这4个部门的批准之后，才能够转正。

如果这 4 个部门中的任意一个驳回，则都不能转正，现在已经整理了各级部门对员工的转正意见，如图 2-27 所示，要求根据这些转正意见，判断员工是否可以顺利转正。

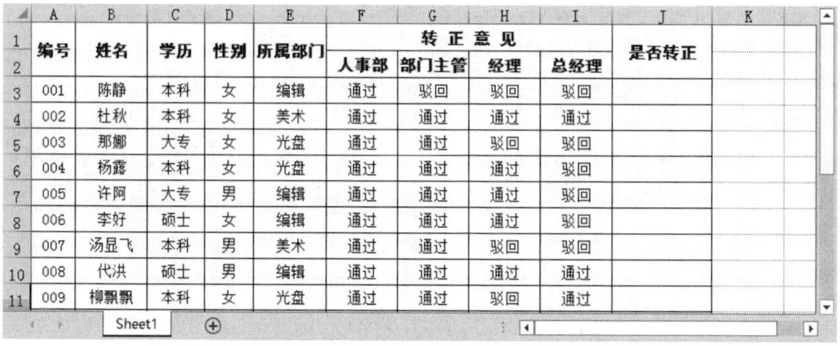

编号	姓名	学历	性别	所属部门	转正意见				是否转正
					人事部	部门主管	经理	总经理	
001	陈静	本科	女	编辑	通过	驳回	驳回	驳回	
002	杜秋	本科	女	美术	通过	通过	通过	通过	
003	那娜	大专	女	光盘	通过	通过	驳回	驳回	
004	杨露	本科	女	光盘	通过	通过	通过	驳回	
005	许阿	大专	男	编辑	通过	通过	通过	驳回	
006	李好	硕士	女	编辑	通过	通过	通过	驳回	
007	汤显飞	本科	男	美术	通过	通过	驳回	驳回	
008	代洪	硕士	男	编辑	通过	通过	通过	通过	
009	柳飘飘	本科	女	光盘	通过	通过	驳回	通过	

图 2-27 新员工转正意见统计

解决方法

在本例中，可以先用 OR()函数判断是否存在被驳回的情况，然后利用 NOT()函数对 OR()函数的结果为真的情况进行取反操作，即可得到所有意见都是“通过”的情况，最后利用 IF()函数输出“予以转正”的信息，其具体操作如下。

STEP01 打开素材文件，选择J3单元格，在编辑栏中输入如下公式，按【Ctrl+Shift+Enter】组合键完成第一个员工的转正判断，如图2-28所示。

=IF(NOT(OR(F3:I3="驳回")),"予以转正","")

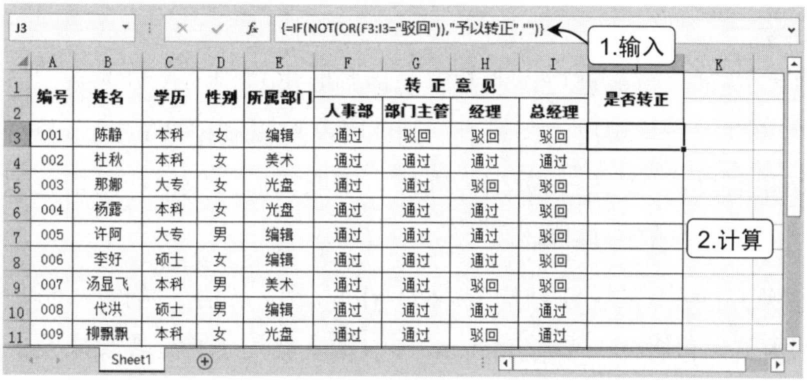

编号	姓名	学历	性别	所属部门	转正意见				是否转正
					人事部	部门主管	经理	总经理	
001	陈静	本科	女	编辑	通过	驳回	驳回	驳回	
002	杜秋	本科	女	美术	通过	通过	通过	通过	
003	那娜	大专	女	光盘	通过	通过	驳回	驳回	
004	杨露	本科	女	光盘	通过	通过	通过	驳回	
005	许阿	大专	男	编辑	通过	通过	通过	驳回	
006	李好	硕士	女	编辑	通过	通过	通过	驳回	
007	汤显飞	本科	男	美术	通过	通过	驳回	驳回	
008	代洪	硕士	男	编辑	通过	通过	通过	通过	
009	柳飘飘	本科	女	光盘	通过	通过	驳回	通过	

图 2-28 判断第一个员工是否转正

STEP02 双击J3单元格的控制柄填充公式，完成其他员工是否转正的判断，如图2-14所示。

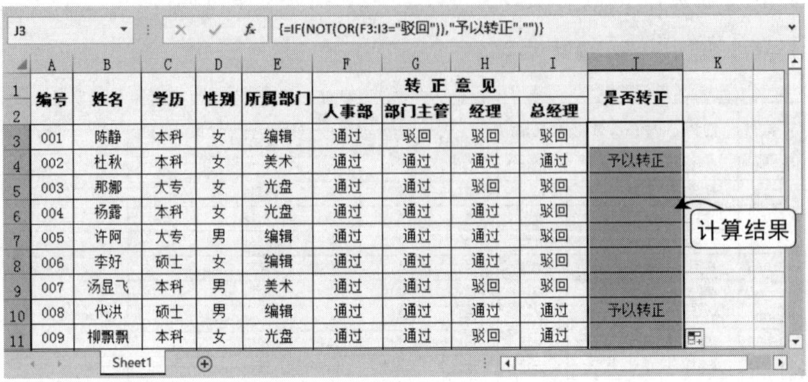

编号	姓名	学历	性别	所属部门	转正意见				是否转正
					人事部	部门主管	经理	总经理	
001	陈静	本科	女	编辑	通过	驳回	驳回	驳回	
002	杜秋	本科	女	美术	通过	通过	通过	通过	予以转正
003	那娜	大专	女	光盘	通过	通过	驳回	驳回	
004	杨露	本科	女	光盘	通过	通过	通过	驳回	
005	许阿	大专	男	编辑	通过	通过	通过	驳回	
006	李好	硕士	女	编辑	通过	通过	通过	驳回	
007	汤显飞	本科	男	美术	通过	通过	驳回	驳回	
008	代洪	硕士	男	编辑	通过	通过	通过	通过	予以转正
009	柳飘飘	本科	女	光盘	通过	通过	驳回	通过	

图 2-29 判断其他员工是否转正

公式解析

在本例的“=IF(NOT(OR(F3:I3="驳回")),"予以转正","")”公式中，在OR()函数中使用数组的形式判断F3:I3单元格区域中是否存在“驳回”文本，如果存在，则OR()函数返回TRUE值，如果不存在，则OR()函数返回FALSE值，然后使用NOT()函数对OR()返回值进行取反，使有驳回结果的返回逻辑假值FALSE，使没有驳回结果的返回逻辑真值TRUE。

本例公式中的“NOT(OR(F3:I3="驳回"))”部分就相当于“AND(F3="通过",G3="通过",H3="通过",I3="通过")”。

知识看板

①如果对一组数据可以非常容易地判断出它们的逻辑关系，但实际使用时却要用到其相反的逻辑值，则此时就可以利用NOT()函数对逻辑判断结果取反，当指定的数据为真值，则取反后为假值；当指定的数据为假值，则取反后为真值。

②NOT()函数的语法结构为：NOT(logical)，从语法结构中可以看出，NOT()函数只包含一个参数logical，该参数主要用于指定需要求反的逻辑值或者逻辑表达式。

员工档案数据处理

在人力资源管理中，处理和统计人事信息是该部门的核心工作之一，利用 Excel 中提供的函数可以方便地对档案信息的正确性进行检测，并完成各种查询和统计处理。

3.1 员工身份证号码数据处理

身份证号码是每个公民唯一的身份标识，从这短短的数字组合中，可以了解到员工很多的信息，如员工常住户口所在县（市、旗、区）的行政区、出生年月、性别等。所以在员工入职时，这些数据即使没有登记，只要有身份证号码，工作人员也可以完善相关的信息。

NO.015
判断员工身份证号码位数是否正确【IF()/LEN()】

资源：素材\第3章\员工档案表.xlsx | 资源：效果\第3章\员工档案表.xlsx

根据《中华人民共和国国家标准 GB 11643—1999》中有关公民身份证号码的规定，公民身份证号码是特征组合码，由 17 位数字本体码和一位数字校验码组成，如果员工的身份证号码的位数不是这种，那么此身份证号码必然输入错误。

已知在员工档案表中已经填写了每位员工的身份证号码，但由于是手动输入的，可能存在位数多输或者少输的情况，现在要求通过位数来判断该身份证号码的位数是否为 18 位，并显示现在的身份证号码的位数具体多出或少的位数。

解决方法

在本例中，主要是对身份证号码的位数是否够 18 位进行判断，可以使用 LEN()函数来完成，对于位数错误的身份证号码，其多出或少的具体位数，直接用当前输入的身份证号码的长度与 18 进行差值运算即可，其具体操作如下。

STEP01 打开素材文件，选择K2:K19单元格区域，在编辑栏中输入如下公式。

=IF(LEN(D2)>18,"身份证号码位数超了"&LEN(D2)-18&"位",
IF(LEN(D2)<18,"身份证号码位数少了"&18-LEN(D2)&"位",""))

STEP02 按【Ctrl+Enter】组合键即可判断出每位员工的身份证号码是否正确，如图3-1所示。

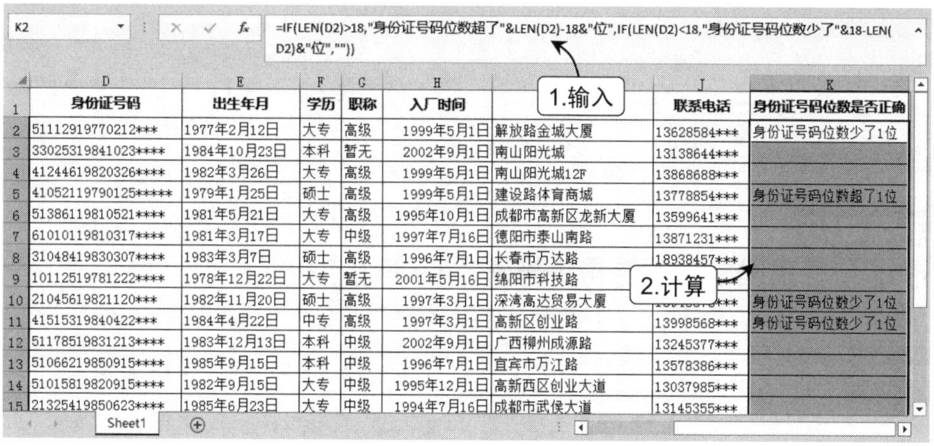

图 3-1 判断每位员工的身份证号码是否正确

公式解析

在本例的 "=IF(LEN(D2)>18,"身份证号码位数超了"&LEN(D2)-18&"位",IF(LEN(D2)<18,"身份证号码位数少了"&18-LEN(D2)&"位",""))" 公式中，D2 单元格表示员工的身份证号码的存储位置，"LEN(D2)" 用于获取当前身份证号码的长度，然后让其与 18 进行比较。

如果大于 18，则用 "LEN(D2)-18" 计算超出的位数，如果小于 18，则用 "18-LEN(D2)" 计算少输的位数。最后用 IF() 函数来对条件进行判断，并输出不同情况下的提示信息。

本例中，为了让输出结果更加直观，采用 "&" 符号来联结文本与公式计算结果。

知识看板

①在 Excel 中，如果给定了一个字符串，需要获取该字符串的字符长度，可以使用系统提供的 LEN() 函数来完成，其语法结构为：LEN(text)。从语法结构中可以看出，LEN() 函数仅有一个必选的 text 参数，表示要获取其长度的文本，也可以是返回文本的表达式或单元格引用。

②如果 LEN() 函数中的参数是文本或者表达式，则要加双引号，且在

英文状态下输入。

③需要特别注意的是，在使用 LEN()函数统计字符长度时，会将空格也识别为一个字符。

NO.016
快速恢复错误显示的身份证号码【TEXT()】

资源：素材\第 3 章\员工档案表 1.xlsx　　|　　资源：效果\第 3 章\员工档案表 1.xlsx

在 Excel 中，默认输入 12 位及以上位数的数字时，程序会自动将其以科学计数法的格式进行显示，某工作人员在输入员工身份证号码时，在默认的格式下直接输入 18 位的身份证号码，从而导致所有的身份证号码都显示为科学计数法的格式，如图 3-2 所示。现在要求快速将这些身份证号码数据恢复到正常的显示状态。

	A	B	C	D	E	F	G	H	I	J
1	编号	姓名	性别	身份证号码	出生年月	学历	职称	入厂时间	联系地址	联系电话
2	YGBH0001	杨娟	女	5.11129E+17	1977年2月12日	大专	高级	1999年5月1日	解放路金城大厦	13628584***
3	YGBH0002	李聘	女	3.30253E+17	1984年10月23日	本科	暂无	2002年9月1日	南山阳光城	13138644***
4	YGBH0003	薛敏	女	4.12446E+17	1982年3月26日	大专	高级	1999年5月1日	南山阳光城12F	13868688***
5	YGBH0004	祝苗	男	4.10521E+17	1979年1月25日	硕士	高级	1999年5月1日	建设路体育商城	13778854***
6	YGBH0005	周纳	女	5.13861E+17	1981年5月21日	大专	高级	1995年10月1日	成都市高新区龙新大厦	13599641***
7	YGBH0006	赵佳佳	女	6.10101E+17	1981年3月17日	大专	中级	1997年7月16日	德阳市泰山南路	13871231***
8	YGBH0007	刘瑾瑾	男	3.10484E+17	1983年3月7日	硕士	高级	1996年7月1日	长春市万达城	18938457***
9	YGBH0008	杨晓莲	女	1.01125E+17	1978年12月22日	大专	暂无	2001年5月16日	绵阳市科技园	13694585***
10	YGBH0009	马涛	男	2.10456E+17	1982年11月20日	硕士	高级	1997年3月1日	深海高达贸易大厦	15948573***
11	YGBH0010	张炜	男	4.15153E+17	1984年4月22日	中专	高级	1997年3月1日	高新区创业城	13998568***
12	YGBH0011	刘岩	女	5.11785E+17	1983年12月13日	本科	中级	2002年9月1日	广西柳州成源路	13245377***
13	YGBH0012	卢鑫怡	男	5.10662E+17	1985年9月15日	本科	中级	1996年7月1日	宜宾市万江路	13578386***
14	YGBH0013	赵丹	女	5.10158E+17	1982年9月15日	本科	中级	1995年12月1日	新西区创业大道	13037985***
15	YGBH0014	刘可盈	女	2.13254E+17	1985年6月23日	大专	高级	1994年7月16日	成都市武侯大道	13145355***
16	YGBH0015	艾佳	女	1.01547E+17	1983年11月2日	本科	高级	2002年9月1日	红艳路183号	13145356***

图 3-2　18 位的身份证号码以科学计数法的格式显示

解决方法

本例的解决方法相对简单，只需利用 TEXT()函数将科学计数法中的内容以文本方式显示出来即可，但是需要借助辅助列来完成操作，其具体操作如下。

STEP01　打开素材文件，选择K2:K19单元格区域，在编辑栏中输入如下公式，按【Ctrl+Enter】组合键在辅助列中完成身份证号码的正常显示，如图3-3所示。

=TEXT(D2,"000000000000000")

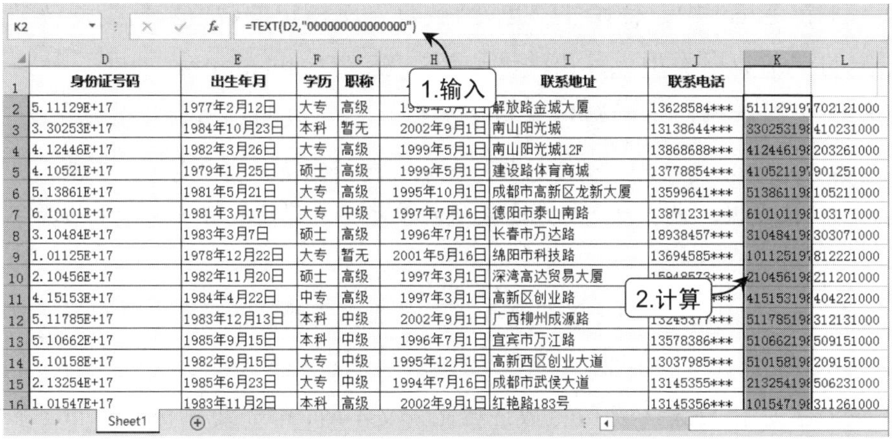

图 3-3　在辅助列中完成身份证号码的正常显示

STEP02 保持单元格区域的选择状态，按【Ctrl+C】组合键执行复制操作，选择D2:D19单元格区域，右击，在弹出的快捷菜单中选择"值"命令完成数据的粘贴操作，如图3-4所示。最后删除K列中的数据完成整个操作。

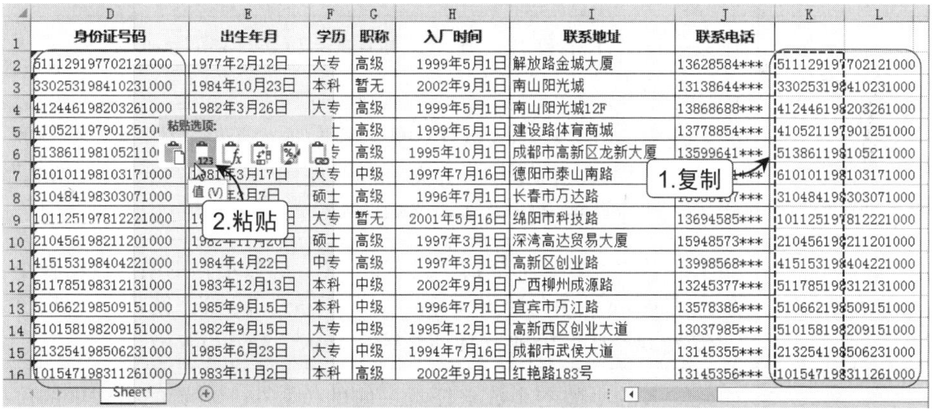

图 3-4　将正常显示的身份证号码修改到 D 列

公式解析

在本例的"=TEXT(D2,"000000000000000")"公式中，D2 单元格表示员工的身份证号码的存储位置，""000000000000000""参数用于将 D2 单元格中的数据显示为 18 位。

知识看板

①在 Excel 中，使用 TEXT()函数可以将指定的数值数据类型转换为指定的文本数据类型，其语法结构为：TEXT(value,format_text)。从语法结构中可以看出，该函数包含两个参数，各参数的具体含义分别如下。

◆ value：用于指定需要转换为文本数据的数值数据，它可以是具体的数值数据，也可以是对包含数值的单元格的引用或者计算结果为数字值的公式引用。

◆ format_text：用于指定需要将数值数据转换为某种文本格式，可以是货币、日期、时间、分数和百分比等格式的文本，但不能包含星号（*）。

②在使用 TEXT()函数将数字转化为文本时，都需要在 format_text 参数中使用占位符号来让 TEXT()函数"读懂"需要转化的格式。在表 3-1 中列举了几种常见的符号及其代表的意义。

表 3-1　format_text 参数中的占位符

符号	说明
.（半角状态的句点）	在数字中显示小数点，例如，使用"=TEXT(360,"#.00")"公式，其计算结果显示"360.00"
#	如果输入的数字在小数点任一侧的位数均少于格式中"#"符号的数量，系统不会自动用"0"补充。例如，使用"=TEXT(3.6,"##.####")"公式，其计算结果仍然显示"3.6"
0（零）	如果数字的位数少于格式中设置的"0"的数量，则系统自动在小数点右侧的剩余位数中添加"0"补充。例如，使用"=TEXT(3.6,"##.0000")"公式，其计算结果显示"3.6000"
?	如果输入的小数的小数点任意一侧的位数少于设置的格式中的位数，则系统自动在数据首末添加"0"。例如，使用"=TEXT(3.6,"000.0000? ")"公式，其计算结果显示"003.6000"

③上述表格中只列举了常用的占位符数字格式，如果要将文本转化为更多的指定数字格式，则可以在"设置单元格格式"对话框中的"自定义"选项中查看，如图 3-5 所示。

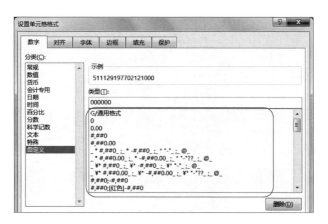

图 3-5 在对话框中查看 format_text 参数的更多值

④使用 TEXT() 函数将数值转换为带格式的文本后，其结果将不再作为数字参与各种算术运算，如果更改格式后仍然需要保留数据可以进行算术运算，则最好还是在"单元格格式"对话框中进行设置。

NO.017
从身份证号码中提取出生年月【CONCATENATE()/MID()】

资源：素材\第 3 章\员工档案表 2.xlsx　　|　　**资源**：效果\第 3 章\员工档案表 2.xlsx

为了确保填写的出生年月与输入的身份证号码中表示的出生年月数据一致，减少手动输入出现的错误，现在要求根据身份证号码直接提取出生年月数据，将其保存到出生年月列中。

解决方法

出生年月位于身份证号码中的第 7～14 位，因此可以使用系统提供的 MID() 函数来截取需要的部分，最后使用 CONCATENATE() 函数将截取出来的年、月、日数据联结起来即可，其具体操作如下。

STEP01 打开素材文件，选择E2:E19单元格区域，在编辑栏中输入如下公式。

=CONCATENATE(MID(D2,7,4),"年",MID(D2,11,2),
"月",MID(D2,13,2),"日")

STEP02 按【Ctrl+Enter】组合键即可快速完成每位员工的出生年月数据的填写，如图3-6所示。

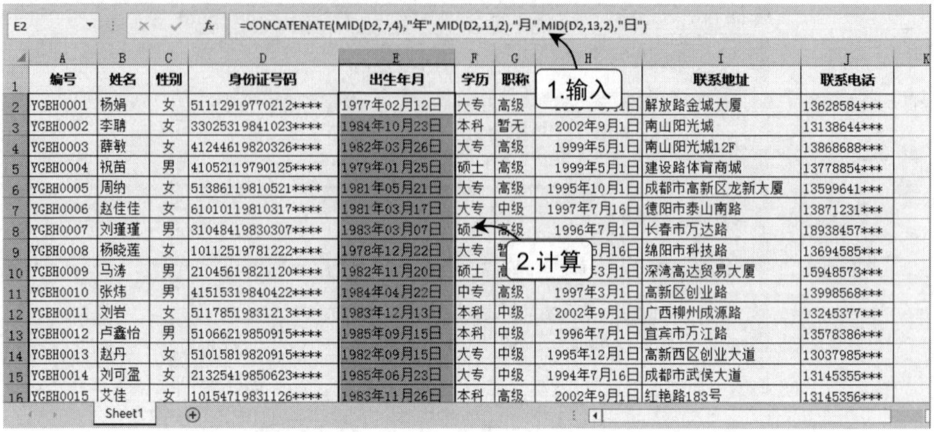

图 3-6　根据员工的身份证号码填写出生年月

公式解析

　　在本例的 "=CONCATENATE(MID(D2,7,4),"年",MID(D2,11,2),"月", MID(D2,13,2),"日")" 公式中，"MID(D2,7,4)" 部分表示从 D2 单元格的第 7 位开始，连续提取 4 个字符得到年份数据；"MID(D2,11,2)" 部分表示从 D2 单元格的第 11 位开始，连续提取 2 个字符得到月份数据；"MID (D2,13,2)" 部分表示从 D2 单元格的第 13 位开始，连续提取 2 个字符得到具体的日数据。

　　最后用 CONCATENATE() 函数将提取的年月日数据分别与 ""年"" ""月"" 和 ""日"" 联结并输出具体出生年月数据。

知识看板

　　①MID() 函数用于获取文本数据中间指定位置的字符，其语法结构为：MID(text,start_num,num_chars)，该函数的 3 个参数都是必需参数，其中，text 参数用于指定包含提取字符的字符串；start_num 参数用于表示要从文本中提取的第一个字符的位置；num_clars 参数表示要返回的字符的个数。

　　②对 MID() 函数而言，如果 start_num 大于 text 的长度，则 MID() 函

数将返回空值；如果 start_num 小于文本长度，但 start_num 加 num_chars 的长度超过了文本 text 的长度，则 MID()函数将返回开始位置至文本末的字符；如果 start_num 小于 1 或 num_chars 为负数，则 MID()函数将返回错误值"#VALUE!"。

③在 Excel 中，CONCATENATE()函数可以将多个文本字符串数据合并为一个字符串数据，其作用与"&"运算符的作用相同。其语法结构为：CONCATENATE(text1,text2,…)，该函数在使用过程中需要注意以下几点问题。

◆ text 参数指定需要合并成一个文本的多个文本项，它既可以是单元格引用，也可以是具体的文本字符串。

◆ 该函数至少包含两个参数，因此 text1 和 text2 参数为必备参数，其他参数为可选参数。

◆ 该函数的参数个数的取值范围为 2 ~ 255。

④在本例中除了使用 CONCATENATE()和 MID()函数完成从身份证号码中提取出生年月，还可以使用 MID()函数将年月日数字组合全部提取出来，然后使用 TEXT()函数按指定格式显示出来，其使用的公式如下所示，最终计算效果如图 3-7 所示。

$$=TEXT(MID(D2,7,8),"\#\#\#\#年\#\#月\#\#日")$$

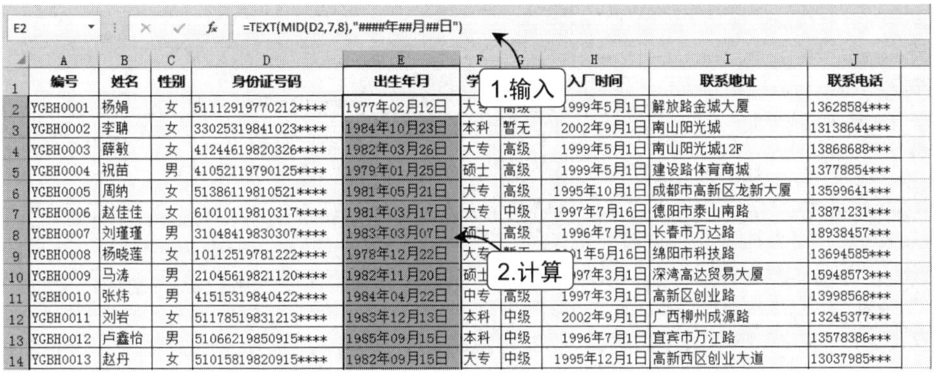

图 3-7　利用 TEXT()和 MID()函数从身份证号码中提取出生年月

NO.018

从身份证号码中提取生日信息【TEXT()/IF()/MID()】

资源：素材\第 3 章\员工档案表 3.xlsx | **资源**：效果\第 3 章\员工档案表 3.xlsx

某公司对每位员工在生日当天都会送上一份生日福利，公司统一规定，按员工身份证号码中显示的生日来发放福利，现在要求在员工档案表中根据员工身份证号码来快速输出员工的生日信息，且要求小于 10 月份的数据只显示数字，不显示前面的“0”。

解决方法

在身份证号码中，月份数据都是显示的两位，1~9 月份的显示格式为“0 数字”，现在要求提取的生日的月份不足 10 的只显示数字，则需要先用 IF()函数判断身份证号码中的第 11 位是否为 0，再提取生日信息，其具体操作如下。

STEP01 打开素材文件，选择E2:E19单元格区域，在编辑栏中输入如下公式。

=TEXT(IF(MID(D2,11,1)=0,MID(D2,12,3),MID(D2,11,4)),"##月##日")

STEP02 按【Ctrl+Enter】组合键即可从身份证号码中提取每位员工的生日信息，如图3-8所示。

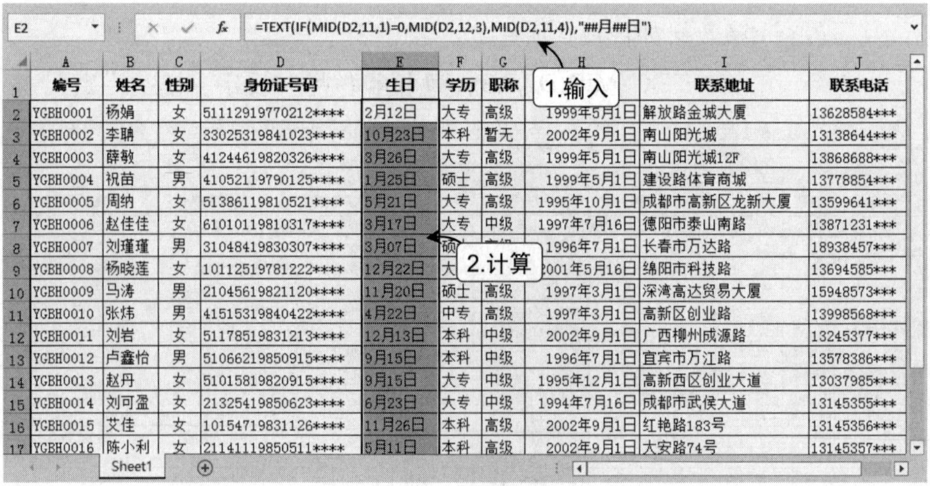

	A	B	C	D	E	F	G	H	I	J
1	编号	姓名	性别	身份证号码	生日	学历	职称		联系地址	联系电话
2	YGBH0001	杨娟	女	51112919770212****	2月12日	大专	高级	1999年5月1日	解放路金城大厦	13628584***
3	YGBH0002	李聃	女	33025319841023****	10月23日	本科	暂无	2002年9月1日	南山阳光城	13138644***
4	YGBH0003	薛敏	女	41244619820326****	3月26日	大专	高级	1999年5月1日	南山阳光城12F	13868688***
5	YGBH0004	祝苗	男	41052119790125****	1月25日	硕士	高级	1999年5月1日	建设路体育商城	13778854***
6	YGBH0005	周纳	女	51386119810521****	5月21日	大专	高级	1995年10月1日	成都市高新区龙新大厦	13599641***
7	YGBH0006	赵佳佳	女	61010119810317****	3月17日	大专	中级	1997年7月16日	德阳市泰山南路	13871231***
8	YGBH0007	刘瑾瑾	男	31048419830307****	3月07日	硕		1996年7月1日	长春市万达路	18938457***
9	YGBH0008	杨晓莲	女	10112519781222****	12月22日	大		001年5月16日	绵阳市科技路	13694585***
10	YGBH0009	马涛	男	21045619821120****	11月20日	硕士	高级	1997年3月1日	深湾高达贸易大厦	15948573***
11	YGBH0010	张炜	男	41515319840422****	4月22日	中专	高级	1997年3月1日	高新区创业路	13998568***
12	YGBH0011	刘岩	女	51178519831213****	12月13日	本科	中级	2002年9月1日	广西柳州成源路	13245377***
13	YGBH0012	卢鑫怡	男	51066219850915****	9月15日	本科	中级	1996年7月1日	宜宾市万江路	13578386***
14	YGBH0013	赵丹	女	51015819820915****	9月15日	大专	中级	1995年12月1日	高新西区创业大道	13037985***
15	YGBH0014	刘可盈	女	21325419850623****	6月23日	大专	中级	1994年7月16日	成都市武侯大道	13145355***
16	YGBH0015	艾佳	女	10154719831126****	11月26日	本科	高级	2002年9月1日	红艳路183号	13145356***
17	YGBH0016	陈小利	女	21141119850511****	5月11日	本科	高级	2002年9月1日	大安路74号	13145357***

图 3-8 从身份证号码中提取每位员工的生日信息

公式解析

在本例的"=TEXT(IF(MID(D2,11,1)=0,MID(D2,12,3),MID(D2,11,4)),"##月##日")"公式中，先使用"MID(D2,11,1)"部分将身份证号码中的第 11 位数据提取出来，然后让其与数据 0 进行比较，如果比较成功，则执行"MID(D2,12,3)"部分，从身份证号码中的第 12 位开始，连续提取 3 个数据，如果比较失败，则执行"MID(D2,11,4)"部分，从身份证号码的第 11 位开始，连续提取 4 个数据，最后用 TEXT()函数按照""##月##日""格式将提取出来的数据进行显示。

NO.019
从身份证号码中提取员工性别信息【IF()/ISEVEN()/MID()】

资源：素材\第 3 章\员工档案表 4.xlsx　｜　资源：效果\第 3 章\员工档案表 4.xlsx

某公司人事部工作人员在登记员工信息的时候，忘记登记员工的性别信息了，现在要求完善员工的档案信息，需要添加上每位员工的性别，如果再逐个员工询问输入，就显得比较麻烦，此时就可以直接通过身份证号码快速提取每位员工对应的性别信息。

解决方法

在 18 位长度的二代身份证号码中第 17 位用于识别性别，如果该位置的数据为奇数，则表示该居民为男性，如果该位置的数据为偶数，则表示该居民为女性。

如果要根据身份证号码判断员工的性别，则直接对身份证号码的第 17 位数字的奇偶性进行判断即可达到目的。在 Excel 中，可以使用 ISEVEN()函数判断数字为偶数，其具体操作如下。

STEP01 打开素材文件，选择 C2:C19 单元格区域，在编辑栏中输入如下公式。

=IF(ISEVEN(MID(D2,17,1)),"女","男")

STEP02 按【Ctrl+Enter】组合键即可根据每位员工的身份证号码在 C 列的对应位置填写每位员工的性别数据，如图3-9所示。

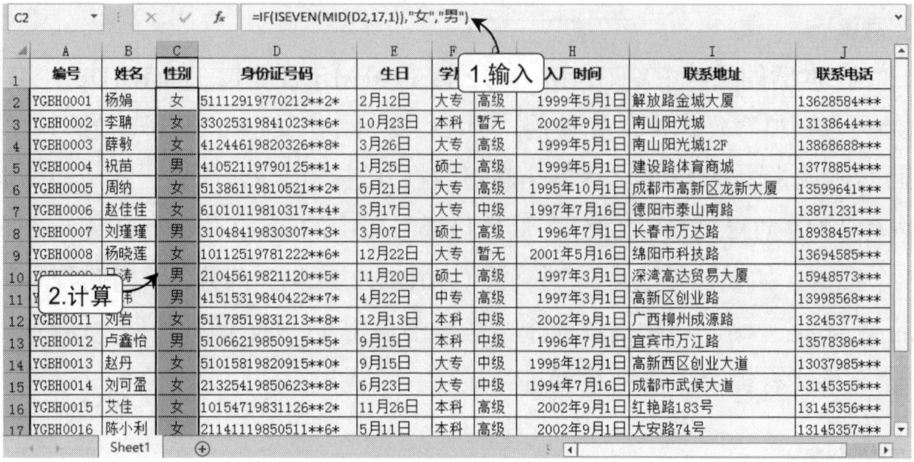

	A	B	C	D	E	F	G	H	I	J
1	编号	姓名	性别	身份证号码	生日	学[illegible]	[illegible]	[illegible]入厂时间	联系地址	联系电话
2	YGBH0001	杨娟	女	51112919770212**2*	2月12日	大专	高级	1999年5月1日	解放路金城大厦	13628584***
3	YGBH0002	李聃	女	33025319841023**6*	10月23日	本科	暂无	2002年9月1日	南山阳光城	13138644***
4	YGBH0003	薛敏	女	41244619820326**8*	3月26日	大专	高级	1999年5月1日	南山阳光城12F	13868688***
5	YGBH0004	祝苗	男	41052119790125**1*	1月25日	硕士	高级	1999年5月1日	建设路体育商城	13778854***
6	YGBH0005	周纳	女	51386119810521**2*	5月21日	大专	高级	1995年10月1日	成都市高新区龙新大厦	13599641***
7	YGBH0006	赵佳佳	女	61010119810317**4*	3月17日	大专	中级	1997年7月16日	德阳市泰山南路	13871231***
8	YGBH0007	刘瑾瑾	男	31048419830307**3*	3月07日	硕士	高级	1996年7月1日	长春市万达路	18938457***
9	YGBH0008	杨晓莲	女	10112519781222**6*	12月22日	大专	暂无	2001年5月16日	绵阳市科技路	13694585***
10	[illegible]	[illegible]涛	男	21045619821120**5*	11月20日	硕士	高级	1997年3月1日	深湾高达贸易大厦	15948573***
11	[illegible]	[illegible]	男	41515319840422**7*	4月22日	中专	高级	1997年3月1日	高新区创业路	13998568***
12	YGBH0011	刘岩	女	51178519831213**8*	12月13日	本科	中级	2002年9月1日	广西柳州成源路	13245377***
13	YGBH0012	卢鑫怡	男	51066219850915**5*	9月15日	本科	中级	1996年7月1日	宜宾市万江路	13578386***
14	YGBH0013	赵丹	女	51015819820915**0*	9月15日	大专	中级	1995年12月1日	高新西区创业大道	13037985***
15	YGBH0014	刘可盈	女	21325419850623**8*	6月23日	大专	中级	1994年7月16日	成都市武侯大道	13145355***
16	YGBH0015	艾佳	女	10154719831126**2*	11月26日	本科	高级	2002年9月1日	红艳路183号	13145356***
17	YGBH0016	陈小利	女	21141119850511**6*	5月11日	本科	高级	2002年9月1日	大安路74号	13145357***

图 3-9　根据员工的身份证号码填写性别数据

公式解析

在本例的“=IF(ISEVEN(MID(D2,17,1)),"女","男")”公式中，使用“MID(D2, 17,1)”部分可以从身份证号码中提取第 17 位数据，然后使用 ISEVEN()函数对第 17 位数据的奇偶性进行判断，如果为偶数，则 ISEVEN()返回逻辑真值，IF()函数输出“女”；如果为奇数，则 ISEVEN()返回逻辑假值，IF()函数输出“男”。

知识看板

①在 Excel 中，如果要判断一个数据的奇偶性，则可以使用 ISEVEN()函数来实现，其具体的语法结构为：ISEVEN(number)。其中，number 参数用于指定需要判断为偶数的数值数据或者单元格引用，如果数据为偶数，函数就返回 TRUE 值，否则函数返回 FASLE 值。

②对于本问题而言，还可以通过判断身份证号码中指定位数的数据为奇数，或者通过计算该数据的余数判断数据的奇偶性，从而判断员工的性别，下面分别对各种方法进行详细介绍。

◆ 使用 ISODD()函数判断

ISODD()函数与 ISEVEN()函数是相对的，该函数主要用于判断数据是否为奇数，其语法结构为：ISODD(number)。其中，number 参数用于指定需要判断为奇数的数值数据或者单元格引用，如果数据为奇数，函数就返回 TRUE 值，否则函数返回 FASLE 值。

在本例中，可以使用如下公式来判断员工的性别，其效果如图 3-10 所示。

=IF(ISODD(MID(D2,17,1)),"男","女")

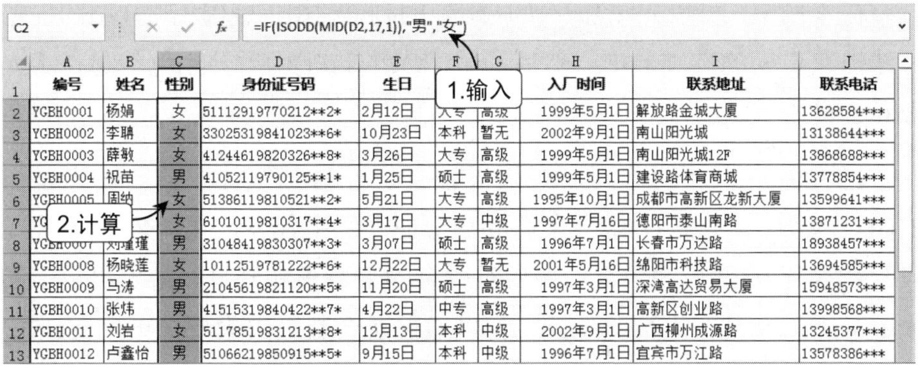

编号	姓名	性别	身份证号码	生日	[illegible]	[illegible]	入厂时间	联系地址	联系电话
YGBH0001	杨娟	女	51112919770212**2*	2月12日	大专	高级	1999年5月1日	解放路金城大厦	13628584***
YGBH0002	李聃	女	33025319841023**6*	10月23日	本科	暂无	2002年9月1日	南山阳光城	13138644***
YGBH0003	薛敏	女	41244619820326**8*	3月26日	大专	高级	1999年5月1日	南山阳光城12F	13868688***
YGBH0004	祝苗	男	41052119790125**1*	1月25日	硕士	高级	1999年5月1日	建设路体育商城	13778854***
YGBH0005	周纳	女	51386119810521**2*	5月21日	大专	高级	1995年10月1日	成都市高新区龙新大厦	13599641***
[illegible]	[illegible]	女	61010119810317**4*	3月17日	大专	中级	1997年7月16日	德阳市泰山南路	13871231***
YGBH0007	刘瑾瑾	男	31048419830307**3*	3月07日	硕士	高级	1996年7月1日	长春市万达路	18938457***
YGBH0008	杨晓莲	女	10112519781222**6*	12月22日	大专	暂无	2001年5月16日	绵阳市科技路	13694585***
YGBH0009	马涛	男	21045619821120**5*	11月20日	硕士	高级	1997年3月1日	深湾高达贸易大厦	15948573***
YGBH0010	张炜	男	41515319840422**7*	4月22日	中专	高级	1997年3月1日	高新区创业路	13998568***
YGBH0011	刘岩	女	51178519831213**8*	12月13日	本科	中级	2002年9月1日	广西柳州成源路	13245377***
YGBH0012	卢鑫怡	男	51066219850915**5*	9月15日	本科	中级	1996年7月1日	宜宾市万江路	13578386***

图 3-10　使用 ISODD()函数根据员工的身份证号码填写性别数据

◆　使用 MOD()函数判断

MOD()函数用于返回两个数相除后的余数，其结果的正负号与除数相同。该函数的语法结构为：MOD(number,divisor)，其中 number 表示被除数，divisor 表示除数。因为除数不能为 0，所以 divisor 必须为非 0 数值，如果 divisor 为 0，则将返回“#DIV/0！”错误值。

使用 MOD()函数判断主要是将身份证号码中取出的第 17 位数字与 2 相除，如果余数为 0，说明数字是偶数，则对应的员工的性别为“女”；如果余数为 1，说明数字是奇数，则对应的员工的性别为“男”。在本例中，可以使用如下 3 个公式中的任意一个公式都可以得到最终的结果。

公式 1：=IF(MOD(MID(D2,17,1),2)=0,"女","男")

公式 2：=IF(MOD(MID(D2,17,1),2)=1,"男","女")

公式 3：=TEXT(MOD(MID(G3,17,1),2),"[=0]女；[=1]男")

NO.020

根据身份证号码按性别统计人数【NOT()/MOD()/RIGHT()/LEFT()】

资源：素材\第 3 章\员工档案表 5.xlsx | **资源**：效果\第 3 章\员工档案表 5.xlsx

某公司在录入员工信息时，忘记录入员工的性别信息了，但是现在要从这个表格中快速统计出男员工和女员工的人数。

解决方法

在本例中，可以先添加一个性别辅助列，利用 NO.019 中介绍的任意方法提取员工的性别数据，然后利用 COUNTIF()函数分别统计男员工人数和女员工人数。

也可以不添加辅助列，直接根据身份证号码统计人数。首先使用 RIGHT()函数和 LEFT()函数来提取身份证号码中代表性别的数字，再对 2 取余数得到 0 和 1 的数组，最后对所有的余数求和则可以得出男员工的人数。对于女员工人数的统计，可以通过对余数数组求反，再用 SUM()函数求和即可，其具体操作如下。

STEP01 打开素材文件，选择B20单元格，在编辑栏中输入如下公式。按【Ctrl+Shift+Enter】组合键统计出男员工的总人数，如图3-11所示。

=SUM(MOD(LEFT(RIGHT(C2:C19,2)),2))

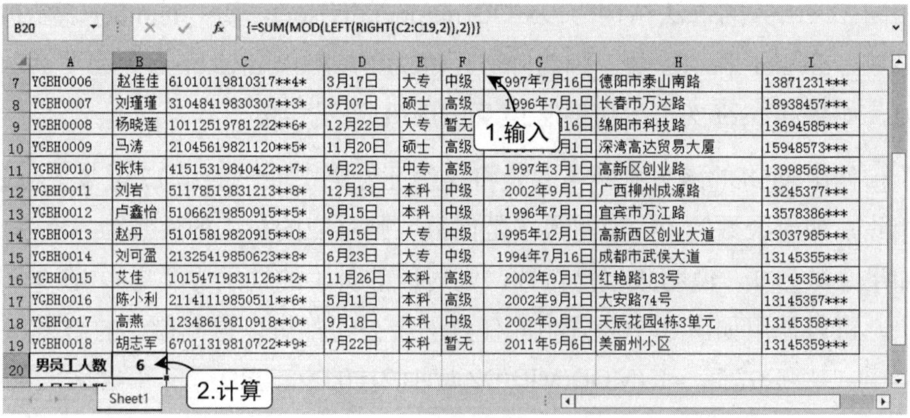
B20 {=SUM(MOD(LEFT(RIGHT(C2:C19,2)),2))}

	A	B	C	D	E	F	G	H	I
7	YGBH0006	赵佳佳	61010119810317**4*	3月17日	大专	中级	1997年7月16日	德阳市泰山南路	13871231***
8	YGBH0007	刘瑾瑾	31048419830307**3*	3月07日	硕士	高级	1996年7月1日	长春市万达路	18938457***
9	YGBH0008	杨晓莲	10112519781222**6*	12月22日	大专	暂无	[illegible]16日	绵阳市科技路	13694585***
10	YGBH0009	马涛	21045619821120**5*	11月20日	硕士	高级	[illegible]月1日	深湾高达贸易大厦	15948573***
11	YGBH0010	张炜	41515319840422**7*	4月22日	中专	高级	1997年3月1日	高新区创业路	13998568***
12	YGBH0011	刘岩	51178519831213**8*	12月13日	本科	中级	2002年9月1日	广西柳州成源路	13245377***
13	YGBH0012	卢鑫怡	51066219850915**5*	9月15日	本科	中级	1996年7月1日	宜宾市万江路	13578386***
14	YGBH0013	赵丹	51015819820915**0*	9月15日	大专	中级	1995年12月1日	高新西区创业大道	13037985***
15	YGBH0014	刘可盈	21325419850623**8*	6月23日	大专	中级	1994年7月16日	成都市武侯大道	13145355***
16	YGBH0015	艾佳	10154719831126**2*	11月26日	本科	高级	2002年9月1日	红艳路183号	13145356***
17	YGBH0016	陈小利	21141119850511**6*	5月11日	本科	高级	2002年9月1日	大安路74号	13145357***
18	YGBH0017	高燕	12348619810918**0*	9月18日	本科	中级	2002年9月1日	天辰花园4栋3单元	13145358***
19	YGBH0018	胡志军	67011319810722**9*	7月22日	本科	暂无	2011年5月6日	美丽州小区	13145359***
20	男员工人数	6							

图 3-11 根据员工的身份证号码统计男员工人数

STEP02 选择B21单元格，在编辑栏中输入如下公式。按【Ctrl+Shift+Enter】组合键统计出女员工的总人数，如图3-12所示。

=SUM(NOT(MOD(LEFT(RIGHT(C2:C19,2)),2))*1)

图 3-12　根据员工的身份证号码统计女员工人数

公式解析

在本例的"=SUM(MOD(LEFT(RIGHT(C2:C19,2)),2))"公式中，"RIGHT(C2:C19,2)"公式部分主要用于截取所有员工身份证号码中的最后两位数据，即得到数组{2*,6*,8*,1*,2*,4*,3*,6*,5*,7*,8*,5*,0*,8*,2*,6*,0*,9*}。

然后用 LEFT()函数截取得到的两位数据中的左侧第一位数据，从而得到用于判断员工性别的第 17 位数据，即得到数组{2,6,8,1,2,4,3,6,5,7, 8,5,0, 8,2,6,0,9}。

接着用 MOD()函数对数组中的每个数据与 2 进行求余数计算，得到只有 0 和 1 的数组{0,0,0,1,0,0,1,0,1,1,0,1,0,0,0,0,0,1}。

由于奇数与 2 求余数得到的结果是 1，即表示男生，偶数与 2 求余数得到的结果是 0，即表示女生，所以直接用 SUM()函数对数组求和得到所有男员工的人数。

而在"=SUM(NOT(MOD(LEFT(RIGHT(C2:C19,2)),2))*1)"公式中，

通过 NOT()函数对"MOD(LEFT(RIGHT(C2:C19,2)),2)"部分进行求反操作，即对{0,0,0,1,0,0,1,0,1,1,0,1,0,0,0,0,0,1}数组求反，得到一个包含逻辑真值和假值的数组，即{TRUE,TRUE,TRUE,1,TRUE,TRUE,FALSE,TRUE,FALSE,FALSE,TRUE,FALSE,TRUE,TRUE,TRUE,TRUE,TRUE,FALSE}。

为了方便统计，使用"*1"将逻辑数组转为数字数组，即{1,1,1,0,1,1,0,1,0,0,1,0,1,1,1,1,1,0}，最后用 SUM()函数得到的结果就是所有女员工的人数。

知识看板

①在 Excel 中，利用文本函数中的 LEFT()、RIGHT()和 MID()函数可以返回指定位置的字符，各函数的具体功能和语法结构如表 3-2 所示。

表 3-2　LEFT()和 RIGHT()函数介绍

函数名	功能	语法结构
LEFT()	获取文本数据左边指定位置的字符	LEFT(text,num_chars)
RIGHT()	获取文本数据右边指定位置的字符	RIGHT(text,num_chars)

这两个函数都包含两个必需参数，其参数的作用相似，具体如下。

◆ text：用于指定包含提取字符的字符串。

◆ num_chars：用于指定截取 text 参数中的前几个字符，若返回第一个或者最后一个字符，该参数可以省略。

②在 Excel 中，使用 LEFT()和 RIGHT()函数时，如果指定返回的字符数（num_chars）大于或等于文本字符串（text）的字符数，都将返回整个文本字符串（text）。

3.2　员工工龄的计算与分析

员工年龄是员工信息中的重要信息之一，在许多情况下会用到年龄，如计算员工的工龄工资、分析员工的年龄情况、判断员工是否退休等，而在这些年龄数据中，工龄又是相对而言使用得比较多的情况，因此在本节中将具体针对员工工龄数据的相关计算与分析进行讲解。

NO.021
计算员工工龄【VALUE()/YEAR()/NOW()】

资源：素材\第3章\员工档案管理表.xlsx　　｜　　**资源**：效果\第3章\员工档案管理表.xlsx

某公司为了留住人才，区别对待老员工，让其能够持续在公司工作，因此制定了一项激励制度——针对不同工龄的员工，有对应的工龄工资，因此，现在需要在档案管理表中根据员工的入职时间计算员工的工龄。

解决方法

计算员工的工龄可以直接使用当前时间的年份减去员工的入职时间的年份即可。而要得到日期数据中的年份数据，可以使用 YEAR() 函数。

由于直接使用两个日期中的年份相减，得到结果后系统会自动将时间间隔转化为对应的日期数据，为了避免这种情况的发生，让时间间隔以正常的数值大小显示，因此还需要对得到的时间间隔用 VALUE() 函数进行处理，其具体操作如下。

STEP01 打开素材文件，选择J2:J19单元格区域，在编辑栏中输入如下公式。

$$=VALUE(YEAR(NOW())-YEAR(I2))$$

STEP02 按【Ctrl+Enter】组合键即可计算出每位员工对应的工龄数据，如图3-13所示。

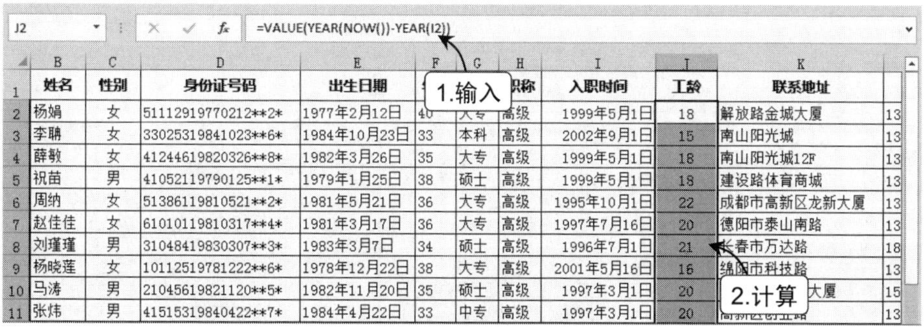

图 3-13　计算员工的工龄

公式解析

在本例的“=VALUE(YEAR(NOW())-YEAR(I2))”公式中，“NOW()”部分用于获取系统当前的时间，然后通过 YEAR()函数从该时间中提取对应的年份数据，“YEAR(I2)”部分用于提取入职时间中的年份数据，最后将这两个年份相减即可得到员工的工龄。最后再使用 VALUE()函数将得到的时间间隔强制以数值的方式显示。

知识看板

①NOW()函数用于同时获取当前系统的日期和时间数据，其语法结构为：NOW()，从语法结构中可以看出，该函数没有任何参数，默认情况下，函数返回形如“2017/11/29 15:05”格式的数据。

②VALUE()函数可以将文本类型的数字字符串转换成数值类型。其语法结构为：VALUE(text)，其中，text 参数用于指定需要转换成数值格式的文本，它既可以用双引号直接引用文本，也可以引用其他单元格中的文本。

③在本问题的解决过程中，必须使用 VALUE()函数将得到的时间间隔数据强制转换为数值类型的数据，因为默认情况下，直接使用“=YEAR(NOW())-YEAR(I2)”公式计算两个指定时间之间的间隔时，系统自动以该时间间隔数据的日期格式显示，如图 3-14 所示，此时如果需要将得到的间隔数据按照正常的差值显示，还需要手动将单元格格式设置为“常规”或者“数值”类型。

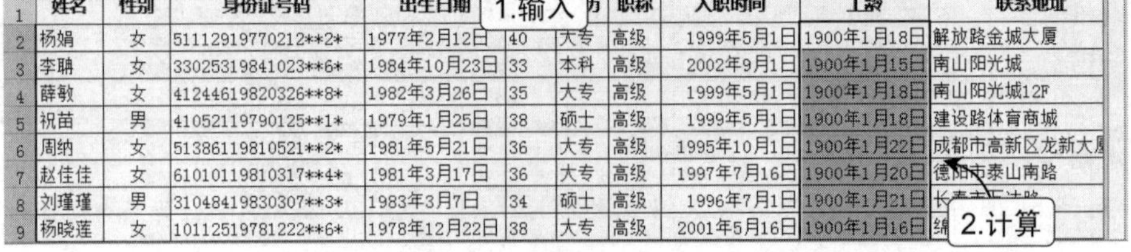

	B	C	D	E	F	G	H	I	J	K
1	姓名	性别	身份证号码	出生日期		历	职称	入职时间	工龄	联系地址
2	杨娟	女	51112919770212**2*	1977年2月12日	40	大专	高级	1999年5月1日	1900年1月18日	解放路金城大厦
3	李聃	女	33025319841023**6*	1984年10月23日	33	本科	高级	2002年9月1日	1900年1月15日	南山阳光城
4	薛敏	女	41244619820326**8*	1982年3月26日	35	大专	高级	1999年5月1日	1900年1月18日	南山阳光城12F
5	祝苗	男	41052119790125**1*	1979年1月25日	38	硕士	高级	1999年5月1日	1900年1月18日	建设路体育商城
6	周纳	女	51386119810521**2*	1981年5月21日	36	大专	高级	1995年10月1日	1900年1月22日	成都市高新区龙新大厦
7	赵佳佳	女	61010119810317**4*	1981年3月17日	36	大专	高级	1997年7月16日	1900年1月20日	德阳市泰山南路
8	刘瑾瑾	男	31048419830307**3*	1983年3月7日	34	硕士	高级	1996年7月1日	1900年1月21日	长
9	杨晓莲	女	10112519781222**6*	1978年12月22日	38	大专	高级	2001年5月16日	1900年1月16日	绵

图 3-14　直接用 YEAR()函数进行差值运算得到的结果

NO.022
计算高级职称中的最小/大工龄【IF()/MIN()/MAX()】

资源：素材\第3章\员工档案表 1.xlsx　　|　　资源：效果\第3章\员工档案表 1.xlsx

在员工档案管理表中，工作人员已经计算出了每位员工对应的工龄，现在要查看所有高级职称的员工中的最小工龄和最大工龄是多少。

解决方法

在本例中，首先需要使用 IF()函数判断每位员工的职称是否为"高级"，再利用 MIN()函数从中选出最小值即可完成计算，因此需要在 MIN()函数中嵌套 IF()函数。

对于高级职工中的最大工龄也可以按上述思路来解决，也可以直接在 MAX()函数中直接使用等式来进行条件判断，从而简化公式，其具体操作如下。

STEP01 打开素材文件，选择J20单元格区域，在编辑栏中输入如下公式，按【Ctrl+Shift+Enter】组合键即可计算所有员工中，职称为"高级"员工的最小工龄数据，如图3-15所示。

=MIN(IF(H2:H19="高级",H2:H19="高级",J2:J19)*J2:J19)

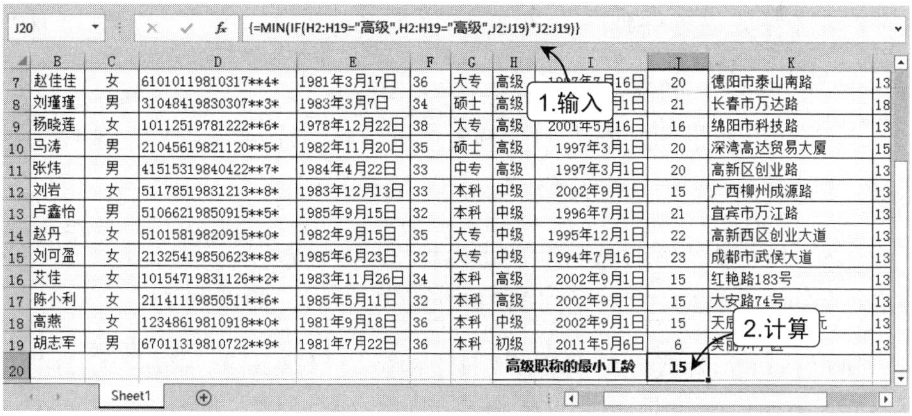

图 3-15　计算高级职称的最小工龄

STEP02 选择J21单元格区域，在编辑栏中输入如下公式，按【Ctrl+Shift+Enter】组合键即可计算所有员工中，职称为"高级"员工的最大工龄数据，如图3-15所示。

=MAX((H2:H19="高级")*J2:J19)

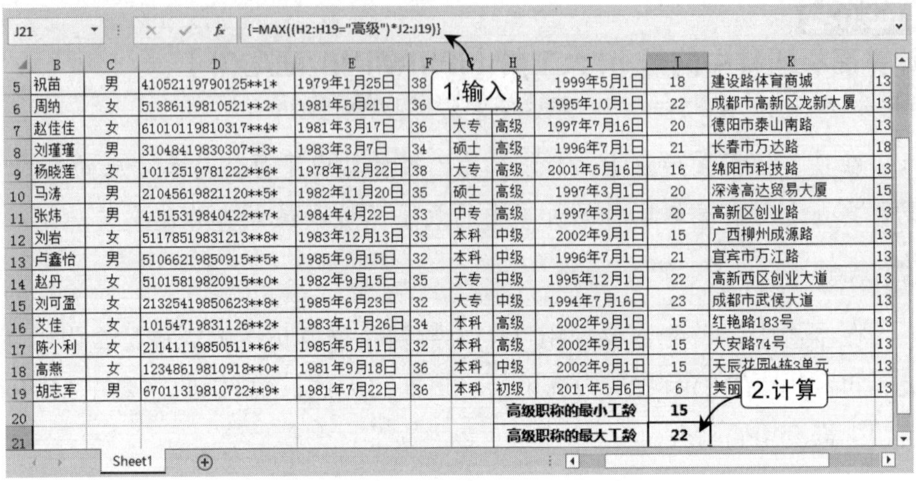

	B	C	D	E	F	G	H	I	J	K	
5	祝苗	男	41052119790125**1*	1979年1月25日	38			1999年5月1日	18	建设路体育商城	13
6	周纳	女	51386119810521**2*	1981年5月21日	36			1995年10月1日	22	成都市高新区龙新大厦	13
7	赵佳佳	女	61010119810317**4*	1981年3月17日	36	大专	高级	1997年7月16日	20	德阳市泰山南路	13
8	刘瑾瑾	男	31048419830307**3*	1983年3月7日	34	硕士	高级	1996年7月1日	21	长春市万达路	18
9	杨晓莲	女	10112519781222**6*	1978年12月22日	38	大专	高级	2001年5月16日	16	绵阳市科技路	13
10	马涛	男	21045619821120**5*	1982年11月20日	35	硕士	高级	1997年3月1日	20	深湾高达贸易大厦	15
11	张炜	男	41515319840422**7*	1984年4月22日	33	中专	高级	1997年3月1日	20	高新区创业路	13
12	刘岩	女	51178519831213**8*	1983年12月13日	33	本科	中级	2002年9月1日	15	广西柳州成源路	13
13	卢鑫怡	男	51066219850915**5*	1985年9月15日	32	本科	中级	1996年7月1日	21	宜宾市万江路	13
14	赵丹	女	51015819820915**0*	1982年9月15日	35	大专	中级	1995年12月1日	22	高新西区创业大道	13
15	刘可盈	女	21325419850623**8*	1985年6月23日	32	大专	中级	1994年7月16日	23	成都市武侯大道	13
16	艾佳	女	10154719831126**2*	1983年11月26日	34	本科	高级	2002年9月1日	15	红艳路183号	13
17	陈小利	女	21141119850511**6*	1985年5月11日	32	本科	高级	2002年9月1日	15	大安路74号	13
18	高燕	女	12348619810918**0*	1981年9月18日	36	本科	中级	2002年9月1日	15	天辰花园4栋3单元	13
19	胡志军	男	67011319810722**9*	1981年7月22日	36	本科	初级	2011年5月6日	6	美丽	13
20								高级职称的最小工龄	15		
21								高级职称的最大工龄	22		

图 3-16 计算高级职称的最大工龄

公式解析

在本例的“=MIN(IF(H2:H19="高级",H2:H19="高级",J2:J19)*J2:J19)”公式中，先使用 IF()函数对 H2:H19 单元格区域中的数据是否为“高级”进行判断，其判断条件为 IF()函数的第一个参数“H2:H19="高级"”，如果条件判断成立，则执行 IF()函数的第二个参数“H2:H19="高级"”，返回 TRUE 值，如果条件判断不成立，则执行 IF()函数的第三个参数 J2:J19，即返回对应的工龄数据。

以 H2 单元格的判断为例，首先执行“H2:H19="高级"”，条件判断成功，则执行“H2:H19="高级"”，返回 TRUE 值。

又如 H12 单元格的判断，首先执行“H2:H19="高级"”，条件判断不成立，则执行“J2:J19”，返回 J12 单元格中的值，即返回 15。

所以执行完公式中的“IF(H2:H19="高级",H2:H19="高级",J2:J19)”部分后，将得到包含 TRUE 值和对应年龄值的数组，即{TRUE,TRUE,TRUE,TRUE,TRUE,TRUE,TRUE,TRUE,TRUE,TRUE,15,21,22,23,TRUE,TRUE,15,6}。

然后执行公式中的"*J2:J19"部分，即将得到的数组与 J2:J19 单元格中的数据进行乘法运算，得到{18,15,18,18,22,20,21,16,20,20,225,441,484,529,15,15,225,36}。最后利用 MIN()函数从得到的数值数组中找到最小的值并输出结果。

在"=MAX((H2:H19="高级")*J2:J19)"公式中，同样先执行"H2:H19="高级""部分，判断职称是否为高级，并得到一个逻辑值数组{TRUE,TRUE,TRUE,TRUE,TRUE,TRUE,TRUE,TRUE,TRUE,TRUE,FALSE,FALSE,FALSE,FALSE,TRUE,TRUE,FALSE,FALSE}。

由于这里是需要求最大值，而逻辑值 FALSE 与数值做乘法运算会得到结果 0，因此对最大值的判断没有影响，所以这里没有使用 IF()函数来进行条件判断处理 FALSE 值，直接将这个数组与 J2:J19 单元格区域的数据做乘法运算，得到数组{18,15,18,18,22,20,21,16,20,20,0,0,0,0, 15,15,0,0}。最后用 MAX()函数从该数组中找到最大的值并输出结果。

知识看板

①在 Excel 中，MIN()函数用于返回数值的最小值，该函数的语法结构为：MIN(number1[,number2],…)。该函数中的 number 参数主要用于指定给定的一组数据或者单元格区域的引用，其个数的取值范围为 1~255。

②MIN()函数的 number 参数是单元格或者单元格区域的引用，那么指定的单元格或者单元格区域中必须存储的是数字数据。对于指定的单元格或者单元格区域中包含的文本数据、逻辑值或空单元格，系统都将忽略这些值，其函数返回 0 值。

③在本例获取最小值的公式中，IF()函数的第 3 个参数不能够省略，否则返回的结果为 0，也可以选择一个很大的数据，如将第三个参数设置为 100，即 IF()函数变为"IF(H2:H19="高级",H2:H19="高级",100)"，执行该部分后将得到 {TRUE,TRUE,TRUE,TRUE,TRUE,TRUE,TRUE,TRUE,TRUE,TRUE,100,100,100,100,TRUE,TRUE,100,100}数组。

④在本例中，如果要用求最小值的公式的思路来求最大工龄，IF()函数的第三个参数可以省略，其具体使用的公式如下，计算效果如图3-17所示。

=MAX(IF(H2:H19="高级",H2:H19="高级")*J2:J19)

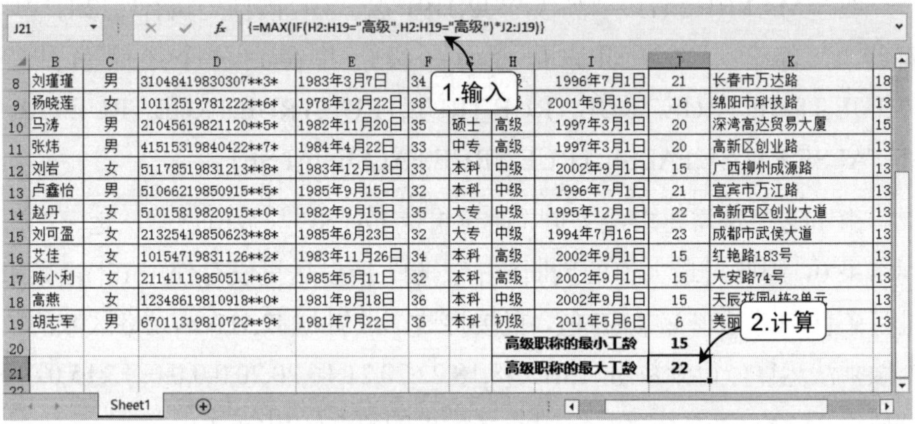

图 3-17　利用 IF()函数与 MAX()函数计算高级职称的最大工龄（一）

⑤也可以将 IF()函数的第三个参数设置为 0，来获取高级职称的最大工龄，其具体使用的公式如下，计算效果如图 3-18 所示。

=MAX(IF(H2:H19="高级",H2:H19="高级",0)*J2:J19)

图 3-18　利用 IF()函数与 MAX()函数计算高级职称的最大工龄（二）

3.3　员工基本信息查询与统计

公司制作的员工档案管理表，它不仅系统地保存了员工的基本信息，通过该表格，还可以方便、快捷地从中进行员工信息的查询与统计。

NO.023
根据员工编号查找员工信息【CONCATENATE()/VLOOKUP()】

资源：素材\第3章\员工档案管理.xlsx　　|　　资源：效果\第3章\员工档案管理.xlsx

某公司的员工档案管理表格中记录了员工的基本信息，如图 3-19 所示。现在要为每位员工制作一个工作牌，在工作牌中需要有员工的编号、姓名、性别、部门和职务数据，但是这些数据都分散在表格中保存，现在需要快速从这些表格中提取对应的信息。

	A	B	C	D	E	F	G	H	I	J	K
1	编号	姓名	身份证号码	性别	民族	出生年月	学历	籍贯	联系电话	部门	职务
2	YQS0001	艾佳	511129********6112	男	汉	1977年02月12日	硕士	绵阳	1314456****	销售部	经理
3	YQS0002	陈小利	330253********5472	男	汉	1984年10月23日	专科	郑州	1371512****	后勤部	送货员
4	YQS0003	高燕	412446********4565	女	汉	1982年03月26日	本科	泸州	1581512****	行政部	主管
5	YQS0004	胡志军	410521********6749	女	汉	1979年01月25日	本科	西安	1324465****	财务部	经理
6	YQS0005	蒋成军	513861********1246	男	汉	1981年05月21日	专科	贵阳	1591212****	销售部	销售代表
7	YQS0006	李海峰	610101********2308	男	汉	1981年03月17日	本科	天津	1324578****	销售部	销售代表
8	YQS0007	李有煜	310484********1121	男	汉	1983年03月07日	本科	杭州	1304453****	行政部	文员
9	YQS0008	欧阳明	101125********3464	男	汉	1978年12月22日	本科	佛山	1384451****	后勤部	主管
10	YQS0010	冉再峰	415153********2156	男	汉	1984年04月22日	专科	咸阳	1334678****	技术部	技术员
11	YQS0011	舒姗姗	511785********2212	男	汉	1983年12月13日	专科	唐山	1398066****	技术部	技术员
12	YQS0012	孙超	510662********4266	男	汉	1985年09月15日	硕士	大连	1359641****	技术部	技术员
13	YQS0013	汪恒	510158********8846	男	汉	1982年09月15日	本科	青岛	1369458****	销售部	销售代表
14	YQS0014	王春燕	213254********1422	男	汉	1985年06月23日	专科	沈阳	1342674****	销售部	销售代表
15	YQS0015	谢怡	101547********6482	男	汉	1983年11月02日	专科	无锡	1369787****	技术部	技术员
16	YQS0016	张光	211411********4553	女	汉	1985年05月11日	专科	兰州	1514545****	财务部	会计

员工档案管理

图 3-19　员工档案表格中的数据

解决方法

本例是一个简单的查询操作，编号位于整个表格的第一列，需要返回的数据分别位于表格的第 2、4、10、11 列，可以直接使用 VLOOKUP() 函数先将相关的数据提取出来，再利用 CONCATENATE() 函数将提取的数据加上对应的表头内容直观地输出出来。

但是在本例中，由于员工编号数据比较多，手动输入容易输错，从而导致查找错误，所以可以通过数据验证功能先将员工编号限制在下拉列表中，工作人员只需在下拉列表中选择即可，其具体操作如下。

STEP01 打开素材文件，选择B21单元格，单击"数据"选项卡，在"数据工具"组中单击"数据验证"按钮右侧的下拉按钮，选择"数据验证"命令，如图3-20所示。

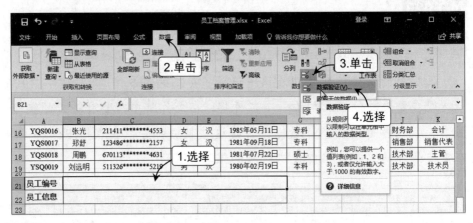

图 3-20　选择"数据验证"命令

STEP02 在打开的"数据验证"对话框中单击"设置"选项卡中的"允许"下拉列表框右侧的下拉按钮，选择"序列"选项，如图3-21所示。

STEP03 将文本插入点定位到"来源"参数框中，直接在工作表中选择A2:A19单元格区域完成数据来源的设置，单击"确定"按钮，如图3-22所示。

图 3-21　选择"序列"选项

图 3-22　设置序列数据的来源

STEP04 在返回的工作表中选择B22单元格，在编辑栏中输入如下公式，并按

【Ctrl+Enter】组合键确认输入的公式，如图3-23所示。

=CONCATENATE("姓名：",VLOOKUP($B$21,$A$2:$K$19,2),"|性别：
",VLOOKUP($B$21,$A$2:$K$19,4),"|部门：
",VLOOKUP($B$21,$A$2:$K$19,10),"|职务：
",VLOOKUP($B$21,$A$2:$K$19,11))

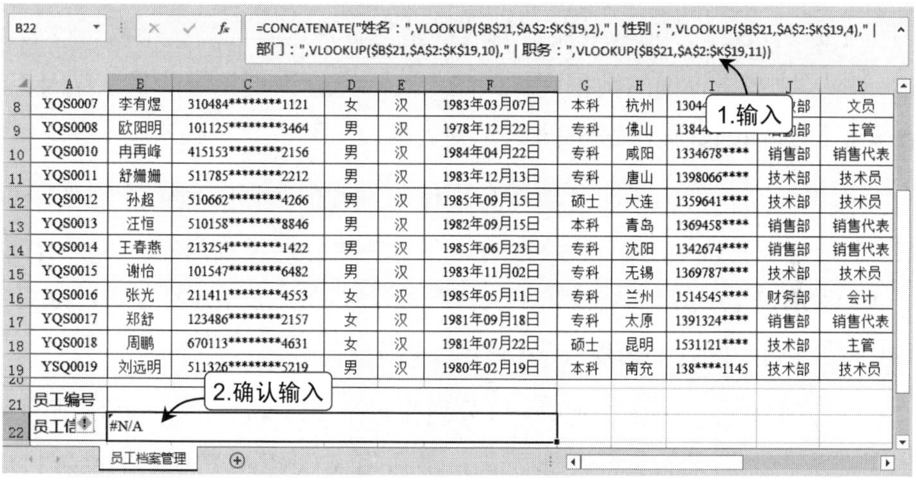

图 3-23　输入查询公式

STEP05 选择B21单元格，程序自动激活右侧的下拉按钮，单击该下拉按钮，选择一个编号选项即可将该编号输入B21单元格中，此时在B22单元格中程序自动执行输入的公式，在表格中完成查询并将查询结果输出到该单元格中，如图3-13所示。

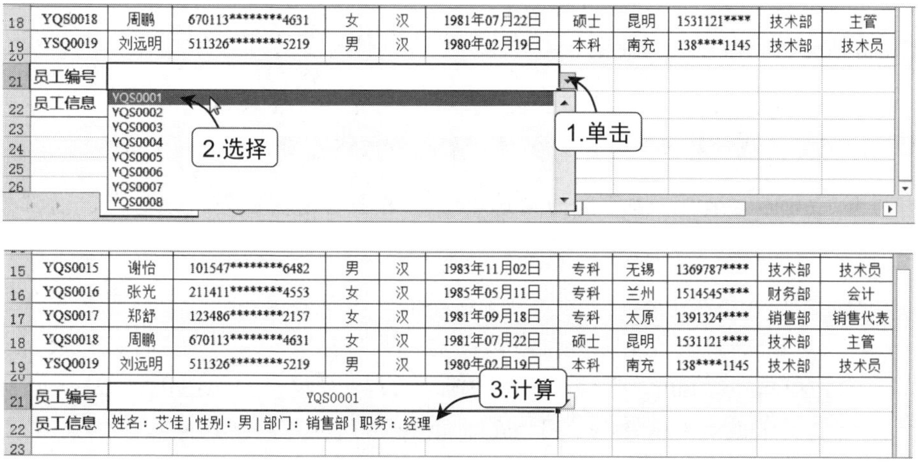

图 3-24　输入编号后自动执行查询操作

公式解析

在本例的计算公式中，VLOOKUP()函数是关键部分，下面具体对这3个关键的部分进行说明。

"VLOOKUP($B$21,$A$2:$K$19,2)"部分的作用是根据员工编号返回员工姓名，B21单元格中保存的数据是待查询信息的员工编号，A2:K19单元格区域是指查询的数据区域，"2"表示当查询到指定的员工编号后，需要返回查询的数据区域中的第2列数据。

由于性别、部门和职务数据分别位于查询的数据区域中的第4、10、11列，因此将VLOOKUP()函数的第三个参数分别设置为4、10、11，即"VLOOKUP($B$21,$A$2:$K$19,4)""VLOOKUP($B$21,$A$2:$K$19,10)"和"VLOOKUP($B$21,$A$2:$K$19,11)"。

为了让输出结果更直观，这里分别在每个VLOOKUP()函数的前面加上了对应查询结果的属性，即表头，最后用CONCATENATE()函数将这些常量数据和VLOOKUP()函数的返回值联结起来得到最终的输出结果。

知识看板

①在Excel中，使用VLOOKUP()函数可以在数据表或数据范围的首列查找指定数据，其语法结构为：VLOOKUP(lookup_value,table_array,col_index_num,range_lookup)。各参数的具体作用如下。

◆ lookup_value：该参数为必选参数，用于指定在数据范围的第一列中需要查找的数据，可以为数值、引用或文本字符串。

◆ table_array：该参数为必选参数，用于指定数据查找的范围，通常使用单元格引用或单元格名称。

◆ col_index_num：该参数为必选参数，用于表示table_array参数中待返回的匹配值的列标。该参数的取值范围为大于等于1的正整数。当col_index_num参数小于1时，函数返回"#VALUE!"错误，当col_index_num参数大于table_array的列数时，函数将返回"#REF!"错误。

◆ range_lookup：该参数为可选参数，用于指明函数在查找时是精确匹配，还是近似匹配。如果省略或者将参数设置为 TRUE，则返回近似匹配值，如果将参数设置为 FALSE，则使用精确匹配，如果找不到匹配的值，则返回"#N/A"错误。在本例的步骤 4 中，由于还未在 B21 单元格中输入要查询信息的员工编号，因此当在 B22 单元格中输入公式后，B22 单元格中就显示的是"#N/A"错误。

②在使用 VLOOKUP()函数执行查询操作时，第一列数据必须按升序顺序排列表格，否则查询结果将出现错误，例如将原表格中的 YQS0016 编号修改为 YQS0022，则第 1 列数据的升序顺序被打乱，此时查询 YQS0022 编号的数据时，查询到的员工信息就是错误的，如图 3-25 所示。

	A	B	C	D	E	F	G	H	I	J	K
7	YQS0006	李海峰	610101*******2308	男	汉	1981年03月17日	本科	天津	1324578****	销售部	销售代表
8	YQS0007	李有煜	310484*******1121	女	汉	1983年03月07日	本科	杭州	1304453****	行政部	文员
9	YQS0008	欧阳明	101125*******3464	男	汉	1978年12月22日	专科	佛山	1384451****	后勤部	主管
10	YQS0010	冉再格	415153*******2156	男	汉	1984年04月22日	专科	咸阳	1334678****	销售部	销售代表
11	YQS0011	舒姗姗	511785*******2212	男	汉	1983年12月13日	专科	唐山	1398066****	技术部	技术员
12	YQS0012	孙超	510662*******4266	男	汉	1985年09月15日	硕士	大连	1359641****	技术部	技术员
13	YQS0013	汪恒	510158*******8846	男	汉	1982年09月15日	本科	青岛	1369458****	销售部	销售代表
14	YQS0014	王春燕	213254*******1422	男	汉	1985年06月23日	专科	沈阳	1342674****	销售部	销售代表
15	YQS0015	谢怡	101547*******6482	男	汉	1983年11月02日	专科	无锡	1369787****	技术部	技术员
16	YQS0022	张光	211411*******4553	女	汉	1985年05月11日	专科	兰州	1514545****	财务部	会计
17	YQS0017	郑舒	123486*******2157	女	汉	1981年09月18日	专科	太原	1391324****	销售部	销售代表
18	YQS0018	周鹏	670113*******4631	女	汉	1981年07月22日	硕士	昆明	1531121****	技术部	主管
19	YSQ0019	刘远明	511326*******5219	男	汉	1980年02月19日	本科	南充	138****1145	技术部	技术员
21	员工编号		YQS0022								
22	员工信息	姓名：周鹏 | 性别：女 | 部门：技术部 | 职务：主管									

图 3-25　首列数据顺序错乱导致查询结果出错

NO.024
查询某员工是否为本公司人员【IF()/MATCH()/ISERROR()】

资源：素材\第 3 章\员工档案管理 1.xlsx　|　资源：效果\第 3 章\员工档案管理 1.xlsx

某公司的员工较多，并且由于与其他公司的合作和人员交流较为频繁，所以经常需要确定某员工是否为本公司人员。在本例中，需要根据员工信息表中的数据确认查询的员工是否是本公司人员。

解决方法

本例中，要确认某一个数据是否出现在工作表记录之中，可以使用MATCH()函数将输入的员工姓名与员工信息表中的所有员工姓名相匹配，如果返回结果为数字，则表示该员工是本公司员工；如果返回的为错误值，则表示该员工不是本公司人员，其具体操作如下。

STEP01 打开素材文件，选择C22单元格区域，在编辑栏中输入如下公式，按【Ctrl+Enter】组合键确认输入的公式。

=IF(C21="","",IF(ISERROR(MATCH(C21,B2:B19,0)),
"查无此人","本公司的员工"))

STEP02 在C21单元格中输入需要查询的员工，这里输入"孙超"姓名，按【Enter】键后，程序自动执行公式并输出查询结果，如图3-26所示。

	A	B	C	D	E	F	G	H	I	J	K
8	YQS0007	李有煜	310484********1121	女	汉	1983年03月07日	本科	杭州	1304453****	行政部	文员
9	YQS0008	欧阳明	101125********3464	男	汉	1978年12月22日	专科	佛山	1384451****	后勤部	主管
10	YQS0010	冉再峰	415153********2156	男	汉	1984年04月22日	专科	咸阳	1334678****	销售部	销售代表
11	YQS0011	舒姗姗	511785********2212	男	汉	1983年12月13日	专科	唐山	1398066****	技术部	技术员
12	YQS0012	孙超	510662********4266	男	汉	1985年09月15日	硕士	大连	1359641****	技术部	技术员
13	YQS0013	汪恒	510158********8846	男	汉	1982年09月15日	本科	青岛	1369458****	销售部	销售代表
14	YQS0014	王春燕	213254********1422	男	汉	1985年06月23日	专科	沈阳	1342674****	销售部	销售代表
15	YQS0015	谢怡	101547********6482	男	汉	1983年11月02日	本科	无锡	1369787****	技术部	技术员
16	YQS0022	张光	211411********4553	女	汉	1985年05月11日	专科	兰州	1514545****	财务部	会计
17	YQS0017	郑舒	123486********2157	女	汉	1981年09月18日	专科	太原	1391324****	销售部	销售代表
18	YQS0018	周鹏	670113******** 1121	女	汉	1981年07月22日	硕士	昆明	1531121****	技术部	主管
19	YSQ0019	刘远明	511326********	男	汉	1980年02月19日	本科	南充	138****1145	技术部	技术员
21	请输入待查人员		孙超 **1.输入**								
22	查询结果		本公司的员工 **2.查询**								
23											

图 3-26　输入员工姓名自动显示查询结果

公式解析

在本例的" =IF(C21="","",IF(ISERROR(MATCH(C21,B2:B19,0)),"查无此人","本公司的员工"))"公式中，"MATCH(C21,B2:B19,0)"部分用于查询在 C21 单元格中输入的员工姓名是否在 B2:B19 单元格区域中存在，若有该员工，则返回姓名所在位置，若没有此人，则返回错误值#N/A。

因此在本例中用ISERROR()函数对MATCH()函数的返回结果进行判

断，如果查到该员工，则 ISERROR() 函数返回 FALSE，如果没有查到员工，则 ISERROR() 函数返回 TRUE。最后使用 IF() 函数判断逻辑值，从而输出最终的判断结果。

在本例中，还对 C21 单元格是否为空进行判断，主要是处理当没有进行任何查询操作时，查询结果不显示任何数据，如果没有这个判断，则当没有进行查询操作时，C22 单元格中会显示"查无此人"的文本信息，如图 3-27 所示。

	A	B	C	D	E	F	G	H	I	J	K
10	YQS0010	冉再峰	415153********2156	男	汉	1984年04月22日	专科	咸阳	1334678****	销售部	销售代表
11	YQS0011	舒姗姗	511785********2212	女	汉	1983年12月13日	专科	唐山	1398066****	技术部	技术员
12	YQS0012	孙超	510662********4266	男	汉	1985年09月15日	硕士	大连	1359641****	技术部	技术员
13	YQS0013	汪恒	510158********8846	男	汉	1982年09月15日	本科	青岛	1369458****	销售部	销售代表
14	YQS0014	王春燕	213254********1422	男	汉	1985年06月23日	专科	沈阳	1342674****	销售部	销售代表
15	YQS0015	谢怡	101547********6482	男	汉	1983年11月02日	专科	无锡	1369787****	技术部	技术员
16	YQS0022	张光	211411********4553	女	汉	1985年05月11日	专科	兰州	1514545****	财务部	会计
17	YQS0017	郑训	123486********2157	女	汉	1981年09月18日	专科	太原	1391324****	销售部	销售代表
18	YQS0018	周鹏	670113********4631	女	汉	1981年07月22日	硕士	昆明	1531121****	技术部	主管
19	YSQ0019	刘远明	511326********5219	男	汉	1980年02月19日	本科	南充	138****1145	技术部	技术员
21	请输入待查人员										
22	查询结果		查无此人								

C22 单元格公式：`=IF(ISERROR(MATCH(C21,B2:B19,0)),"查无此人","本公司的员工")`

图 3-27 未对 C21 单元格为空的情况做处理

知识看板

①在 Excel 中，如果需要确定某个数据在指定的数组、行或者列中的相对存在位置，可以使用 MATCH() 函数进行查找是否存在，并返回该数据的相对位置，其语法结构为：MATCH(lookup_value,lookup_array,[match_type])。各参数的具体含义如下。

◆ lookup_value：需要在 lookup_array 中查找的值，该参数可以为数字、文本或逻辑值或者相应的单元格引用。

◆ lookup_array：用于指定要搜索的单元格区域，只能是某一行或某一列。

◆ match_type：用于指定查找匹配的方式，其参数值有-1、0、1 和省略几种情况，各参数值的具体作用如表 3-3 所示。

表 3-3　match_type 参数值的作用

参数值	作用
1 或者省略	MATCH()函数会查找小于或等于 lookup_value 参数的最大值，并且该参数值还要求 lookup_array 参数中的值必须按升序排列
0	MATCH()函数在 lookup_array 参数范围中精确匹配 lookup_value 参数值，此外，lookup_array 参数中的值可以按任何顺序排列
-1	MATCH()函数会查找大于或等于 lookup_value 参数的最小值，并且该参数值还要求 lookup_array 参数中的值必须按降序排列

②ISERROR()函数能对单元格的错误进行判断，其语法结构为：ISERROR(value)，该函数只有一个 value 参数，该参数主要用于指定需要进行检测的值。当指定的单元格引用存在错误值，则函数返回 TRUE 值，否则返回 FALSE 值。

③除了使用 MATCH()函数来查找外，还可以通过单条件计数函数 COUNTIF()函数来判断在 C21 单元格中输入的员工是否存在于 B2:B19 单元格区域。其使用的公式如下。

　　　　=IF(COUNTIF(B2:B19,C21)," 本公司的员工","查无此人")

NO.025
统计各部门的员工人数【COUNT()/SEARCH()】

资源：素材\第 3 章\员工档案管理 2.xlsx　|　资源：效果\第 3 章\员工档案管理 2.xlsx

　　人事部需要了解本公司各个部门的员工数量，以便根据实际情况对公司的人员作出适时、合理的安排。在本例中，需要统计目前各个部门的人数。

解决方法

　　在本例中，SEARCH()函数在员工所属部门中对这些部门名称进行查找，最后利用 COUNT()函数对查找到的结果进行统计，其具体操作如下。

STEP01　打开素材文件，选择N2单元格，在编辑栏中输入如下公式，按【Ctrl+Enter】组合键完成公式的输入并计算财务部的人数，如图3-28所示。

=COUNT(SEARCH($M2,$J$2:$J$19))

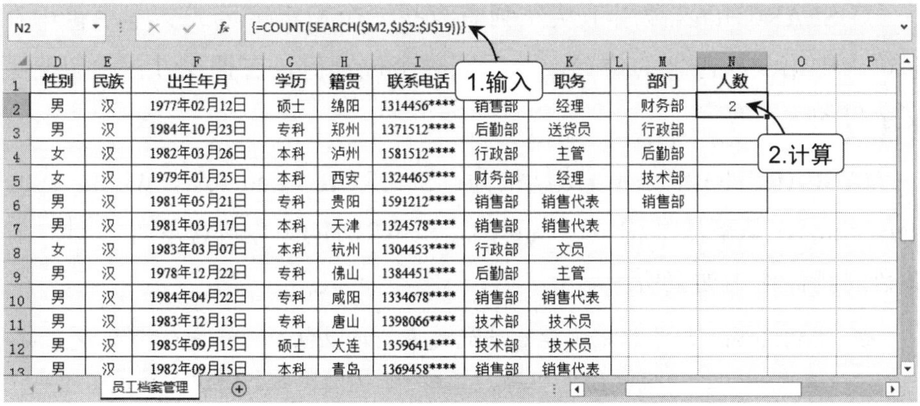

图 3-28　统计财务部的人数

STEP02　双击N2单元格的控制柄复制该公式到N6单元格，完成其他部门员工人数的统计，如图3-29所示。

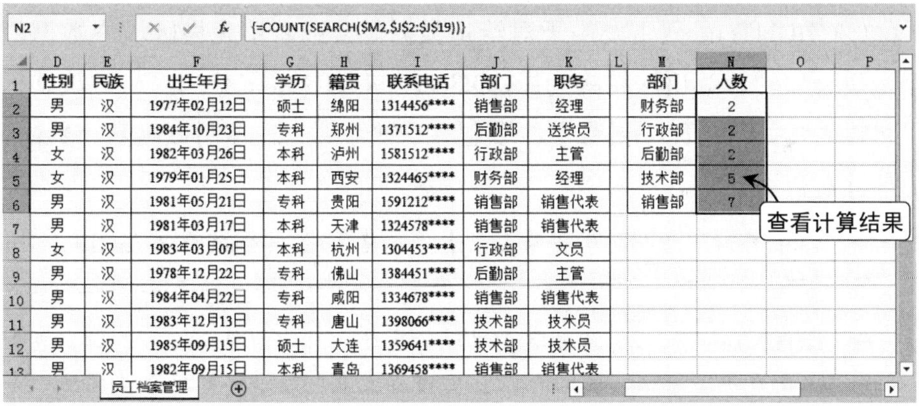

图 3-29　统计其他部门的人数

公式解析

在本例的"=COUNT(SEARCH($M2,$J$2:$J$19))"公式中，"$M2"参数表示需要统计员工人数的部门，"$J$2:$J$19"参数表示员工部门所在的位置，使用 SEARCH()函数将$M2 单元格中的部门返回固定数字，然后使用 COUNT()函数统计这些数字的数量，即该部门的人数。

知识看板

①SEARCH()函数用于从左到右查找一个指定字符或文本字符串在字符串中第一次出现的位置，并返回这个位置值，在查找过程中忽略英文字母的大小写。

②SEARCH()函数的语法结构为：SEARCH（find_text，within_text，start_num），从语法结构中可以看出，SEARCH()函数包含 3 个参数，各参数的具体作用如下所示。

◆ find_text：用于指定需要查找的文本，可以包含"*"和"？"通配符，其中，"？"代表任意字符，"*"可以代表多个任意字符。

◆ within_text：用于指定在某个字符串或者单元格中查找。

◆ start_num：用于 within_text 中开始查找的字符的编号，start_num 参数也可以省略，省略时表示从 within_text 的第一个字符开始查找。

③COUNT()函数主要用于对给定数据集合或者单元格区域中数据的个数进行统计，其语法结构为：COUNT(value1,value 2,…)，从语法结构中可以看出，COUNT()函数至少要包含一个参数，在使用该函数计数时，需要注意以下几点。

◆ value 参数用于指定数据集合或者单元格区域，其个数的取值范围为 1 ~ 255。

◆ COUNT()函数只能对数字数据进行统计，对空白单元格、逻辑值或者文本数据将忽略，因此可以利用该函数来判断给定的单元格区域中是否包含空白单元格。

④本例可以使用 COUNTIF()函数来完成统计，其使用的公式有如下几个。从这些公式中可以看出，每统计一个部门，都要手动修改公式，相对而言比较烦琐。

$$=COUNTIF(\$J\$2:\$J\$19,"=财务部")$$
$$=COUNTIF(\$J\$2:\$J\$19,"=行政部")$$
$$=COUNTIF(\$J\$2:\$J\$19,"=后勤部")$$

=COUNTIF($J$2:$J$19,"=技术部")

=COUNTIF($J$2:$J$19,"=销售部")

NO.026
统计公司本科学历以上的女员工总数【SUMPRODUCT()】

资源：素材\第3章\员工档案管理 3.xlsx　　|　　资源：效果\第3章\员工档案管理 3.xlsx

　　某公司在职员工的学历有 3 种类型：硕士、本科和专科，现在要分析公司员工的学历情况，要求统计公司本科及以上学历的女员工的总人数是多少。

解决方法

　　本例属于多条件计数的数组问题，对于这类问题的解决，可以使用系统提供的 SUMPRDUCT()函数来完成，先通过条件判断得到性别为女、学历为本科和硕士的三个逻辑值数组，然后通过该函数先对逻辑值进行数值转化，最后完成数组的累加从而得到结果，其具体操作如下。

STEP01 打开素材文件，选择M4合并单元格，在编辑栏中输入如下公式。

=SUMPRODUCT((D2:D19="女")*((G2:G19="本科")+(G2:G19="硕士")))

STEP01 按【Ctrl+Enter】组合键完成公式的输入并计算出本科和硕士学历的所有女员工人数，如图3-30所示。

图 3-30　统计本科和硕士学历的所有女员工人数

公式解析

在本例的 " =SUMPRODUCT((D2:D19=" 女 ")*((G2:G19=" 本 科 ")+(G2:G19="硕士")))" 公式中，分别使用 "D2:D19="女"" "G2:G19="本科"" 和"G2:G19="硕士"" 部分得到条件判断的逻辑数组，然后先对"G2:G19="本科"" 和 "G2:G19="硕士"" 公式部分得到的逻辑数组执行 "+" 运算，将两个数组合并为一个数组，从而得到用 0 和 1 表示的所有本科和硕士学历的数组，再利用该数组与 "D2:D19="女"" 公式部分得到的逻辑数组执行 "*" 运算，最终将符合条件的数据全部转化为包含 0 和 1 的数值数组，最后利用 SUMPRODUCT()函数输出最终的结果。

知识看板

①SUMPRODUCT()函数用于返回相应的数组或区域乘积的和，其语法结构为：SUMPRODUCT(array1,[array2],[array3],...)。在使用该函数的过程中，需要注意以下几点内容。

- array 参数用于指定需要参加计算的数组，该函数可以指定 1~255 个数组参数，如果函数的参数个数有多个，则各数组参数的大小必须相同。

- 如果数组的参数类型为非数据类型，则在计算时，函数默认将其以 0 进行处理。

②逻辑值之间，逻辑值与 0 和 1 之间的"+"和"*"运算，遵循"TRUE+FALSE=1""FALSE +FALSE=0""TRUE*1=1""TRUE*0=1""FALSE*1=0""FALSE*0=0"的原则。

③如果本例中保存结果的单元格为单个的单元格而非合并单元格，则可以使用 SUM()函数来完成统计计算，其使用的公式如下。

=SUM((D2:D19="女")*((G2:G19="本科")+(G2:G19="硕士")))

员工考勤与出差数据处理

在企业的日常管理活动中，通过 Excel 强大的数据计算功能，可以很方便地对员工的考勤与出差数据进行高效处理，如员工的考勤统计、出差人数的确定、出差返回时间的计算以及出差费用报销等问题，这些问题看似复杂，但是都可以通过对应的函数简化并快速得到统计结果。

4.1 员工考勤数据计算与统计查询

公司为了更好地规范员工的作息时间，都会制定相应的上下班时间，并且对每个员工的迟到、早退、旷工等缺勤情况都有相应的惩罚。本节将具体介绍如何通过相关函数对缺勤和全勤的情况进行统筹管理。

NO.027
自动生成考勤周报表的标题【CONCATENATE()/WEEKNUM()】

资源：素材\第4章\考勤周报表.xlsx　　|　　资源：效果\第4章\考勤周报表.xlsx

某公司对员工的每日考勤做了记录，现在要按周来统计员工的考勤情况，并且在考勤的周报表中需要在标题中自动根据当前周的第一天日期自动显示具体的周。

解决方法

在本例中，需要根据日期自动生成计算出当前的日期处于第几周，这可以使用 WEEKNUM()函数来实现，但是为了让标题显示更加直观，本例还将使用 CONCATENATE()函数在计算的周数据两侧添加对应的文本进行联结，其具体操作如下。

STEP01 打开素材文件，选择A1单元格，在编辑栏中输入如下公式。

=CONCATENATE("××公司第",WEEKNUM(D2,2),"周考勤表")

STEP02 按【Ctrl+Enter】组合键即可判断出每位员工的身份证号码是否正确，如图4-1所示。

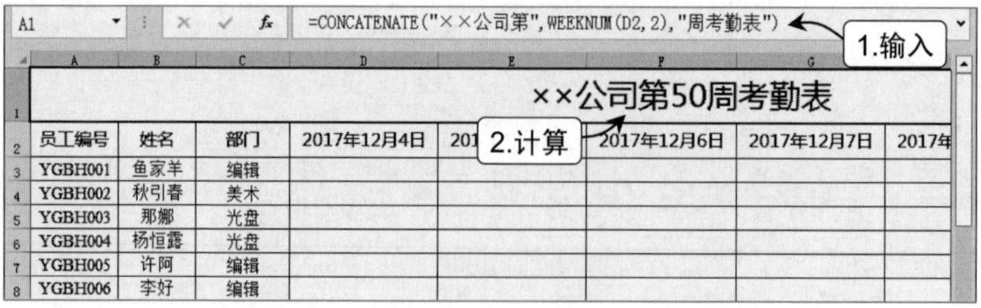

图 4-1　自动生成考勤周报表的标题

公式解析

　　在本例的"=CONCATENATE("××公司第",WEEKNUM(D2,2),"周考勤表")"公式中，D2 单元格中存储的是每周的周一的日期，通过"WEEKNUM(D2,2)"部分返回 D2 单元格中的日期在一年中的周数，最后通过CONCATENATE()函数将""××公司第""文本和""周考勤表""文本与获取的周数联结起来。

知识看板

　　①在 Excel 中，WEEKNUM()函数主要用于返回指定日期为当年的第几周，其具体的语法结构为：WEEKNUM(serial_number[,return_type])，从语法结构中可以看出，该函数有两个参数，各参数的具体含义如下。

◆ serial_number：用于指定要进行计算的日期，该参数是必选参数。

◆ return_type：用于指定一周是从星期几开始，该参数为可选参数。不同的数字，其指代的星期的开始不同，其具体的情况如表 4-1 所示。

表 4-1　return_type 参数的值指代的含义

参数值	一周的第一天	机制	参数值	一周的第一天	机制
1 或省略	星期日	1	2	星期一	1
11	星期一	1	12	星期二	1
13	星期三	1	14	星期四	1
15	星期五	1	16	星期六	1
17	星期日	1	21	星期一	2

　　②WEEKNUM()函数有两种机制，第一种机制为包含 1 月 1 日的周为该年的第 1 周，其编号为第 1 周；第二种机制为包含该年的第一个星期四的周为该年的第 1 周，其编号为第 1 周。

③由于工作环境和要求的不同，对星期的处理可能也会不同。例如在国内习惯上将星期一当做一周的第一天，而国外大多数则习惯将星期日当做一周的第一天。因此在处理周数数据时，一定要结合具体的实际情况来设置 return_type 参数的值。

NO.028
从卡机数据中判断员工的归属单位【LOOKUP()/LEFT()/MID()】

资源：素材\第 4 章\从卡机数据中判断员工的归属单位.xlsx | **资源**：效果\第 4 章\从卡机数据中判断员工的归属单位.xlsx

在很多公司都有打卡制度，它是公司管理的一种手段，因此从卡机数据中得出员工的一些基本信息，已经成为行政部门需要掌握的一项基本技能。

在本例中假设，员工卡机数据总共由 20 位数字构成，其中第 1~2位为分公司编号，第 3~5 位为部门编号，第 6~8 位数据为员工编号，第 9~12 位为打卡年份，第 13~16 位为打卡日期，第 17~20 位为打卡时间。现在需要根据卡机数据来判断当前卡机数据的员工所属的分公司及部门。

解决方法

根据卡机数据的组成可知，本例需要提取的数据为第 1~2 位和第 3~5位数据，前两位数据可以通过 LEFT()函数获取，第 3~5 位数据可以通过 MID()函数获取，然后使用 LOOKUP()函数查询提取出的数据对应的分公司及所在部门，其具体操作如下。

STEP01 打开素材文件，选择B2:B28单元格区域，在编辑栏中输入如下公式。

    =LOOKUP(--LEFT(A2,2),$E$2:$E$8,$D$2:$D$8)&
    LOOKUP(--MID(A2,3,3),$H$2:$H$10,$G$2:$G$10)

STEP02 按【Ctrl+Enter】组合键即可判断出每个卡机数据的员工所属的分公司及部门，如图4-2所示。

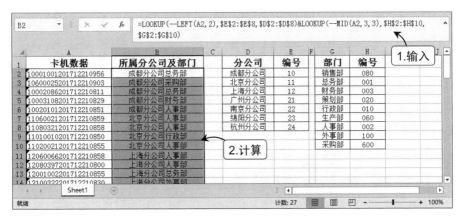

图4-2　判断员工所属的分公司及部门

公式解析

在本例的"=LOOKUP(--LEFT(A2,2),$E$2:$E$8,$D$2:$D$8)&LOOKUP(--MID(A2,3,3),$H$2:$H$10,$G$2:$G$10)"公式中，"LEFT(A2,2)"部分用于从 20 位卡机数据中提取前两位数据，即得到分公司编号数据。"MID(A2,3,3)"部分用于从 20 位卡机数据的第 3 位数据开始，连续获取 3 位数据，即提取第 3~5 位数据得到部门编号数据。

由于通过 LEFT()和 MID()函数得到的是字符串数据，为了让这些字符串数据参与到 LOOKUP()函数中进行数据计算，需要通过两个减号将其转换成数值，才能使用 LOOKUP()函数从 E2:E8 和 H2:H110 单元格区域中查询编号对应的分公司和部门。

知识看板

①在本例中，通过两个连续的减号将文本型的数字数据转化为数值型的数据，主要是为了让文本型的数字数据参与数据计算。

②也可以用乘以1的方式将文本型的数字数据转化为数值型的数据，即本例的公式可以用如下公式来替代，其计算效果如图 4-3 所示。

=LOOKUP(LEFT(A2,2)*1,$E$2:$E$8,$D$2:$D$8)&
LOOKUP(MID(A2,3,3)*1,$H$2:$H$10,$G$2:$G$10)

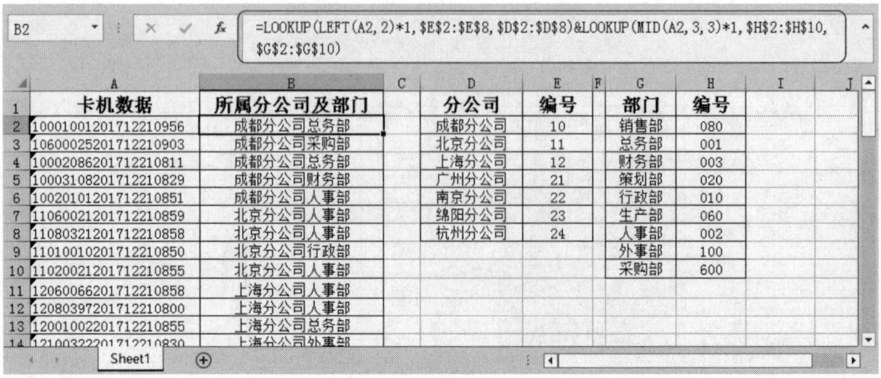

B2 =LOOKUP(LEFT(A2,2)*1,$E$2:$E$8,$D$2:$D$8)&LOOKUP(MID(A2,3,3)*1,$H$2:$H$10,$G$2:$G$10)

	A	B	C	D	E	F	G	H
1	卡机数据	所属分公司及部门		分公司	编号		部门	编号
2	10001001201712210956	成都分公司总务部		成都分公司	10		销售部	080
3	10600025201712210903	成都分公司采购部		北京分公司	11		总务部	001
4	10002086201712210811	成都分公司总务部		上海分公司	12		财务部	003
5	10003108201712210829	成都分公司财务部		广州分公司	21		策划部	020
6	10020101201712210851	成都分公司人事部		南京分公司	22		行政部	010
7	11060021201712210859	北京分公司人事部		绵阳分公司	23		生产部	060
8	11080321201712210858	北京分公司人事部		杭州分公司	24		人事部	002
9	11010010201712210850	北京分公司行政部					外事部	100
10	11020021201712210855	北京分公司人事部					采购部	600
11	12060066201712210858	上海分公司人事部						
12	12080397201712210800	上海分公司人事部						
13	12001002201712210855	上海分公司总务部						
14	12100322201712210830	上海分公司外事部						

Sheet1

图 4-3　使用乘以 1 的方式将文本型的数字数据转化为数值型的数据

③还可以用 VALUE()函数将文本型的数字数据转化为数值型的数据，即本例的公式可以用如下公式来替代，其计算效果如图 4-4 所示。

=LOOKUP(VALUE(LEFT(A2,2)),$E$2:$E$8,$D$2:$D$8)&
LOOKUP(VALUE(MID(A2,3,3)),$H$2:$H$10,$G$2:$G$10)

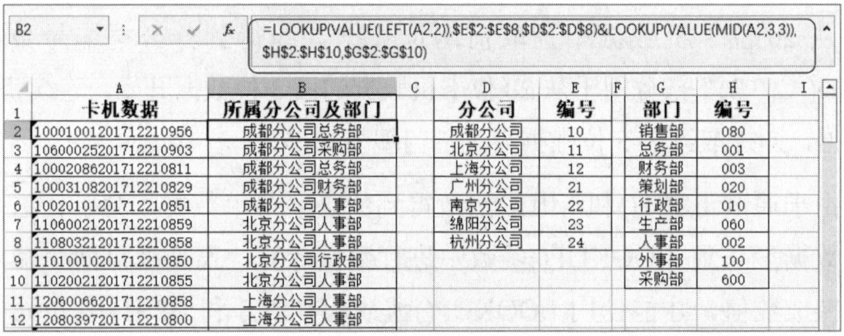

B2 =LOOKUP(VALUE(LEFT(A2,2)),$E$2:$E$8,$D$2:$D$8)&LOOKUP(VALUE(MID(A2,3,3)),$H$2:$H$10,$G$2:$G$10)

	A	B	C	D	E	F	G	H
1	卡机数据	所属分公司及部门		分公司	编号		部门	编号
2	10001001201712210956	成都分公司总务部		成都分公司	10		销售部	080
3	10600025201712210903	成都分公司采购部		北京分公司	11		总务部	001
4	10002086201712210811	成都分公司总务部		上海分公司	12		财务部	003
5	10003108201712210829	成都分公司财务部		广州分公司	21		策划部	020
6	10020101201712210851	成都分公司人事部		南京分公司	22		行政部	010
7	11060021201712210859	北京分公司人事部		绵阳分公司	23		生产部	060
8	11080321201712210858	北京分公司人事部		杭州分公司	24		人事部	002
9	11010010201712210850	北京分公司行政部					外事部	100
10	11020021201712210855	北京分公司人事部					采购部	600
11	12060066201712210858	上海分公司人事部						
12	12080397201712210800	上海分公司人事部						

图 4-4　使用 VALUE()函数将文本型的数字数据转化为数值型的数据

NO.029 从卡机数据中提取时间并判断员工是否迟到【RIGHT()】

资源：素材\第 4 章\从卡机数据中判断员工是否迟到.xlsx　|　**资源**：效果\第 4 章\从卡机数据中判断员工是否迟到.xlsx

某公司规定员工在早上 9:00 之前打卡报到，如果 9:00 之后打卡，则视为员工迟到，因此行政部通过打卡数据就可以判断一个员工上班是否迟到。在本例中，需要通过提取出的员工打卡时间来判断员工是否迟到，并把迟到员工标识出来。

解决方法

在本例中，打卡时间位于卡机数据中的最后4位数字，可以通过RIGHT()函数来获取。

如果在 9:00 之前打卡，则倒数第三位数字一定小于 9，因此可以将提取出来的 4 位数字转化为数值，然后与 900 进行比较，小于等于 900，则表示没有迟到，反之则说明员工当日迟到。要解决本例的问题，其具体操作如下。

STEP01 打开素材文件，选择B3:B29单元格区域，在编辑栏中输入如下公式。

$$=IF(--RIGHT(A3,4)>900,"迟到"," ")$$

STEP02 按【Ctrl+Enter】组合键即可判断出每个卡机数据对应员工当日是否迟到，如图4-5所示。

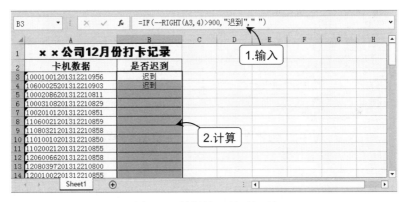

图 4-5　判断员工是否迟到

公式解析

在本例的"=IF(--RIGHT(A3,4)>900,"迟到"," ")"公式中，"RIGHT(A3,4)"部分用于提取卡机数据中的最后 4 位数据，然后通过两个减号将其转换成数值，将转化的数据与 900 进行比较作为 IF()函数的判断条件，如果转化的数据大于 900，则 IF()函数条件判断成立，返回"迟到"文本，反之则返回空白结果。

NO.030
判断员工是否全勤【AND()】

资源：素材\第4章\考勤统计表.xlsx、考勤统计表1.xlsx | 资源：效果\第4章\考勤统计表.xlsx、考勤统计表1.xlsx

公司规定，如果员工在一个月内无缺勤，即一个月内没有出现旷工、迟到、早退、病假和事假等情况的，公司视为全勤，并且对于全勤会给予一定的奖励。

如图4-6所示为某工作人员整理的12月份各员工的考勤情况，现在要求判断员工当月是否全勤。

姓名	迟到	早退	旷工	病假	事假	是否全勤
尤佳	0	0	0	0	0	
王丹丹	1	3	0	0	2	
邓羲	0	0	0	0	0	
刘晓梅	0	0	0	2	0	
宋科	0	1	0	0	2	
张涛	1	2	0	0	1	
李娟	0	0	0	0	0	
陈阳	3	0	0	0	1	
陈洁	1	0	0	1	1	
陈子函	0	0	0	5	0	
曾丽娟	0	0	0	0	0	

销售部员工12月份考勤统计表

图4-6 销售部所有员工12月份的考勤数据

解决方法

在本例中，对于员工的迟到、早退、旷工、病假、事假的考勤项统计结果，都用对应的数据进行记录，如果没有缺勤状况，则所有考勤项都必须为0。

对于这种要多个条件同时成立的，可以使用AND()函数来进行判断，其具体操作如下。

STEP01 打开素材文件，选择K2:K19单元格区域，在编辑栏中输入如下公式。

=IF(AND(B3=0,C3=0,D3=0,E3=0,F3=0),"是","否")

STEP02 按【Ctrl+Enter】组合键确认输入的公式，并判断每位员工当月是否全勤，如图4-7所示。

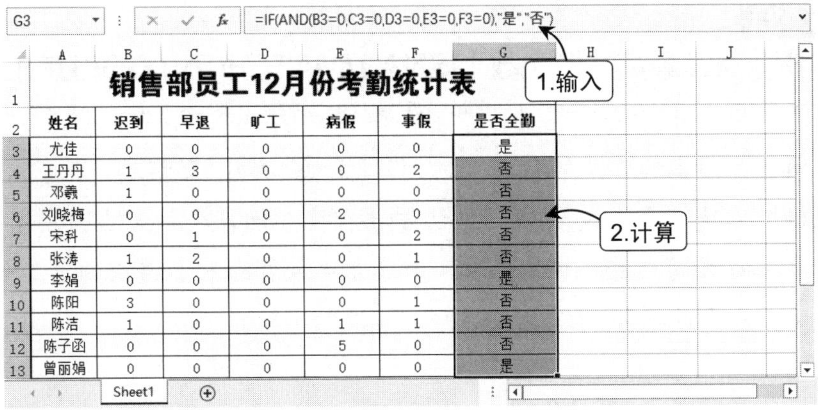

图 4-7　判断员工是否全勤

公式解析

在本例的"=IF(AND(B3=0,C3=0,D3=0,E3=0,F3=0),"是","否")"公式中，B3:F3 单元格分别记录了员工当月各个考勤项的考勤结果数据，利用 AND()函数对每个单元格的值是否为 0 进行判断，只有所有单元格的值都为 0 时，条件判断成立，AND()函数返回 TRUE 值，则 IF()函数返回"是"文本，否则返回"否"文本。

由于本例中的旷工、迟到、早退、病假和事假等都是以次数来表示的，因此对这些考勤项的数据进行求和运算，如果求和结果为 0，则表示全勤，否则存在缺勤，因此可以使用如下公式来达到相同的效果，如图 4-8 所示。

=IF(0=SUM(B3:F3),"是","否")

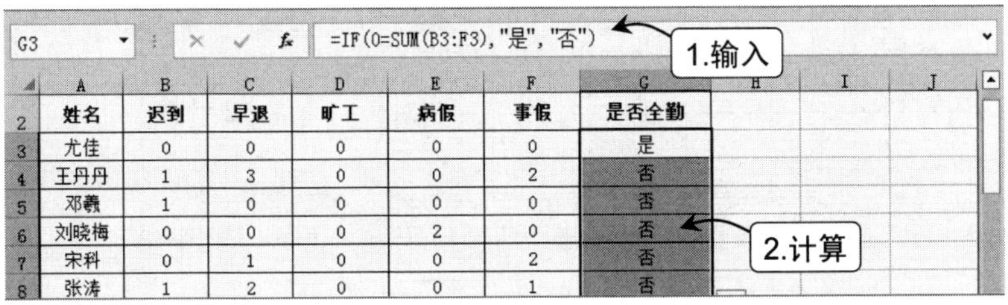

图 4-8　使用 SUM()函数判断员工是否全勤

NO.031
查询指定员工最高缺勤次数【ISNA()/MATCH()/VLOOKUP()】

资源：素材\第4章\员工考勤统计表1.xlsx　　|　　资源：效果\第4章\员工考勤统计表1.xlsx

销售部门工作人员统计了12月份所有员工的缺勤信息，现在需要在该表格中创建一个查询表格，方便管理人员查询每个员工当月所有考勤项中最大的缺勤次数。并且要求，如果管理人员输入了错误的员工姓名，则提示"查无此人"的信息。

解决方法

在本例中，首先需要判断所要查询的员工是否存在，可以使用MATCH()函数在第1列中进行精确查找，如果该员工不存在，则返回错误值#N/A。然后使用ISNA()函数将错误值#N/A转换为逻辑值TRUE。

在判断出所要查询的员工存在之后，查询每位员工各个考勤项对应的缺勤数据，从中选取最大的值显示出来，其具体操作如下。

STEP01 打开素材文件，选择I4单元格，在编辑栏中输入如下公式。按【Ctrl+Shift+Enter】组合键确认输入的公式，由于此时还未设置查询人的姓名，因此查询结果显示"查无此人"的提示信息，如图4-9所示。

```
=IF(ISNA(MATCH(I3,A3:A13,0)),"查无此人",
MAX(VLOOKUP(I3,A3:F13,{2,3,4,5,6},FALSE)))
```

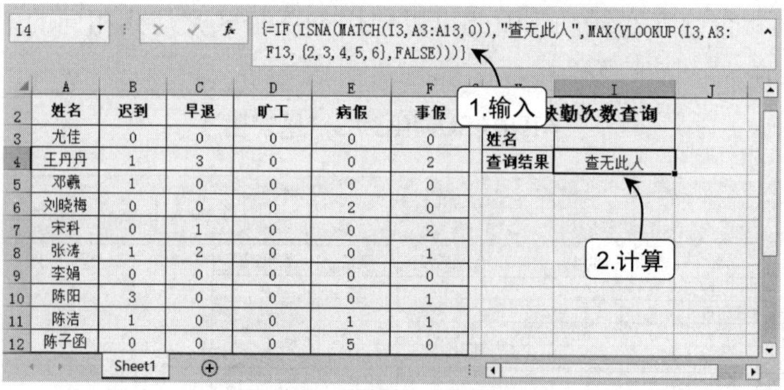

图4-9　确认输入的查询公式

STEP02 在I3单元格中输入需要查询的员工姓名，这里输入"王丹丹"，按【Enter】

键确认输入的姓名后，程序自动在I4单元格中显示该员工当月的最大缺勤次数，如图4-10所示。

图 4-10　输入查询姓名后自动查询最大缺勤数

公式解析

在本例的 "=IF(ISNA(MATCH(I3,A3:A13,0)),"查无此人",MAX(VLOOKUP(I3,A3:F13,{2,3,4,5,6},FALSE)))" 公式中，I3 单元格用于指定需要查询的员工姓名，"MATCH(I3,A3:A13,0)" 部分用于返回该姓名在 A3:A13 单元格区域中的位置。

为了规避未输入查询姓名或输入错误的查询姓名，导致 MATCH() 函数查询不到数据而出现#N/A 错误，因此使用 ISNA() 函数对 MATCH() 的查询结果进行监听，一旦查询出错，则 ISNA() 函数返回 TRUE 值，并显示"查无此人"的提示信息。

公式中的"VLOOKUP(I3,A3:F13,{2,3,4,5,6},FALSE)"部分用于返回当前查询员工的所有考勤项的数组数据，然后利用 MAX() 函数从中选择最大的值，作为 IF() 函数中"ISNA(MATCH(I3,A3:A13,0))"条件判断不成立（在表格中查询得到指定的员工姓名）时返回的数据。

知识看板

在 Excel 中，ISNA() 函数用于判断一个值是否为#N/A，其语法结构为：ISNA(value)，该函数只有一个 value 参数，该参数可以是具体的数值、单元格引用或表达式。当 value 参数值为#N/A 时，函数返回 TRUE 值，否则函数返回 FALSE 值。该函数通常不单独使用，一般与查询函数结合使用，用于监听查询结果不存在的情况。

4.2 员工出差管理与统计处理

在员工的考勤管理中，当员工出差公干时也会造成当月出现缺勤。对于出差相关的数据，如人员指派、出差时间的统计、出差费用的统计等，都可以使用函数进行方便的处理。

NO.032
计算顺利完成任务需要的出差人数【ROUNDUP()/SUM()】

资源：素材\第4章\计算出差人数.xlsx | 资源：效果\第4章\计算出差人数.xlsx

某公司3月6日有一个出差计划，在此次出差中需要完成的各项任务总量和每名员工可以完成某项任务的任务量，如图4-11所示，现在需要计算顺利完成此次的任务至少需要多少人出差。假设每名出差人员此次只能够进行一项任务。

× ×公司3月6日出差人数安排表		
任务	任务总量	每人工作量
任务1	12	7
任务2	22	5
任务3	31	3
任务4	14	7
任务5	6	8
任务6	9	12
任务7	11	13
任务8	10	6
总共需要的出差人数		

图 4-11 出差人数安排

解决方法

在本例中，需要计算顺利完成任务需要的出差人数，可以先使用每一项任务的任务总量除以每人的工作量，得到完成该项任务所需要的出差人数，由于每名员工只能够进行一项任务，因此，必须对该结果向上取整。然后再将取整后的结果相加得到顺利完成任务需要的人数。

对数据的向上取整处理，可以使用ROUNDUP()函数来完成，其具体操作如下。

STEP01 打开素材文件，选择C11单元格，在编辑栏中输入如下公式。

=SUM(ROUNDUP(B3:B10/C3:C10,0))&"人"

STEP02 按【Ctrl+Shift+Enter】组合键即可计算此次出差计划需要的总人数，如图4-12所示。

图 4-12　计算顺利完成任务需要的出差人数

公式解析

在本例的"=SUM(ROUNDUP(B3:B10/C3:C10,0))&"人""公式中，"ROUNDUP(B3:B10/C3:C10,0)"部分用于向上舍入 B3:B10/C3:C10 的结果，然后使用 SUM()函数将得到的数值进行求和，为了让结果更直观，在本例中使用"&"运算符将计算的数值结果与"人"单位进行联结。

知识看板

在 Excel 中，ROUNDUP()函数用于将指定的数字沿绝对值增大的方向取指定小数位数的值，其具体的语法结构为：ROUNDUP(number, num_digits)。

从语法结构中可以看出，ROUNDUP()函数有两个参数，各参数的具体含义如下。

◆ number：必选参数。需要向上舍入的任意实数，可以是返回实数的表达式、数组、数值或单元格引用。

◆ num_digits：必选参数。对 number 取舍后保留的位数，为任意整数。当 num_digits 等于 0 时，表示舍入到最接近的整数；当 num_digits 大于 0 时，表示向上舍入到指定的小数位；当 num_digits 小于 0 时，表示在小数点左侧向上进行舍入。

NO.033
计算可以组建的出差小组个数【FLOOR()/COUNTIF()】
资源：素材\第4章\计算可以组建的出差小组个数.xlsx | 资源：效果\第4章\计算可以组建的出差小组个数.xlsx

某公司为拓展业务，决定从第一、二季度中业绩总额在 8000 元以上的人中抽调出一批人员组建成出差小组。

如图 4-13 所示为该公司所有员工第一、二季度的业绩汇总。假设该小组每组 4 人，现在需要计算可以组建出差小组的个数。

员工姓名	第一季度	第二季度	汇总		
万奇瑞	¥ 5,693.90	¥ 3,111.10	¥ 8,805.00		
郭凯华	¥ 5,517.80	¥ 3,463.30	¥ 8,981.10		
刘江	¥ 4,637.30	¥ 4,461.20	¥ 9,098.50		
曾雪	¥ 4,402.50	¥ 3,991.60	¥ 8,394.10		
肖华	¥ 5,459.10	¥ 4,519.90	¥ 9,979.00		
刘子琳	¥ 5,048.20	¥ 3,522.00	¥ 8,570.20		
李娟	¥ 4,226.40	¥ 5,341.70	¥ 9,568.10		
王强	¥ 3,522.00	¥ 5,224.30	¥ 8,746.30		
何佳玉	¥ 4,989.50	¥ 4,461.20	¥ 9,450.70		
周凯	¥ 3,463.30	¥ 4,754.70	¥ 8,218.00		
陈宇	¥ 3,228.50	¥ 4,167.70	¥ 7,396.20		
冯晓华	¥ 2,905.00	¥ 3,317.20	¥ 6,222.20		
朱丽丽	¥ 2,900.00	¥ 3,322.20	¥ 6,222.20		
王明	¥ 5,811.30	¥ 4,461.20	¥ 10,272.50		
司徒丹妮	¥ 5,808.30	¥ 4,464.20	¥ 10,272.50		
罗强	¥ 4,226.40	¥ 4,930.80	¥ 9,157.20		
可以组建的出差小组个数					

员工销售业绩表 ⊕

图 4-13 第一、二季度员工业绩汇总

解决方法

在本例中，需要先用 COUNTIF()函数得到满足条件的骨干人员的人数，然后使用 FLOOR()函数将得到的人数向下取最接近 4 的倍数，最后用该倍数除以 4，就可以得到组建的小组个数，其具体操作如下。

STEP01 打开素材文件，选择D19单元格，在编辑栏中输入如下公式。

$$=FLOOR(COUNTIF(D2:D17,">=8000"),4)/4\&"个"$$

STEP02 按【Ctrl+Enter】组合键即可计算出可以组建的出差小组的个数,如图4-14所示。

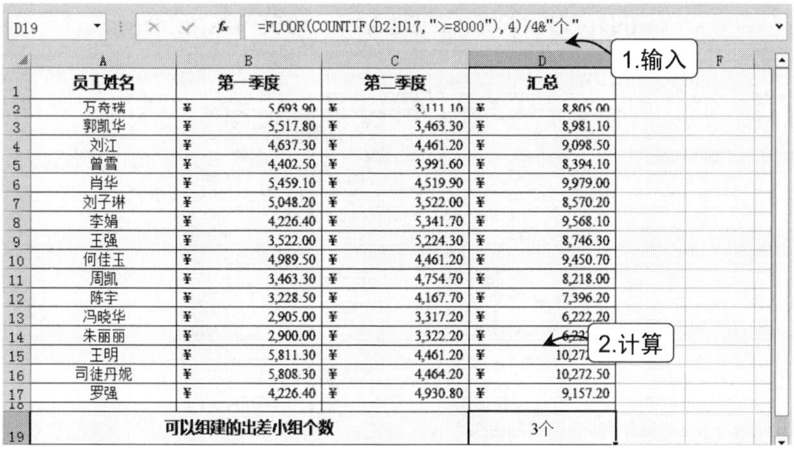

图4-14　计算可以组建的出差小组个数

公式解析

在本例的" =FLOOR(COUNTIF(D2:D17,">=8000"),4)/4&"个" "公式中,"COUNTIF(D2:D17,">=8000")"部分可以返回 D2:D17 单元格中业绩在 8000 元以上的单元格个数(13),用 FLOOR()函数向下舍入最接近 4 的倍数(12),最后除以 4,添加单位"个"可以得到最终结果"3 个"。

知识看板

在 Excel 中,FLOOR()函数主要用于对某个数值向下舍入(沿绝对减小的方向)到最接近指定值的倍数的数据,其具体的语法结构为:FLOOR(number,significance),从语法结构中可以看出,该函数有两个参数,各参数的具体含义如下。

◆ number: 用于指定需要进行取舍运算的数值。

◆ significance: 表示需要进行舍入的倍数,即舍入基准。

本例也可以看做取符合条件的骨干人员人数除以4的商的整数部分，故也可以使用 INT() 函数来完成，使用该函数的公式如下，其具体的计算结果如图 4-15 所示。

=INT(COUNTIF(D2:D17,">=8000")/4)&"个"

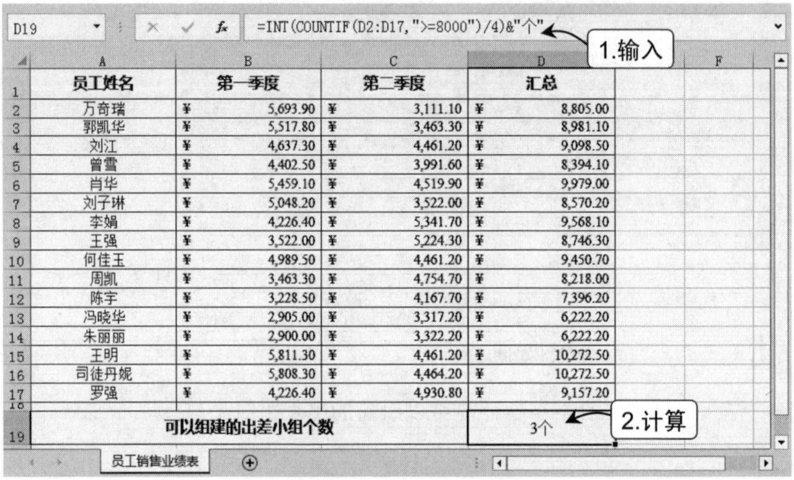

图 4-15 用 INT() 函数计算可以组建的出差小组个数

TIPS *INT()函数介绍*

使用 INT() 函数可以将数字向下舍入到最接近的整数，其语法结构为：INT(number)。从函数的语法结构中可以看出，该函数只有一个 number 参数，主要用于指定需要进行取整的实数，它可以是具体的数值数据，也可以是包含数值的单元格引用。

NO.034
计算员工3月份出差的报销费用【SUM()】

资源：素材\第4章\3月出差费用统计表.xlsx | 资源：效果\第4章\3月出差费用统计表.xlsx

某公司对出差人员费用报销的标准为：住宿费 150 元/晚，餐饮费 50 元/天，通信费 10 元/天，交通费和其他费用可以按实际花费报销，如图 4-16 列举了 3 月份员工出差费用使用情况，现在要计算各员工 3 月份的报销费用。

3月员工出差费用报销表

出差人员	出差时间（天）	费用报销标准			交通费	其他费用	汇总(元)
		住宿费/晚	餐饮费/天	通讯费/天			
冯晓秋	3	¥ 150.00	¥ 50.00	¥ 10.00	¥ 200.00	¥ -	
何旭	10	¥ 150.00	¥ 50.00	¥ 10.00	¥ 578.00	¥ 1,285.50	
秦青	5	¥ 150.00	¥ 50.00	¥ 10.00	¥ 350.00	¥ 150.00	
付刚	8	¥ 150.00	¥ 50.00	¥ 10.00	¥ 485.00	¥ 235.00	
刘奇彬	15	¥ 150.00	¥ 50.00	¥ 10.00	¥ 780.00	¥ 2,100.00	
余少宏	11	¥ 150.00	¥ 50.00	¥ 10.00	¥ 560.00	¥ 3,562.00	
刘思思	6	¥ 150.00	¥ 50.00	¥ 10.00	¥ 230.00	¥ 485.00	

图 4-16　3 月份员工出差费用报销表

解决方法

在本例中，罗列的是费用标准，所以需要将该标准费用乘以员工出差时间才能得到员工标准费用报销部分，然后利用 SUM()函数将这部分费用与交通费和其他费用加在一起即可得到最终的报销费用，其具体操作如下。

STEP01 打开素材文件，选择H4:H13单元格区域，在编辑栏中输入如下公式。

=SUM((C4+D4+E4)*B4,F4,G4)

STEP02 按【Ctrl +Enter】组合键即可计算出最终的报销费用，如图4-17所示。

H4　=SUM((C4+D4+E4)*B4,F4,G4)　1.输入

3月员工出差费用报销表

出差人员	出差时间（天）	费用报销标准			交通费	其他费用	汇总(元)
		住宿费/晚	餐饮费/天	通讯费/天			
冯晓秋	3	¥ 150.00	¥ 50.00	¥ 10.00	¥ 200.00	¥ -	¥ 830.00
何旭	10	¥ 150.00	¥ 50.00	¥ 10.00	¥ 578.00	¥ 1,285.50	¥ 3,963.50
秦青	5	¥ 150.00	¥ 50.00	¥ 10.00	¥ 350. [illegible]	[illegible].00	¥ 1,550.00
付刚	8	¥ 150.00	¥ 50.00	¥ 10.00	¥ 485.00	¥ 235.00	¥ 2,400.00
刘奇彬	15	¥ 150.00	¥ 50.00	¥ 10.00	¥ 780.00	¥ 2,100.00	¥ 6,030.00
余少宏	11	¥ 150.00	¥ 50.00	¥ 10.00	¥ 560.00	¥ 3,562.00	¥ 6,432.00
刘思思	6	¥ 150.00	¥ 50.00	¥ 10.00	¥ 230.00	¥ 485.00	¥ 1,975.00
杨阳	20	¥ 150.00	¥ 50.00	¥ 10.00	¥ 2,130.00	¥ 4,580.00	¥ 10,910.00
封勇刚	9	¥ 150.00	¥ 50.00	¥ 10.00	¥ 780.00	¥ 1,200.00	¥ 3,870.00
陈司容	10	¥ 150.00	¥ 50.00	¥ 10.00	¥ 440.00	¥ 1,105.00	¥ 3,645.00

2.计算

Sheet1

图 4-17　计算所有员工 3 月份出差的报销总费用

公式解析

在本例的"=SUM((C4+D4+E4)*B4,F4,G4)"公式中，"(C4+D4+E4)*B4"部分用于计算员工对应的标准报销费用，而 F4 单元格和 G4 单元格分别用于记录当前员工的交通费和其他费用数据，最后使用 SUM()函数将计算得到的标准费用和直接引用的交通费及其他费用进行求和，得到最终结果。

知识看板

在本例中使用的是加法运算来获取员工的标准费用，用户也可以通过 SUM()函数来获取，从而让整个计算公式变为两个 SUM()函数的嵌套使用，其具体的使用公式如下，最终的计算结果如图 4-18 所示。

=SUM(SUM(C4:E4)*B4,F4,G4)

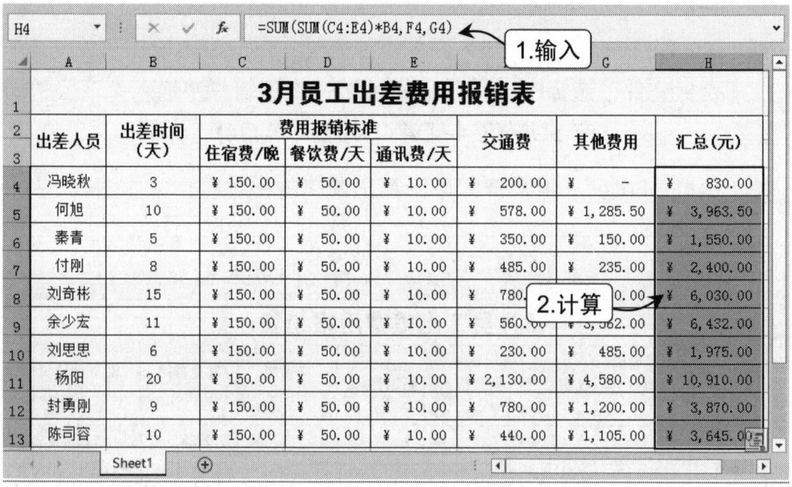

图 4-18　用 SUM()函数的嵌套结构完成数据计算

NO.035
计算员工的误餐补贴【TIMEVALUE()/DAYS()/AND()/IF()】

资源：素材\第 4 章\计算员工的误餐补贴.xlsx　　|　　资源：效果\第 4 章\计算员工的误餐补贴.xlsx

某公司对因为出差而误餐的员工都有误餐补贴，如果员工出差时间中包含 12:30～13:30 时间段中的任意时间，则补贴中餐费 20 元，如果员工出差时间延长到 18:30 以后，则补贴晚餐费 30 元。

在图 4-19 中统计了员工的出差时间情况，现需要根据员工的出差时间来统计员工对应的误餐费。

序号	姓名	出差地点	起始日期	起始时间	结束日期	结束时间	出差天数	误餐费	
								中餐	晚餐
1001	张鑫	成都	2018/3/7	9:00	2018/3/7	16:30	1		
1002	许盈	上海	2018/3/10	9:30	2018/3/15	11:50	6		
1003	陈晨	成都	2018/3/8	10:00	2018/3/10	18:50	3		
1004	封雨荷	江西	2018/3/11	9:30	2018/3/17	19:50	7		
1005	吴娇	杭州	2018/3/3	8:30	2018/3/10	13:50	8		
1006	王少彬	北京	2018/3/6	9:30	2018/3/9	21:50	4		
1007	何镇国	成都	2018/3/19	13:00	2018/3/20	19:50	2		
1008	唐明宋	无锡	2018/3/22	9:00	2018/3/26	10:50	5		

图 4-19　员工出差时间统计数据

解决方法

在本例中，员工的误餐费补贴分为中餐补贴 20 元和晚餐补贴 30 元两种，所以要使用两个公式来分别进行求解。

首先可以使用 DAYS() 函数计算包含一整天的中餐补贴和晚餐补贴，再使用 IF() 函数加上可能有的中餐补贴或晚餐补贴。而时间的比较则可以使用 TIMEVALUE() 函数将文本型时间转换成序列号后再进行对比。

由于两个计算结果最终得到的结果都是时间格式显示的费用数据，因此还需要使用 VALUE() 函数将两个公式得到的最终结果转化为对应的常规数值数据。

此外，在本例中，只要时间包含 12:30～13:30 时间段中的任意时间都有中餐补贴，所以中餐补贴有如下 4 种情况：

◆　出差开始时间在 12:30 之前，结束时间在 13:30 之后。

◆ 出差开始时间在 12:30~13:30 之间，结束时间在 13:30 之后。

◆ 出差开始时间在 12:30 之前，结束时间在 12:30~13:30 之间。

◆ 出差开始时间在 12:30~13:30 之间，结束时间在 12:30~13:30 之间。

不管哪种情况，只要出差开始时间<13:30，结束时间>12:30，就可以得到中餐补贴。

下面具体来介绍出差人员误餐补贴的具体计算方法，其具体操作如下。

STEP01 打开素材文件，选择I4:I11单元格区域，在编辑栏中输入如下公式。

=VALUE(DAYS(F4,D4)*20+IF(AND(E4<TIMEVALUE("13:30"),
G4>TIMEVALUE("12:30")),20,0))

STEP02 按【Ctrl+Enter】组合键即可计算出各员工的中餐误餐补贴费，如图4-20所示。

I4			×	✓	fx	=VALUE(DAYS(F4,D4)*20+IF(AND(E4<TIMEVALUE("13:30"),G4>TIMEVALUE("12:30")),20,0))			

1.输入

	B	C	D	E	F	G	H	I	J
1			**出差员工误餐补贴报表**						
2	姓名	出差地点	起始日期	起始时间	结束日期	结束时间	出差天数	误餐费	
3								中餐	晚餐
4	张鑫	成都	2018/3/7	9:00	2018/3/7	16:30	1	20	
5	许盈	上海	2018/3/10	9:30	2018/3/15	11:50	6	100	
6	陈晨	成都	2018/3/8	10:00	2018/3/10	18:50	3	60	
7	封雨荷	江西	2018/3/11	9:30	2018/3/17	19:50	7	140	
8	吴娇	杭州	2018/3/3	8:30	2018/3/10	13:50	8	160	
9	王少彬	北京	2018/3/6	9:30	2018/3/9	21:50	4	80	
10	何镇国	成都	2018/3/19	13:00	2018/3/20	19:50	2	40	
11	唐明宋	无锡	2018/3/22	9:00	2018/3/26	10:50	5	80	

2.计算

图 4-20 计算各员工的中餐误餐补贴费

STEP03 选择J4:J11单元格区域，在编辑栏中输入如下公式。

=VALUE(DAYS(F4,D4)*30+IF(G4>TIMEVALUE("18:30"),30,0))

STEP04 按【Ctrl +Enter】组合键即可计算出各员工的晚餐误餐补贴费，如图4-21所示。

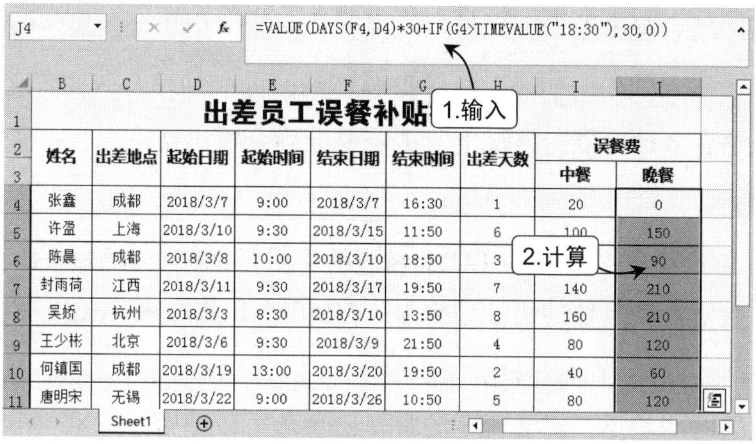

图 4-21　计算各员工的晚餐误餐补贴费

公式解析

在 本 例 的 " =VALUE(DAYS(F4,D4)*20+IF(AND(E4<TIMEVALUE ("13:30"),G4>TIMEVALUE("12:30")),20,0))" 公式中，"DAYS(F4,D4)" 部 分用于计算出差天数，然后乘以 20，可得到出差一整天的中餐补贴。

在 " E4<TIMEVALUE("13:30") " 部分中，先执行 "TIMEVALUE ("13:30")" 部分将文本型时间 ""13:30"" 转换成序列号，然后与 E4 单元 格中的出差起始时间进行比较，结果返回逻辑值 TRUE 或 FALSE。

在 " G4>TIMEVALUE("12:30")) " 部分中，先执行 "TIMEVALUE ("12:30")" 部分将文本型时间 ""12:30"" 转换成序列号，然后与 G4 单元 格中的出差结束时间进行比较后，结果也返回逻辑值 TRUE 或 FALSE。

通过 AND()函数返回 TRUE 值或 FALSE 值，再通过 IF()函数将结果 返回 20 或 0，最后加上出差一整天得到的中餐补贴得到最后结果。

在"=VALUE(DAYS(F4,D4)*30+IF(G4>TIMEVALUE("18:30"),30,0))" 公式中，"DAYS(F4,D4)*30" 部分可以计算出差一整天得到的晚餐补贴 费用，"G4>TIMEVALUE("18:30")" 部分可以判断出差结束时间是否在 18:30 之后，其结果返回 TRUE 或 FALSE，然后使用 IF()函数返回结果

30 或 0，最后与出差一整天得到的晚餐补贴费用相加得到最终结果。

注意：本例的主要难点在于误餐补贴时间的转换与判断，尤其是在中餐补贴有多种可能的情况下，更需要准确分析出结论。

在 Excel 中，TIMEVALUE()函数的作用是把一个具体的时间转化为对应的数值，其具体的语法结构为：TIMEVALUE(time_text)。

从语法结构中可以看出，该函数只有一个 time_text 参数，用于指定要转化的时间数据，需要说明的是，该参数可以使用 12 小时制或 24 小时制的时间格式。例如，"2:15 PM" 和 "14:15" 均是有效的表达式。如果参数 time_text 是无效的时间信息，则函数返回错误值。

第 5 章

员工工资数据处理与分析

对企业的财务人员而言，处理和分析员工的工资数据是每个月都要进行的一项重要数据处理工作。在这个过程中，会涉及员工基本工资项目的计算，员工工资的查询、统计与发放等事项。如果在这个过程中使用公式与函数进行员工工资的计算与管理，将会起到事半功倍的效果。

5.1 工资基本项目计算

根据公司性质的不同，不同的公司，员工工资的基本组成项目也不同，而要计算总工资，就需要将所有的基本项目逐个计算出来，如年限工资、提成工资、应纳税所得额、个人所得税等。下面具体介绍如何使用函数进行基本工资项的计算。

NO.036
已知工作年限计算员工的年限工资【IF()】

资源：素材\第5章\根据工作年限计算年限工资.xlsx | 资源：效果\第5章\根据工作年限计算年限工资.xlsx

某公司规定：如果工作年限小于 2 年，则没有年限工资，如果工作年限大于等于 2 年，则用工作年限乘以 80 作为员工的年限工资，如图 5-1 所示为统计的员工的工作年限，现在要计算每位员工的年限工资。

员工编号	员工姓名	性别	部门	职务	学历	参工时间	工作年限	年限工资
XX001	孙力伟	男	厂办	厂长	硕士	2006/8/20	11	
XX002	王长贵	男	厂办	副厂长	本科	2007/6/15	10	
XX003	章静	女	厂办	副厂长	本科	2009/9/6	8	
XX004	艾丽坬	女	运输队	主管	本科	2013/6/18	4	
XX005	李建	男	库房	主管	本科	2008/1/5	10	
XX006	谢刚	男	库房	副主管	本科	2006/10/1	11	
XX007	陈云平	男	运输队	副主管	本科	2009/3/18	9	
XX008	马伊丽	女	财务部	出纳	本科	2006/11/8	11	
XX009	邓谦	男	财务部	会计	硕士	2014/4/30	3	
XX010	张朋	男	行政办	办公室主任	本科	2006/12/31	11	
XX011	夏雨	男	生产车间	员工	高中	2008/2/16	10	
XX012	杜鹏	女	生产车间	员工	中专	2013/3/22	5	
XX013	王利允	男	生产车间	员工	中专	2013/8/16	4	
XX014	孙曦	女	生产车间	员工	中专	2009/5/19	8	
XX015	展兆熙	男	生产车间	员工	中专	2013/10/9	4	
XX016	谢许先	男	销售部	员工	中专	2012/4/23	5	

图 5-1 员工工作年限统计

解决方法

在已知年限的情况下计算员工的年限工资，首先需要使用 IF()函数判断员工的工作年限是否小于等于 2。当员工的工作年限小于等于 2 的时候，则年限工资为 0；如果工作年限大于 2，则大于的部分乘以 80 即可计算出员工对应的年限工资，其具体操作如下。

STEP01 打开素材文件，选择I2:I21单元格区域，在编辑栏中输入如下公式。

=IF(H2<=2,0,(H2-2)*80)

STEP02 按【Ctrl+Enter】组合键即可计算出所有员工的年限工资，如图5-2所示。

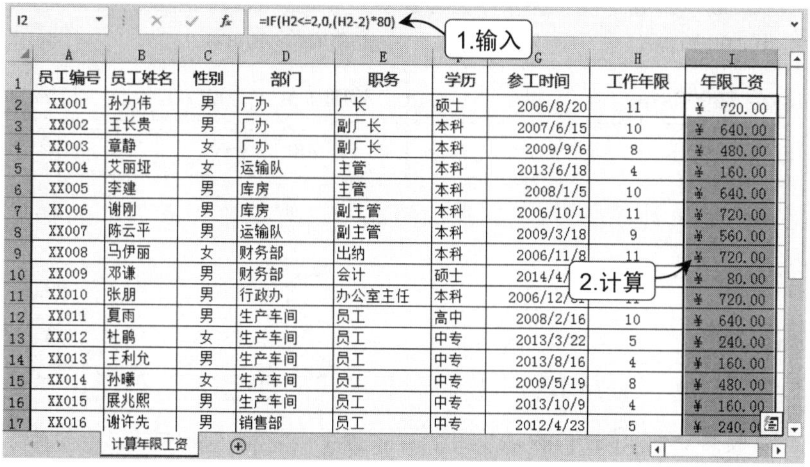

图 5-2　计算所有员工的年限工资

公式解析

在本例的"=IF(H2<=2,0,(H2-2)*80)"公式中，首先使用 IF()函数判断员工的工作年限是否小于等于2，当员工的工作年限小于等于2时，执行 IF()函数中第二个参数，即函数结果返回0；如果工作年限不小于等于2，则执行 IF()函数中第三个参数中的表达式，即用员工的工作年限减去2后再与80进行乘法运算，最终通过 IF()函数将该运算结果返回。

NO.037
等额多梯度提成方式的提成工资计算【CHOOSE()/INT()/IF()】

资源：素材\第5章\提成工资计算表.xlsx　|　资源：效果\第5章\提成工资计算表.xlsx

某公司为了鼓励销售员，提高销售员的积极性和业务水平，采用了每5000元设置一个更高的提成比例的方式来计算提成工资，具体的提成梯度如表5-1所示。

表 5-1　提成梯度

业绩范围（元）	提成比例	业绩范围（元）	提成比例
小于 5000	0	20000 至 25000	8%
5000 至 10000	2%	25000 至 30000	10%
10000 至 15000	3%	30000 至 35000	15%
15000 至 20000	5%	35000 以上	20%

现在已经统计了各员工 4 月份的业绩，需要根据表 5-1 的梯度，计算每位员工的提成工资。

解决方法

本例可以考虑采用 IF() 函数的嵌套形式来进行计算，但是由于业绩划分的区域较多，使得 IF() 函数的嵌套层数较多，输入和计算较为麻烦。因此最好使用 CHOOSE() 函数来根据员工当月业绩中包含几个完整的 5000 来选择提成比例，从而计算出员工的提成工资，其具体操作如下。

STEP01 打开素材文件，选择D3:D22单元格区域，在编辑栏中输入如下公式。

=IF(INT(C3/5000)<7,CHOOSE(INT(C3/5000)+
1,0,0.02,0.03,0.05,0.08,0.1,0.15),0.2)*C3

STEP02 按【Ctrl+Enter】组合键即可按不同的梯度计算每个员工的提成工资，如图5-3所示。

图 5-3　按等额多梯度方式计算所有员工的提成工资

公式解析

在本例的"=IF(INT(C3/5000)<7,CHOOSE(INT(C3/5000)+1,0,0.02,0.03,0.05,0.08,0.1,0.15),0.2)*C3"公式中，先使用 INT()函数计算出员工业绩中包含几个完整的 5000，然后判断包含的个数是否小于 7，是则通过 CHOOSE()函数根据包含的 5000 的个数挑选对应的提成比例，否则（包含的 5000 个数多于 7 个，为提成在 35000 元以上）提成比例设置为 0.2。最后使用当月业绩乘以提成比例，即可得到员工的提成工资。

知识看板

①在 Excel 中，CHOOSE()函数用于从给定的一组数据中选择某个位置上的值，其语法结构为：CHOOSE(index_num,value1,[value2],...)。从函数语法格式中可以看出，该函数包含两个必选参数和多个可选参数，各参数意义如下。

◆ value：该参数用于指定需要转换为文本数据的数值数据，它可以是具体的数值数据，也可以是对包含数值的单元格的引用或者计算结果为数字值的公式引用。

◆ index_num：必选参数。指定所要选取的内容在参数列表中的位置，必须为 1~254 之间的实数，对包含 1~254 之间某个数字的单元格的引用。

◆ value1：必选参数。表示 CHOOSE()函数要选取的内容所在的集合，可以为数字、单元格引用、已定义名称、公式、函数或文本。

◆ [value2],...：可选参数。与 value1 相同，表示 2~254 数据集合。

②index_num 参数的取值可以是 1~254 之间的实数，如果 index_num 的值为小数，则 Excel 会自动对其截尾取整然后再用于计算，如果 index_num 小于 1 或大于列表中最后一个值的索引序号，则函数将返回"#VALUE!"错误。

③本例也可以将 IF()函数嵌套到 CHOOSE()函数中来进行计算，其使用的公式如下，最终效果如图 5-4 所示。

=CHOOSE(IF(C3/5000<8,C3/5000+1,8),0,0.02,0.03,
0.05,0.08,0.1,0.15,0.2)*C3

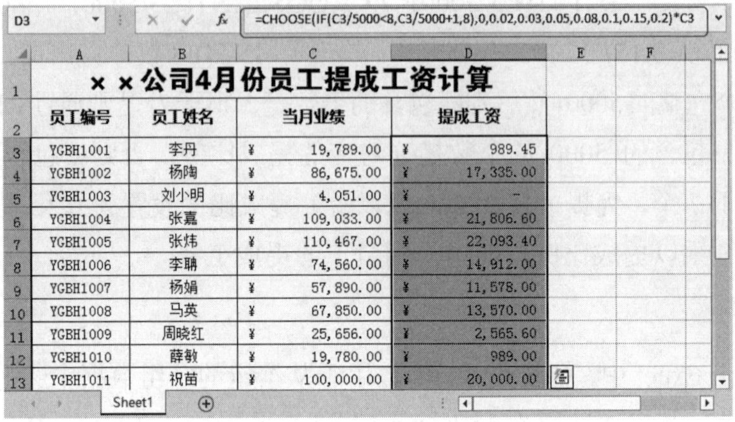

D3 =CHOOSE(IF(C3/5000<8,C3/5000+1,8),0,0.02,0.03,0.05,0.08,0.1,0.15,0.2)*C3

××公司4月份员工提成工资计算			
员工编号	员工姓名	当月业绩	提成工资
YGBH1001	李丹	¥ 19,789.00	¥ 989.45
YGBH1002	杨陶	¥ 86,675.00	¥ 17,335.00
YGBH1003	刘小明	¥ 4,051.00	¥ -
YGBH1004	张嘉	¥ 109,033.00	¥ 21,806.60
YGBH1005	张炜	¥ 110,467.00	¥ 22,093.40
YGBH1006	李聃	¥ 74,560.00	¥ 14,912.00
YGBH1007	杨娟	¥ 57,890.00	¥ 11,578.00
YGBH1008	马英	¥ 67,850.00	¥ 13,570.00
YGBH1009	周晓红	¥ 25,656.00	¥ 2,565.60
YGBH1010	薛敏	¥ 19,780.00	¥ 989.00
YGBH1011	祝苗	¥ 100,000.00	¥ 20,000.00

图 5-4 改变公式的嵌套形式计算提成工资

NO.038 将员工的提成工资保留到"角"位【ROUND()】

资源：素材\第 5 章\提成工资计算表 1.xlsx | **资源**：效果\第 5 章\提成工资计算表 1.xlsx

员工提成工资计算出来可能包含多位小数，这为工资的发放带来了一定的不便。现在该公司要求对计算出的员工提成工资进行一定的处理，使得员工的提成工资最多包含"角"位。

解决方法

本例中要求对提成工资的处理，实际上是一种数值取舍处理。在 Excel 中提供了多个数值函数来进行数值的处理。在本例中，最为适合的取舍方式是将员工的提成工资四舍五入到小数点之后的第一位，这需要使用 ROUND()函数，其具体操作如下。

STEP01 打开素材文件，选择E3:E22单元格区域，在编辑栏中输入如下公式。

=ROUND(D3,1)

STEP02 按【Ctrl+Enter】组合键即可将所有员工的提成工资保留到"角"，得到具体的实发工资，如图5-5所示。

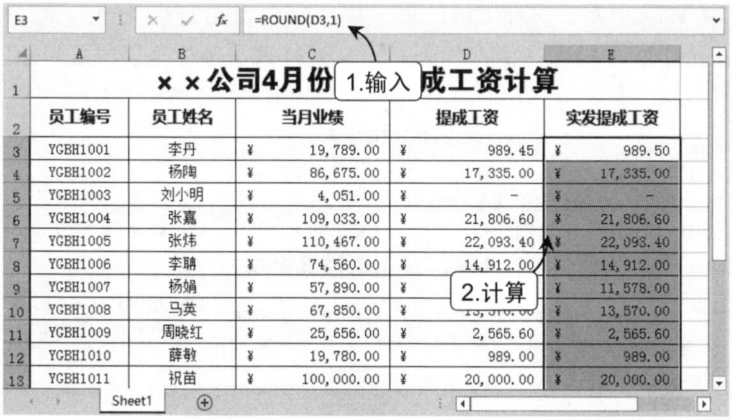

图 5-5　将提成工资保留到"角"作为实发工资

公式解析

在本例的"=ROUND(D3,1)"公式中，使用 ROUND()函数对员工的提成工资进行四舍五入处理，舍入到的位数为小数点之后的第一位。

NO.039
计算员工加班所用时间【HOUR()/MINUTE()】

资源：素材\第5章\加班记录统计表.xlsx　|　资源：效果\第5章\加班记录统计表.xlsx

某公司的加班记录表中记录了 4 月 11 日所有员工的加班原因、开始时间和结束时间等数据。为了方便计算员工的加班工资，现在需要先计算出员工加班的整小时数、分钟数和折合的小时数等。

解决方法

在 Excel 中，计算两个日期或者时间之间的间隔可以通过直接对两个日期或者时间做减法来得到。但是，直接做减法得到的数据默认是以日期或者时间的格式显示的。

如果想要获得两个时间之差中包含的小时数和分钟数，则可以分别使用 HOUR()函数和 MINUTE()函数做减法，从得到的结果中分别提取对应的小时差和分钟差，其具体操作如下。

STEP01 打开素材文件，选择G2:G15单元格区域，在编辑栏中输入如下公式。按【Ctrl+Enter】组合键确认输入的公式，从而计算出每位员工的加班小时数，如图5-6所示。

$$=HOUR(F3-E3)$$

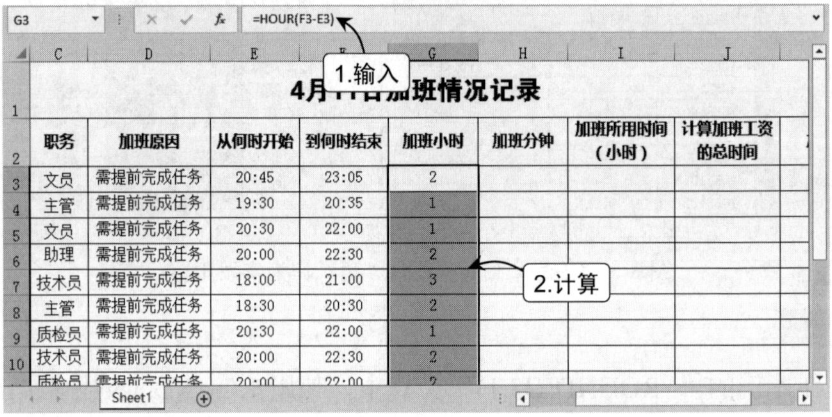

图 5-6 计算员工的加班小时数

STEP02 选择H2:H15单元格区域，在编辑栏中输入如下公式。按【Ctrl+Enter】组合键确认输入的公式，从而计算出每位员工的加班分钟数，如图5-7所示。

$$=MINUTE(F3-E3)$$

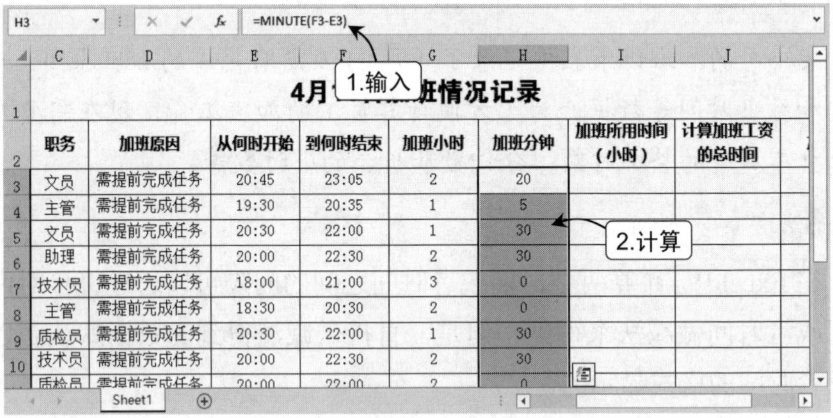

图 5-7 计算员工的加班分钟数

STEP03 选择I2:I15单元格区域，在编辑栏中输入如下公式。按【Ctrl+Enter】组合键确认输入的公式，从而计算出每位员工加班所用的时间，如图5-8所示。

$$=G3+H3/60$$

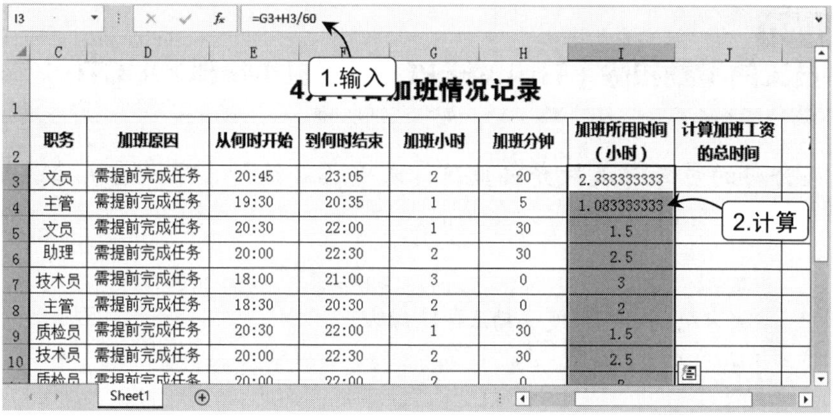

图 5-8　计算加班所用的时间

公式解析

在本例的"=HOUR(F3-E3)"和"=MINUTE(F3-E3)"公式中，"F3-E3"主要用于计算从加班开始时间到结束时间这两个时间之间的间隔，即20:45:00-23:05:00=2:20。在这个结果中，冒号前面的是间隔的小时数据，冒号后面是不足一小时的分钟间隔数，然后分别使用 HOUR()函数和MINUTE()函数从"2:20"结果中获取员工加班时间中的小时和分钟数据。

对于"=G3+H3/60"公式，其中的"H3/60"部分用于将分钟转化为小时，最后与 G3 单元格中保存的小时数据相加得到所有的小时数据。

知识看板

①HOUR()函数和 MINUTE()函数主要是对时间数据中的小时和分钟进行处理，其具体的语法结构分别为：HOUR(serial_number)，MINUTE(serial_number)，二者的语法结构相似，都只有一个 serial_number 参数，在各函数中，该参数分别用于指定从中获取小时和分钟的数据，它既可以是具体的时间数据，也可以是包含时间数据的单元格引用。

②在 HOUR()函数中，serial_number 参数返回值的取值范围为 0~23 的整数；在MINUTE()函数中，serial_number 参数返回值的取值范围为 0~59 的整数。

NO.040

计算员工的考勤扣除【TRANSEPOSE()/SUMPRODUCT()】

资源：素材\第 5 章\考勤扣除.xlsx | **资源**：效果\第 5 章\考勤扣除.xlsx

某公司的员工月度缺勤次数统计表中已经统计出了所有员工的缺勤次数，如图 5-9 所示。

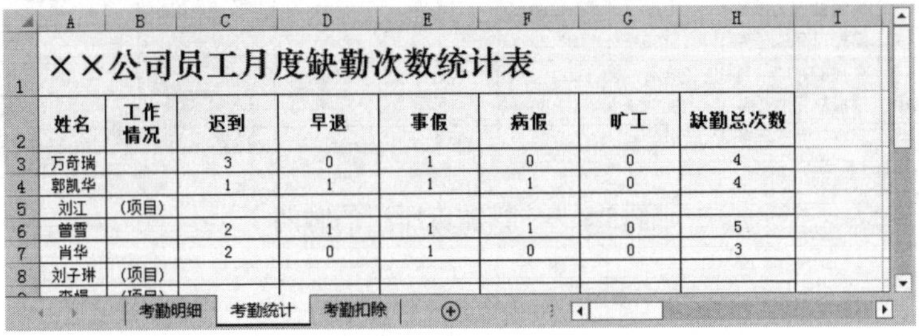

××公司员工月度缺勤次数统计表

姓名	工作情况	迟到	早退	事假	病假	旷工	缺勤总次数
万奇瑞		3	0	1	0	0	4
郭凯华		1	1	1	1	0	4
刘江	(项目)						
曾雪		2	1	1	1	0	5
肖华		2	0	1	0	0	3
刘子琳	(项目)						

图 5-9 某公司的员工月度缺勤次数统计表

同时，该公司也将考勤扣除的相关标准整理在一个表格中，如图 5-10 所示。其中，考勤扣除表中的员工排列顺序与员工月度缺勤次数统计表中的顺序完全相同。

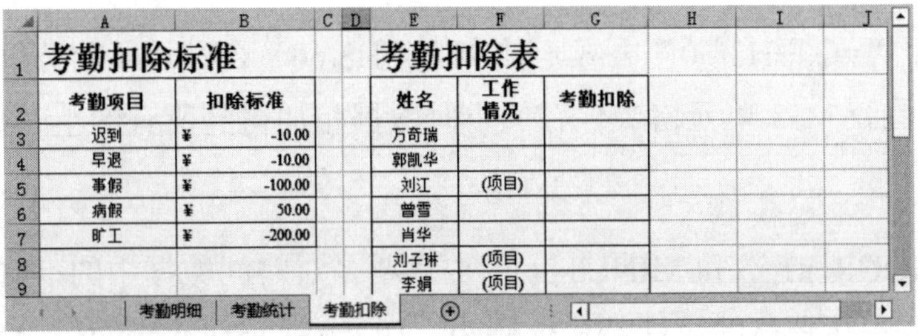

考勤扣除标准

考勤项目	扣除标准
迟到	¥ -10.00
早退	¥ -10.00
事假	¥ -100.00
病假	¥ 50.00
旷工	¥ -200.00

考勤扣除表

姓名	工作情况	考勤扣除
万奇瑞		
郭凯华		
刘江	(项目)	
曾雪		
肖华		
刘子琳	(项目)	
李娟	(项目)	

图 5-10 某公司的考勤扣除标准表和考勤扣除表

现在要求根据考勤扣除标准中规定的扣除标准，来计算当月每位员工的考勤扣除工资。

解决方法

比较该公司的员工月度缺勤次数统计表和考勤扣除标准表中的数据，可以发现两个表中的考勤项目排列顺序完全相同，只是一个是行方向，一个是列方向而已。这时可以使用 TRANSPOSE()函数将考勤标准表中的扣除标准转置，然后使用 SUMPRODUCT()函数将缺勤次数和扣除标准相乘再相加就可以得到员工的考勤扣除，其具体操作如下。

STEP01 打开素材文件，选择G3单元格，在编辑栏中输入如下公式。

=SUMPRODUCT(考勤统计!C3:G3,
TRANSPOSE(考勤扣除!$B$3:$B$7))

STEP02 按【Ctrl+Shift+Enter】组合键计算第一个员工的考勤扣除，双击该单元格的填充柄向下填充公式计算出其他员工的考勤扣除工资，最终结果如图5-11所示。

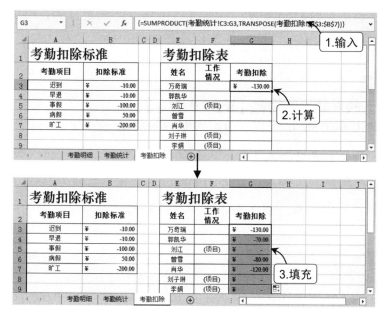

图 5-11 计算考勤扣除工资

公式解析

在本例的 "=SUMPRODUCT(考勤统计!C3:G3,TRANSPOSE(考勤扣除!$B$3:$B$7))" 公式中，先使用 TRANSPOSE()函数将考勤扣除标准中的数据排列方式转置，使其与考勤统计表中的数据排列方式相同，然后使用 SUMPRODUCT()计算考勤扣除。

知识看板

所谓转置，就是将单元格区域的行列位置互换，在 Excel 中，这种单元格区域的转置操作可以使用 TRANSPOSE() 函数来完成，也可以粘贴选项中的"转置"选项来完成。

在本例中，为了不打乱表格的结构，因此使用 TRANSPOSE() 函数来完成转置操作。其语法结构为：TRANSPOSE(array)。该函数只有一个 array 参数，用于指定需要进行转置的数组或工作表中的单元格区域。

由于该函数是对一组数组数据进行操作，因此要得到正确的计算结果，必须使用【Ctrl+Shift+Enter】组合键来结束输入的公式。

NO.041
计算员工的应纳税所得额【IF()/SUM()】

资源：素材\第 5 章\计算应纳税所得额.xlsx　　｜　　资源：效果\第 5 章\计算应纳税所得额.xlsx

个人所得税是对个人（自然人）取得的各项所得征收的一种所得税。个人所得税的纳税义务人，目前，中国内地个税免征额为 5000 元。在现在已经知道某企业员工的基本工资项目，需要计算该企业员工的应纳税所得额。

解决方法

员工的应纳税所得额是指员工的工资中大于 5000 元的部分。可以直接将员工的工资项目求和之后减去 5000 得到，但是可能存在部分员工的工资小于 5000 元，这就需要使用 IF() 函数将其应纳税所得额设置为 0，因此本例就是一个简单的条件判断问题，解决本问题的具体操作如下。

STEP01 打开素材文件，选择F3:F18单元格区域，在编辑栏中输入如下公式。

=IF(SUM(B3:D3)-E3>5000,SUM(B3:D3)-E3-5000,0)

STEP02 按【Ctrl+Enter】组合键确认输入的公式并计算所有员工的应纳税所得额数据，最终结果如图5-12所示。

图 5-12 计算员工的应纳税所得额

公式解析

在本例的"=IF(SUM(B3:D3)-E3>5000,SUM(B3:D3)-E3-5000,0)"公式中,"SUM(B3:D3)-E3"公式部分用于计算员工的应发工资总额,即应发工资总额=基本工资+提成+奖金-社保扣除,然后使用 IF()函数判断员工的工资是否大于 5000 元。

如果条件判断成立,则执行"SUM(B3:D3)-E3-5000"部分,即应发工资总额减去 5000,得到应纳税所得额,否则以 0 作为应纳税所得额。

NO.042
计算员工应缴纳的个人所得税【VLOOKUP()】

资源:素材\第 5 章\计算个人所得税.xlsx | 资源:效果\第 5 章\计算个人所得税.xlsx

如表 5-2 所示为我国计算个人所得税时采用的"个人所得税适用税率与速算扣除数",现在要求根据该表中的数据计算员工应缴纳的个人所得税。

表5-2 个人所得税适用税率与速算扣除数

级数	全月应纳税所得额(含税级距)	税率(%)	速算扣除数
1	不超过 3000 元	3%	0
2	超过 3000 元至 12000 元的部分	10%	210

续上表

级数	全月应纳税所得额（含税级距）	税率(%)	速算扣除数
3	超过 12000 元至 25000 元的部分	20%	1410
4	超过 25000 元至 35000 元的部分	25%	2660
5	超过 35000 元至 55000 元的部分	30%	4410
6	超过 55000 元至 80000 元的部分	35%	7160
7	超过 80000 元的部分	45%	15160

解决方法

在 Excel 中计算个人所得税的常规方法有两种，一种是使用 IF()函数的多层嵌套来判断应纳税所得额的范围，然后使用相应的使用税率和速算扣除数计算个人所得税。

另一种是使用 VLOOKUP()函数从税率表中根据员工的应纳税所得额引用相应的适用税率和速算扣除数计算个人所得税。本例采用后一种方法计算个人所得税。其具体操作如下。

STEP01 打开素材文件，选择C3:C11单元格区域，在编辑栏中输入如下公式。按【Ctrl+Enter】组合键计算员工的适用税率，如图5-13所示。

=VLOOKUP(B3,$A$16:$D$22,3,TRUE)

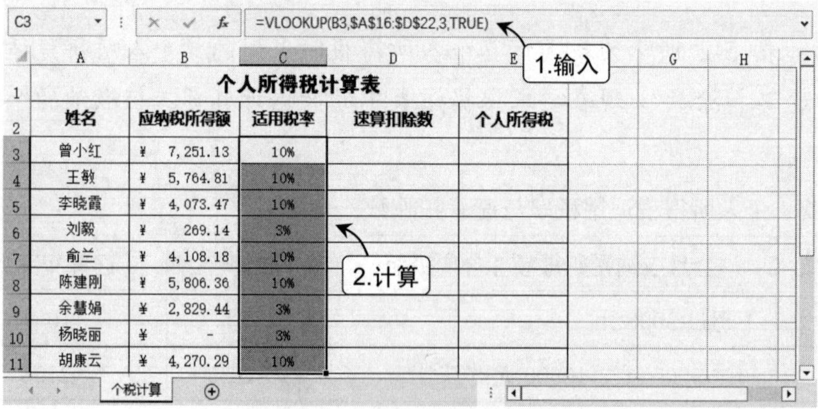

图 5-13　计算员工的适用税率

STEP02 选择D3:D11单元格区域，在编辑栏中输入如下公式。按【Ctrl+Enter】组合键计算员工的速算扣除数，如图5-14所示。

=VLOOKUP(B3,$A$16:$D$22,4,TRUE)

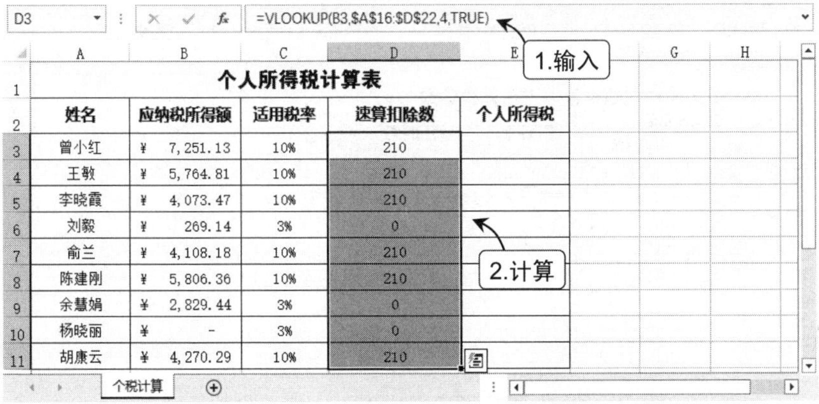

个人所得税计算表				
姓名	应纳税所得额	适用税率	速算扣除数	个人所得税
曾小红	¥ 7,251.13	10%	210	
王敏	¥ 5,764.81	10%	210	
李晓霞	¥ 4,073.47	10%	210	
刘毅	¥ 269.14	3%	0	
俞兰	¥ 4,108.18	10%	210	
陈建刚	¥ 5,806.36	10%	210	
余慧娟	¥ 2,829.44	3%	0	
杨晓丽	¥ -	3%	0	
胡康云	¥ 4,270.29	10%	210	

图 5-14 计算员工的速算扣除数

STEP03 选择E3:E11单元格区域，在编辑栏中输入如下公式。按【Ctrl+Enter】组合键计算员工的个人所得税，如图5-15所示。

=B3*C3-D3

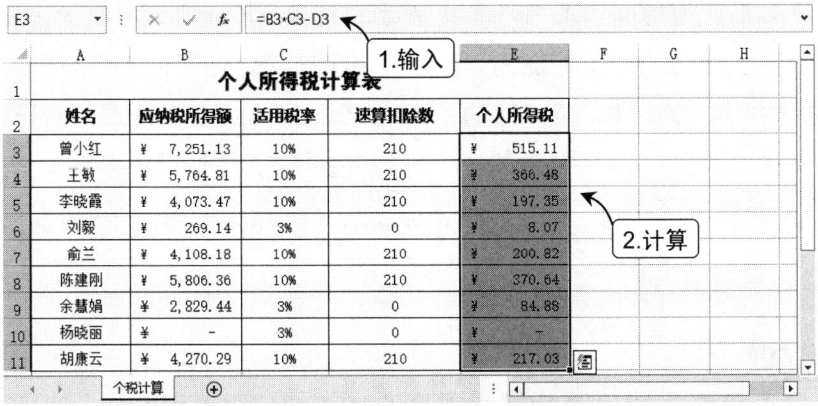

个人所得税计算表				
姓名	应纳税所得额	适用税率	速算扣除数	个人所得税
曾小红	¥ 7,251.13	10%	210	¥ 515.11
王敏	¥ 5,764.81	10%	210	¥ 366.48
李晓霞	¥ 4,073.47	10%	210	¥ 197.35
刘毅	¥ 269.14	3%	0	¥ 8.07
俞兰	¥ 4,108.18	10%	210	¥ 200.82
陈建刚	¥ 5,806.36	10%	210	¥ 370.64
余慧娟	¥ 2,829.44	3%	0	¥ 84.88
杨晓丽	¥ -	3%	0	¥ -
胡康云	¥ 4,270.29	10%	210	¥ 217.03

图 5-15 计算员工的个人所得税

公式解析

在本例的“=VLOOKUP(B3,$A$16:$D$22,3,TRUE)”和“=VLOOKUP(B3,$A$16:$D$22,4,TRUE)”公式中，“$A$16:$D$22”单元格区域用于指

定个人所得税适用税率与速算扣除数的辅助表，如图 5-16 所示，然后使用 VLOOKUP()函数采用近似匹配的方式从税率表中依次引用适用税率和速算扣除数，然后计算个人所得税。

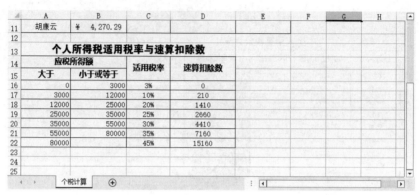

图 5-16 个人所得税适用税率与速算扣除数辅助表

5.2 员工工资查询与分析

员工工资是每位员工当月工作情况的直接反映，通过分析员工工资，不仅可以了解员工的工作能力、工作态度等问题，而且还可以在一定程度上反映公司的管理、生产等情况，这就为公司制定相关改善对策提供数据基础。因此对员工的工资分析是非常重要的一项活动。

在本节中，将具体介绍如何通过函数来完成工资的查询、统计分析操作。

NO.043
根据员工姓名查找员工的提成工资【VLOOKUP()/IF()】

资源：素材\第5章\员工提成工资计算表.xlsx | 资源：效果\第5章\员工提成工资计算表.xlsx

某公司工作人员制作了 12 月份所有员工的提成工资表，如图 5-17 所示。现在要求制作一个根据员工姓名快速查找员工对应提成的查询表格（为了方便输入员工的姓名，且规避输入不存在的错误员工姓名，本例已经在查询表格中通过数据验证功能，将需要查询的员工姓名设置来源于姓名列的数据，工作人员要查询员工提成工资时，只需在下拉列表框中选择对应的员工姓名即可）。

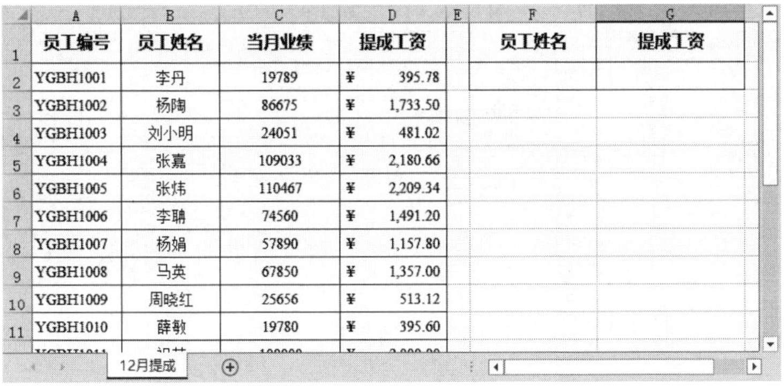

员工编号	员工姓名	当月业绩	提成工资		员工姓名	提成工资
YGBH1001	李丹	19789	¥ 395.78			
YGBH1002	杨陶	86675	¥ 1,733.50			
YGBH1003	刘小明	24051	¥ 481.02			
YGBH1004	张嘉	109033	¥ 2,180.66			
YGBH1005	张炜	110467	¥ 2,209.34			
YGBH1006	李聃	74560	¥ 1,491.20			
YGBH1007	杨娟	57890	¥ 1,157.80			
YGBH1008	马英	67850	¥ 1,357.00			
YGBH1009	周晓红	25656	¥ 513.12			
YGBH1010	薛敏	19780	¥ 395.60			

图 5-17　员工 12 月份的提成工资数据

解决方法

在本例中，需要根据员工姓名查询提成工资，是一个简单的纵向查找数据的问题，直接使用 VLOOKUP()函数即可完成。虽然员工姓名数据已经被约束到 B 列的姓名数据，但是当未输入查询姓名时，公式就会查询不到数据而显示错误数据，因此在本例中还需要对未输入查询姓名的情况做处理，其具体操作如下。

STEP01 打开素材文件，选择G2单元格，在编辑栏中输入如下公式。按【Ctrl+Enter】组合键确认输入的公式，此时由于还未输入查询的员工姓名，因此G2单元格中显示“请输入待查姓名”文本，如图5-18所示。

=IF(F2="","请输入待查姓名",VLOOKUP(F2,B1:D21,3,FALSE))

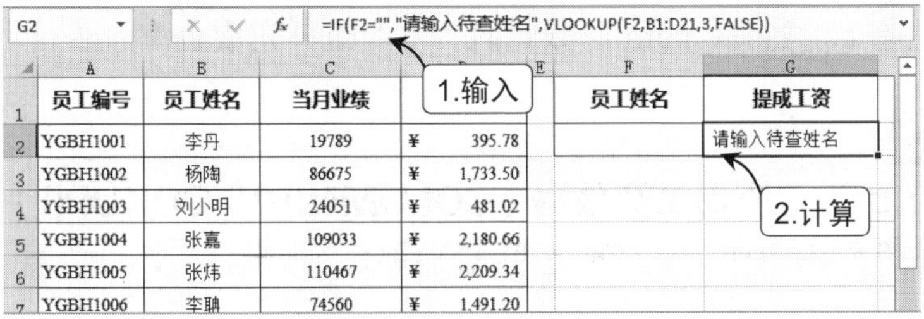

员工编号	员工姓名	当月业绩			员工姓名	提成工资
YGBH1001	李丹	19789	¥ 395.78			请输入待查姓名
YGBH1002	杨陶	86675	¥ 1,733.50			
YGBH1003	刘小明	24051	¥ 481.02			
YGBH1004	张嘉	109033	¥ 2,180.66			
YGBH1005	张炜	110467	¥ 2,209.34			
YGBH1006	李聃	74560	¥ 1,491.20			

图 5-18　输入根据姓名查询提成工资的公式

STEP02 选择F2单元格，单击该单元格右侧的下拉按钮，在弹出的下拉列表中列举了当前表格中所有员工的姓名数据，选择需要查询提成工资的员工姓名，程序自动执行公式，并查询其对应的提成工资，显示在G2单元格中，如图5-19所示。

图 5-19　选择需要查询的员工并查询对应的提成工资

公式解析

在本例的 " =IF(F2="","请输入待查姓名",VLOOKUP(F2,B1:D21,3,FALSE))" 公式中，首先判断 F2 单元格是否为空白，如果为空白，则 IF()函数的条件判断成立，执行公式的 ""请输入待查姓名"" 部分，在 G2 单元格中输出提示文本。

如果在 F2 单元格中输入了员工姓名，则 "F2=""" 条件判断不成立，则 IF()函数执行公式的 "VLOOKUP(F2,B1:D21,3,FALSE)" 部分，由于 VLOOKUP()函数只能在查询区域的第一列进行查询，因此这里将查询区域设置为 B1:D21 单元格区域，在这个单元格区域中，姓名数据即位于区域的第一列，而要返回的提成工资在 B1:D21 单元格区域中位于相对第三列，因此将 col_index_num 参数设置为 3，即可完成查询。

NO.044
根据员工的姓名查询工资数据【COLUMN()/VLOOKUP()】

资源：素材\第 5 章\员工工资表.xlsx　|　资源：效果\第 5 章\员工工资表.xlsx

某公司财务人员已经计算了 12 月份所有员工的工资明细数据，如图

5-20 所示，并且已经制作了一个工资查询表格的结构，现在要利用公式实现根据员工的姓名查询员工工资的明细数据的功能。

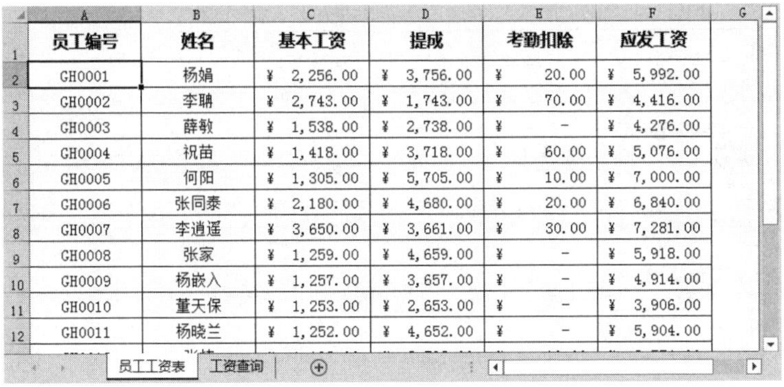

员工编号	姓名	基本工资	提成	考勤扣除	应发工资
GH0001	杨娟	¥ 2,256.00	¥ 3,756.00	¥ 20.00	¥ 5,992.00
GH0002	李聃	¥ 2,743.00	¥ 1,743.00	¥ 70.00	¥ 4,416.00
GH0003	薛敏	¥ 1,538.00	¥ 2,738.00	¥ -	¥ 4,276.00
GH0004	祝苗	¥ 1,418.00	¥ 3,718.00	¥ 60.00	¥ 5,076.00
GH0005	何阳	¥ 1,305.00	¥ 5,705.00	¥ 10.00	¥ 7,000.00
GH0006	张同泰	¥ 2,180.00	¥ 4,680.00	¥ 20.00	¥ 6,840.00
GH0007	李逍遥	¥ 3,650.00	¥ 3,661.00	¥ 30.00	¥ 7,281.00
GH0008	张家	¥ 1,259.00	¥ 4,659.00	¥ -	¥ 5,918.00
GH0009	杨嵌入	¥ 1,257.00	¥ 3,657.00	¥ -	¥ 4,914.00
GH0010	董天保	¥ 1,253.00	¥ 2,653.00	¥ -	¥ 3,906.00
GH0011	杨晓兰	¥ 1,252.00	¥ 4,652.00	¥ -	¥ 5,904.00

图 5-20　员工 12 月份工资明细数据

解决方法

在本例中，也是一个关于纵向查询数据的问题，在查询时，可以使用 VLOOKUP()函数来返回查询姓名所在行其他列的数据，至于具体返回哪一行的数据，可以使用 COLUMN()函数来设置。其具体操作如下。

STEP01 打开素材文件，在“工资查询”工作表中选择B2:E2单元格区域，在编辑栏中输入如下公式。按【Ctrl+Enter】组合键确认输入的公式，由于A2单元格中未输入对应的文本，而B2:E2单元格区域中未对查询无果的情况做处理，因此确认输入公式后，查询结果单元格显示#N/A错误值，如图5-21所示。

=VLOOKUP($A$2,员工工资表!$B$2:$F$19,COLUMN(B1),FALSE)

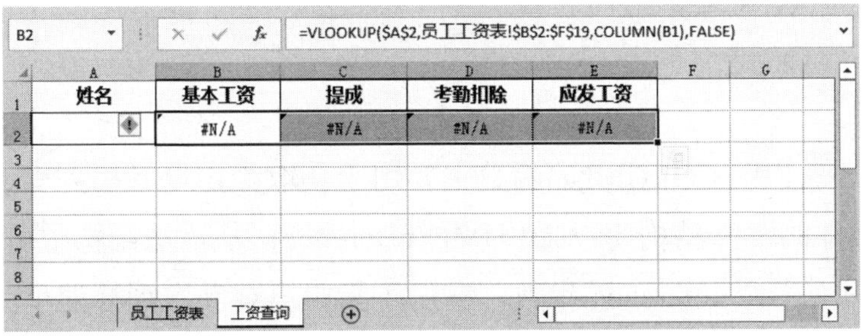

图 5-21　输入根据姓名查询提成工资的公式

STEP02 选择A2单元格，单击该单元格右侧的下拉按钮，在弹出的下拉列表中选择需要查询工资数据的员工姓名，程序自动执行公式，并查询其对应的各项工资数据，如图5-22所示。

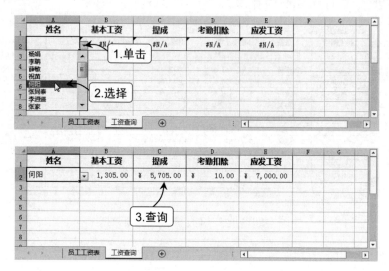

图 5-22　获取查询员工的所有工资项目

公式解析

在本例的"=VLOOKUP($A$2,员工工资表!$B$2:$F$19,COLUMN(B1),FALSE)"公式中，使用 VLOOKUP()函数对员工工资表中 B 列的数据进行精确查找，并返回 COLUMN()函数指定的列的数据。

需要注意的是，在本例中，由于员工工资表中的数据没有按照员工姓名进行升序排序，所以此处必须进行精确查找才能够得到正确的查询结果。

知识看板

在 Excel 中，COLUMN()函数主要用于获取指定单元格列标的索引编号，其具体的语法结构为：COLUMN(reference)，从语法结构中可以看出，该函数只有一个 reference 参数，它用于指定需要获取列标的单元格，该参数值也可以是指定的单元格区域，当该参数值为某一个单元格区域时，函数返回该单元格区域中第一个单元格列标的索引编号。

NO.045
计算各部门发放的工资的总额【SUMIF()】

资源：素材\第5章\12月工资统计表.xlsx | 资源：效果\第5章\12月工资统计表.xlsx

某工作人员将 12 月份所有部门当月的工资进行了计算，如图 5-23 所示。现在需要计算出本月各个部门发放的工资总额。

姓名	部门	基本工资	提成	奖金	养老保险扣除	医疗保险扣除	失业保险扣除	应发工资
				××企业12月员工工明细表				
曾小红	销售部	¥ 5,000.00	¥ 2,000.18	¥ 1,000.00	¥ 175.44	¥ 61.34	¥ 12.27	¥ 7,751.13
陈建刚	设计部	¥ 4,000.00	¥ 1,555.41	¥ 2,000.00	¥ 175.44	¥ 61.34	¥ 12.27	¥ 7,306.36
邓艺娟	客服部	¥ 4,000.00	¥ 1,558.68	¥ 2,000.00	¥ 175.44	¥ 61.34	¥ 12.27	¥ 7,309.63
范奇	设计部	¥ 3,000.00	¥ 1,820.15	¥ 1,000.00	¥ 175.44	¥ 61.34	¥ 12.27	¥ 5,571.10
郭明明	销售部	¥ 4,000.00	¥ 2,108.37	¥ 1,000.00	¥ 175.44	¥ 61.34	¥ 12.27	¥ 6,859.32
胡康云	客服部	¥ 5,000.00	¥ 2,019.34	¥ 1,000.00	¥ 175.44	¥ 61.34	¥ 12.27	¥ 7,770.29
李晓霞	设计部	¥ 4,000.00	¥ 1,822.52	¥ 2,000.00	¥ 175.44	¥ 61.34	¥ 12.27	¥ 7,573.47
刘毅	销售部	¥ 3,000.00	¥ 2,018.19	¥ 1,000.00	¥ 175.44	¥ 61.34	¥ 12.27	¥ 5,769.14
柳凯	客服部	¥ 4,000.00	¥ 1,818.28	¥ 2,000.00	¥ 175.44	¥ 61.34	¥ 12.27	¥ 7,569.23
王敏	设计部	¥ 4,000.00	¥ 1,513.86	¥ 1,000.00	¥ 175.44	¥ 61.34	¥ 12.27	¥ 7,264.81
徐佳	设计部	¥ 3,000.00	¥ 1,598.08	¥ 1,000.00	¥ 175.44	¥ 61.34	¥ 12.27	¥ 5,349.03

图 5-23　12 月份所有员工工资明细表

解决方法

在本例中，要计算各部门的员工的工资总额，实际上就是将相同部门的员工的各项工资累加起来即可得到结果，要实现这个功能，可以使用 SUMIF()函数来进行计算，其具体操作如下。

STEP01 打开素材文件，选择C21单元格，在编辑栏中输入如下公式。按【Ctrl+Enter】组合键计算销售部基本工资项目的总和，如图5-24所示。

=SUMIF($B$3:$B$18,$B21,C$3:C$18)

C21 fx =SUMIF($B$3:$B$18,$B21,C$3:C$18) ← 1.输入

	A	B	C	D	E	F	G	H	I
14	杨晓丽	销售部	¥ 3,000.00	¥ 2,128.27	¥ 1,000.00	¥ 175.44	¥ 61.34	12.27	¥ 5,879.22
15	余慧娟	客服部	¥ 4,000.00	¥ 1,578.49	¥ 1,000.00	¥ 175.44	¥ 61.34	12.27	¥ 6,329.44
16	俞兰	客服部	¥ 5,000.00	¥ 1,857.23	¥ 1,000.00	¥ 175.44	¥ 61.34	12.27	¥ 7,608.18
17	张君	客服部	¥ 4,000.00	¥ 2,153.92	¥ 1,000.00	¥ 175.44	¥ 61.34	12.27	¥ 6,904.87
18	赵臻	销售部	¥ 5,000.00	¥ 2,073.46	¥ 1,000.00	¥ 175.44	¥ 61.34	12.27	¥ 8,824.41
19				各部门工资总计					
20		部门	基本工资	提成	奖金	养老保险扣除	医疗保险扣除	失业保险扣除	应发工资
21		销售部	¥ 20,000.00	2.计算					
22		设计部							
23		客服部							

图 5-24　汇总销售部的基本工资总额

STEP02 选择C21单元格，水平向右拖动控制柄至I21单元格将公式填充到D21:I21单元格区域，计算销售部其他部门和其他项目的工资总额，如图5-25所示。

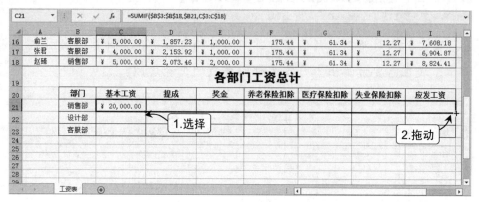

图 5-25 汇总各部门其他项目的总额

STEP03 保持C21:I21单元格区域的选择状态，选择该单元格区域的控制柄，垂直向下拖动控制柄至I23单元格将公式填充到C22:I23单元格区域，计算设计部和客服部各工资项的总额，如图5-26所示。

	A	B	C	D	E	F	G	H	I
16	俞兰	客服部	¥ 5,000.00	¥ 1,857.23	¥ 1,000.00	¥ 175.44	¥ 61.34	¥ 12.27	¥ 7,608.18
17	张君	客服部	¥ 4,000.00	¥ 2,153.92	¥ 1,000.00	¥ 175.44	¥ 61.34	¥ 12.27	¥ 6,904.87
18	赵臻	销售部	¥ 5,000.00	¥ 2,073.46	¥ 2,000.00	¥ 175.44	¥ 61.34	¥ 12.27	¥ 8,824.41
19					**各部门工资总计**				
20		部门	基本工资	提成	奖金	养老保险扣除	医疗保险扣除	失业保险扣除	应发工资
21		销售部	¥ 20,000.00	¥ 10,328.47	¥ 6,000.00	¥ 877.20	¥ 306.70	¥ 61.35	¥ 35,083.22
22		设计部	¥ 19,000.00	¥ 8,310.02	¥ 7,000.00	¥ 877.20	¥ 306.70	¥ 61.35	¥ 33,064.77
23		客服部	¥ 26,000.00	¥ 10,985.94	¥ 8,000.00	¥ 1,052.64	¥ 368.04	¥ 73.62	¥ 43,491.64

拖动

图 5-26 汇总各部门其他项目的总额

公式解析

在"=SUMIF(\$B\$3:\$B\$18,\$B21,C\$3:C\$18)"公式中，"\$B\$3:\$B\$18"部分用于设置查找区域，"\$B21"部分用于设置要查找的条件，"C\$3:C\$18"部分用于指定符合条件要进行求和的区域。

这里需要特别注意的是单元格的引用方式。因为查询区域是固定不变的，因此使用绝对应用，而查找条件为 B21:B23 单元格区域，列不变行变，因此第二个参数采用行为相对引用列为绝对引用，对于汇总区域为明细工资数据中的各列，其行不变列变，因此第三个参数采用列为相对引用行为绝对引用。

> **知识看板**

①SUMIF()函数与 SUM()函数在函数名上相比多了一个"IF"关键字，说明 SUMIF()函数除了具有 SUM()函数的求和功能之外，还可以在计算过程中指定条件，即该函数只对求和区域中满足指定条件的数据进行求和计算。其具体的语法结构为：SUMIF(range,criteria,sum_range)。从语法结构中可以看出，SUMIF()函数有 3 个参数，各参数的具体含义如下。

- ◆ range：用于指定条件判断的单元格区域。
- ◆ criteria：用于指定进行求和运算的单元格区域需要满足的条件。
- ◆ sum_range：用于指定需要符合求和条件后需要进行求和运算的实际单元格区域。

②SUMIF()函数的 sum_range 参数可以省略，如果省略该参数，则当区域中的单元格符合条件时，它们既按条件计算，也执行求和操作。

NO.046
制作工资条【OFFSET()/CHOOSE()/MOD()/ROW()/INT()】

资源：素材\第 5 章\制作工资条.xlsx　　|　　资源：效果\第 5 章\制作工资条.xlsx

某财务人员已经将公司所有员工的工资核算完毕，如图 5-27 所示，为了方便员工核对工资计算是否正确，在发放工资之前，需要制作员工工资条。本例要求在员工工资表的基础上制作工资条。

××企业员工工资表

姓名	基本工资	提成	奖金	社保扣除	应纳税所得额	个税代扣	应发工资	
曾小红	¥ 8,000.00	¥ 2,000.18	¥ 1,000.00	¥249.05	¥ 5,751.13	¥365.11	¥ 10,386.02	¥
王敏	¥ 7,000.00	¥ 1,513.86	¥ 1,000.00	¥249.05	¥ 4,264.81	¥216.48	¥ 9,048.33	¥
李晓霞	¥ 4,000.00	¥ 1,822.52	¥ 2,000.00	¥249.05	¥ 2,573.47	¥ 77.20	¥ 7,496.27	¥
刘毅	¥ 2,000.00	¥ 1,018.19	¥ 1,000.00	¥249.05	¥ -	¥ -	¥ 3,769.14	¥
俞兰	¥ 5,000.00	¥ 1,857.23	¥ 1,000.00	¥249.05	¥ 2,608.18	¥ 78.25	¥ 7,529.93	¥
陈建刚	¥ 6,000.00	¥ 1,555.41	¥ 2,000.00	¥249.05	¥ 4,306.36	¥220.64	¥ 9,085.72	¥
余慧娟	¥ 4,000.00	¥ 1,578.49	¥ 1,000.00	¥249.05	¥ 1,329.44	¥ 39.88	¥ 6,289.56	¥
杨晓丽	¥ 1,000.00	¥ 1,128.27	¥ 500.00	¥249.05	¥ -	¥ -	¥ 2,379.22	¥
胡康云	¥ 5,000.00	¥ 2,019.34	¥ 1,000.00	¥249.05	¥ 2,770.29	¥ 83.11	¥ 7,687.18	¥
徐佳	¥ 3,000.00	¥ 1,598.08	¥ 1,000.00	¥249.05	¥ 349.03	¥ 10.47	¥ 5,338.56	¥
柳凯	¥ 4,000.00	¥ 1,818.28	¥ 2,000.00	¥249.05	¥ 2,569.23	¥ 77.08	¥ 7,492.15	¥
郭明明	¥ 4,000.00	¥ 2,108.37	¥ 1,000.00	¥249.05	¥ 1,859.32	¥ 55.78	¥ 6,803.54	¥

工资条

图 5-27 员工工资表数据

解决方法

制作员工工资条，实际上就是对员工工资表中的数据进行重新排列的过程，其实现方法有很多。如果想要使用公式和函数来制作工资条，则离不开查找和引用函数的使用。

工资条主要由两部分组成，一部分是在每一个员工的工资条中都会出现的表头部分，另一部分是每个员工的工资数据。

对于这两种不同部分的引用，可以使用 CHOOSE()函数根据工资条的位置进行引用。为了便于工资条的裁剪，还需要在每两个工资条之间保留一个空白行。

也就是说，在工资条中有 3 行内容，在 CHOOSE()函数中需要设置 3 个不同的待选项，第 1 个为标题行，第 2 个为工资行，第 3 个为空白行。

为了使这 3 行循环显示，可以使用 MOD()函数对当前行号取 3 的余数来达到循环的控制。

下面具体来介绍根据工资表数据制作工资条的具体方法，其具体的操作如下。

STEP01 打开素材文件，选择A21单元格，在编辑栏中输入如下公式。按【Ctrl+Enter】组合键引用第一个数据，然后将公式填充到I21单元格区域，如图5-28所示。

=CHOOSE(MOD(ROW(),3)+1,A$2,OFFSET(A$2,INT(ROW()/3)-6,),"")

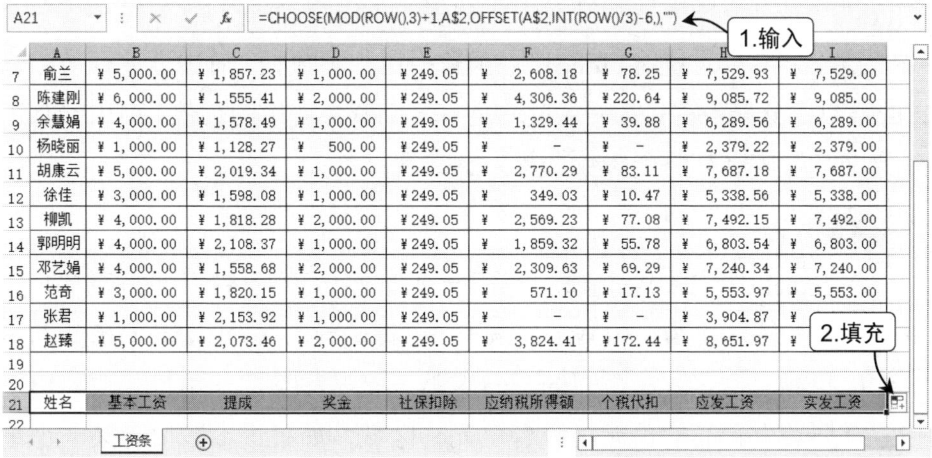

	A	B	C	D	E	F	G	H	I
7	俞兰	¥ 5,000.00	¥ 1,857.23	¥ 1,000.00	¥249.05	¥ 2,608.18	¥ 78.25	¥ 7,529.93	¥ 7,529.00
8	陈建刚	¥ 6,000.00	¥ 1,555.41	¥ 2,000.00	¥249.05	¥ 4,306.36	¥220.64	¥ 9,085.72	¥ 9,085.00
9	余慧娟	¥ 4,000.00	¥ 1,578.49	¥ 1,000.00	¥249.05	¥ 1,329.44	¥ 39.88	¥ 6,289.56	¥ 6,289.00
10	杨晓丽	¥ 1,000.00	¥ 1,128.27	¥ 500.00	¥249.05	¥ -	¥ -	¥ 2,379.22	¥ 2,379.00
11	胡康云	¥ 5,000.00	¥ 2,019.34	¥ 1,000.00	¥249.05	¥ 2,770.29	¥ 83.11	¥ 7,687.18	¥ 7,687.00
12	徐佳	¥ 3,000.00	¥ 1,598.08	¥ 1,000.00	¥249.05	¥ 349.03	¥ 10.47	¥ 5,338.56	¥ 5,338.00
13	柳凯	¥ 4,000.00	¥ 1,818.28	¥ 2,000.00	¥249.05	¥ 2,569.23	¥ 77.08	¥ 7,492.15	¥ 7,492.00
14	郭明明	¥ 4,000.00	¥ 2,108.37	¥ 1,000.00	¥249.05	¥ 1,859.32	¥ 55.78	¥ 6,803.54	¥ 6,803.00
15	邓艺娟	¥ 4,000.00	¥ 1,558.68	¥ 2,000.00	¥249.05	¥ 2,309.63	¥ 69.29	¥ 7,240.34	¥ 7,240.00
16	范奇	¥ 3,000.00	¥ 1,820.15	¥ 1,000.00	¥249.05	¥ 571.10	¥ 17.13	¥ 5,553.97	¥ 5,553.00
17	张君	¥ 1,000.00	¥ 2,153.92	¥ 1,000.00	¥249.05	¥ -	¥ -	¥ 3,904.87	¥
18	赵臻	¥ 5,000.00	¥ 2,073.46	¥ 2,000.00	¥249.05	¥ 3,824.41	¥172.44	¥ 8,651.97	¥
19									
20									
21	姓名	基本工资	提成	奖金	社保扣除	应纳税所得额	个税代扣	应发工资	实发工资
22									

图 5-28 引用表头数据

STEP02 保持A21:I21单元格区域的选择状态，向下拖动单元格区域的控制柄到I67单元格完成工资条的制作，如图5-29所示。

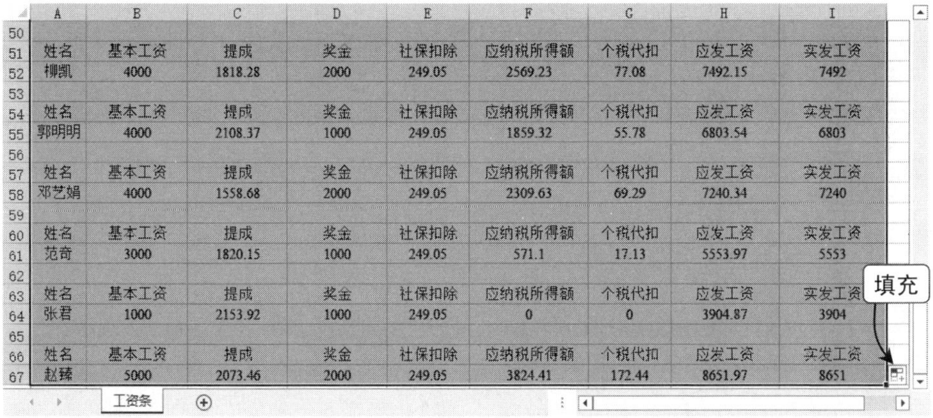

	A	B	C	D	E	F	G	H	I
50									
51	姓名	基本工资	提成	奖金	社保扣除	应纳税所得额	个税代扣	应发工资	实发工资
52	柳凯	4000	1818.28	2000	249.05	2569.23	77.08	7492.15	7492
53									
54	姓名	基本工资	提成	奖金	社保扣除	应纳税所得额	个税代扣	应发工资	实发工资
55	郭明明	4000	2108.37	1000	249.05	1859.32	55.78	6803.54	6803
56									
57	姓名	基本工资	提成	奖金	社保扣除	应纳税所得额	个税代扣	应发工资	实发工资
58	邓艺娟	4000	1558.68	2000	249.05	2309.63	69.29	7240.34	7240
59									
60	姓名	基本工资	提成	奖金	社保扣除	应纳税所得额	个税代扣	应发工资	实发工资
61	范奇	3000	1820.15	1000	249.05	571.1	17.13	5553.97	5553
62									
63	姓名	基本工资	提成	奖金	社保扣除	应纳税所得额	个税代扣	应发工资	实发工资
64	张君	1000	2153.92	1000	249.05	0	0	3904.87	3904
65									
66	姓名	基本工资	提成	奖金	社保扣除	应纳税所得额	个税代扣	应发工资	实发工资
67	赵臻	5000	2073.46	2000	249.05	3824.41	172.44	8651.97	8651

图 5-29 引用工资明细数据制作工资条

公式解析

在本例的“=CHOOSE(MOD(ROW(),3)+1,A$2,OFFSET(A$2,INT (ROW()/3)-6,),"")”公式中，使用 MOD()函数对当前行号取 3 的余数，并将结果加上 1 作为 CHOOSE()的第一个参数（也就是 1、2、3 这 3 个数字的循环）。

然后设置 CHOOSE()函数的第二个参数（第一个待选项）为第二行相同列的引用（通过行绝对引用、列相对引用来实现）。

第三个参数为使用 OFFSET()函数引用工资数据，通过当前行号除以 3 的整数部分来设置每 3 行（也就是一个工资条占用的行数）引用一行工资数据。最后将第四个参数设置为空文本。

知识看板

在 Excel 中，ROW()函数主要用于获取指定单元格行号的索引编号，其具体的语法结构为：ROW(reference)，该函数与 COLUMN()函数的语法结构相似，也只有一个 reference 参数，函数参数的作用也相似，用于指定需要获取行号的单元格或者单元格区域，如果该参数值为某一个单元格区域，则函数返回该单元格区域中第一个单元格行号的索引编号。

第 6 章

公司日常财务数据管理

公司日常财务数据是指在日常办公中遇到的较为简单、琐碎的财务数据管理，比如办公室物品费用管理、收支记账、单据填写等。这些数据杂而多，手动管理比较麻烦，如果使用公式和函数进行管理则会轻松许多。

6.1 办公财务数据管理

办公财务数据管理主要是企业办公活动中产生的各种费用数据处理与计算，如办公费用、办公用品价值、各种报销费、补助费的计算等。下面具体介绍如何使用函数计算和管理这些费用。

NO.047
为办公费用添加计数编号【ROW()】

资源：素材\第6章\办公费用统计表.xlsx　　|　　资源：效果\第6章\办公费用统计表.xlsx

某公司工作人员制作了 3 月份产生的各种办公费用表格，如图 6-1 所示，为了可以清楚地知道办公费用统计表中记录了多少条数据，现在要求在办公费用统计表中添加计数编号列，并要求无论表中的数据怎么变化，计数编号都是连续的。

××贸易公司3月份办公费用统计表				
计数编号	日期	费用科目	说明	金额（元）
	2018/3/3	通讯费	缴纳电话费	￥　400.00
	2018/3/3	广告费	制作宣传海报	￥　280.00
	2018/3/5	交通费	出差补助	￥　900.00
	2018/3/5	节日费	妇女节员工福利	￥　2,000.00
	2018/3/5	耗材费	购买打印机机1台	￥　3,500.00
	2018/3/6	维修费	打印机维修	￥　350.00
	2018/3/7	招待费	公司员工聚餐	￥　800.00
	2018/3/8	快递费	产品发货	￥　180.00
	2018/3/8	旅游费	公司员工旅游	￥　3,000.00

图 6-1　3 月份办公费用统计表

解决方法

虽然通过控制柄也可以快速填充编号数据，但是如果在中间某个位置删除或者增加某条记录后，编号数据不会自动填充并更新。在本例中，所有的办公费用记录都是使用一行进行记录的，因此可以考虑使用ROW()函数返回行号作为计数编号，并且这样的编号无论是删除行还是插入行，都不会使得计数编号不连续，其具体操作如下。

STEP01 打开素材文件，选择A3:A11单元格区域，在编辑栏中输入如下公式。

$$=ROW(A1)$$

STEP02 按【Ctrl+Enter】组合键即可为所有数据记录添加对应的计数编号数据，如图6-2所示。

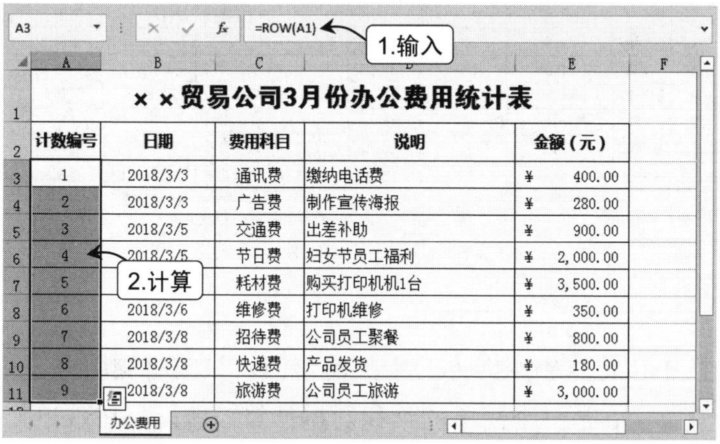

图 6-2　用 ROW()函数为办公费用记录添加计数编号

公式解析

在本例的"=ROW(A1)"公式中，使用 ROW()函数返回 A1 单元格的行号 1，将其作为第一条记录的计数编号，将该公式填充到其他记录中后，从第二行记录开始，其计数编号依次引用 A2、A3 等单元格的行号作为计数编号。

NO.048
计算领用的办公用品的价值【PRODUCT()】

资源：素材\第 6 章\办公用品领用记录表.xlsx　　|　　**资源**：效果\第 6 章\办公用品领用记录表.xlsx

在某公司的办公用品领用记录表中，工作人员逐笔记录了 2018 年 9 月份公司各部门的办公用品领用情况，如图 6-3 所示。现在需要计算每次领用的办公用品的价值。

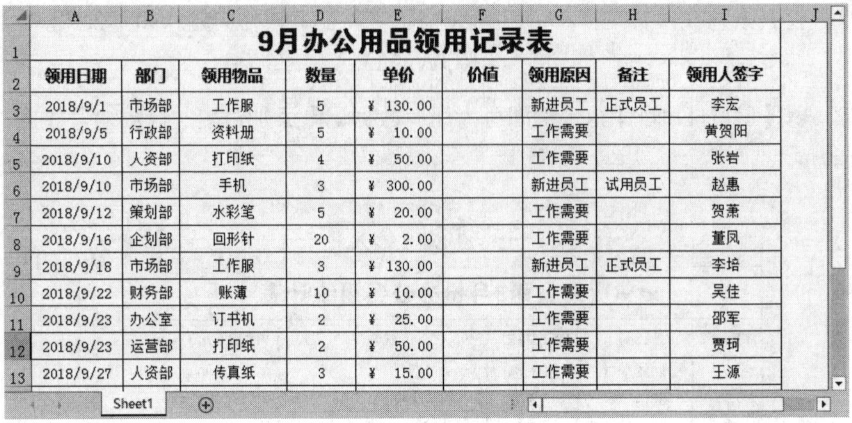

领用日期	部门	领用物品	数量	单价	价值	领用原因	备注	领用人签字
2018/9/1	市场部	工作服	5	¥ 130.00		新进员工	正式员工	李宏
2018/9/5	行政部	资料册	5	¥ 10.00		工作需要		黄贺阳
2018/9/10	人资部	打印纸	4	¥ 50.00		工作需要		张岩
2018/9/10	市场部	手机	3	¥ 300.00		新进员工	试用员工	赵惠
2018/9/12	策划部	水彩笔	5	¥ 20.00		工作需要		贺萧
2018/9/16	企划部	回形针	20	¥ 2.00		工作需要		董凤
2018/9/18	市场部	工作服	3	¥ 130.00		新进员工	正式员工	李培
2018/9/22	财务部	账薄	10	¥ 10.00		工作需要		吴佳
2018/9/23	办公室	订书机	2	¥ 25.00		工作需要		邵军
2018/9/23	运营部	打印纸	2	¥ 50.00		工作需要		贾珂
2018/9/27	人资部	传真纸	3	¥ 15.00		工作需要		王源

图 6-3　办公用品领用记录表

解决方法

在本例中，计算领用的办公用品的价值，只需将领用办公用品的单价乘以数量即可，是一个简单的乘积数据计算问题。在 Excel 中，可以使用 PRODUCT()函数来计算若干个数据的乘积，其具体操作如下。

STEP01 打开素材文件，选择F3:F17单元格区域，在编辑栏中输入如下公式。

=PRODUCT(D3:E3)

STEP02 按【Ctrl+Enter】组合键即可计算出每次领用的所有物品的价值，如图6-4所示。

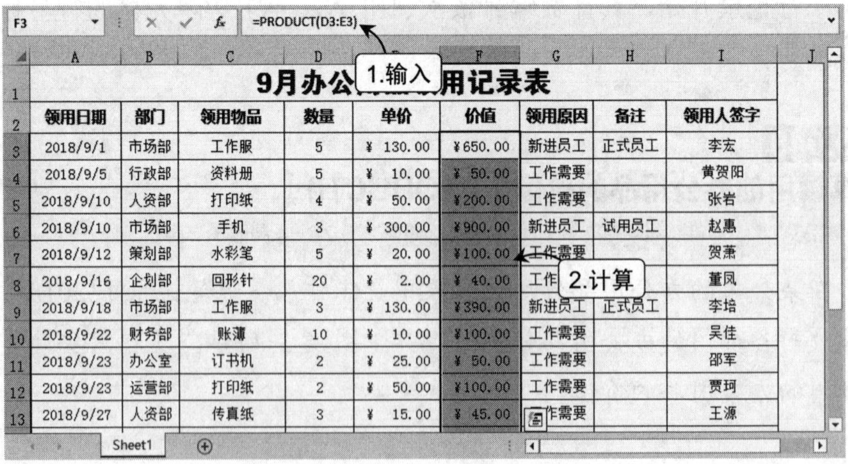

领用日期	部门	领用物品	数量	单价	价值	领用原因	备注	领用人签字
2018/9/1	市场部	工作服	5	¥ 130.00	¥650.00	新进员工	正式员工	李宏
2018/9/5	行政部	资料册	5	¥ 10.00	¥ 50.00	工作需要		黄贺阳
2018/9/10	人资部	打印纸	4	¥ 50.00	¥200.00	工作需要		张岩
2018/9/10	市场部	手机	3	¥ 300.00	¥900.00	新进员工	试用员工	赵惠
2018/9/12	策划部	水彩笔	5	¥ 20.00	¥100.00	工作需要		贺萧
2018/9/16	企划部	回形针	20	¥ 2.00	¥ 40.00	工作需要		董凤
2018/9/18	市场部	工作服	3	¥ 130.00	¥390.00	新进员工	正式员工	李培
2018/9/22	财务部	账薄	10	¥ 10.00	¥100.00	工作需要		吴佳
2018/9/23	办公室	订书机	2	¥ 25.00	¥ 50.00	工作需要		邵军
2018/9/23	运营部	打印纸	2	¥ 50.00	¥100.00	工作需要		贾珂
2018/9/27	人资部	传真纸	3	¥ 15.00	¥ 45.00	工作需要		王源

图 6-4　计算领用办公用品的价值

公式解析

在本例的"=PRODUCT(D3:E3)"公式中，D3 单元格存储的是领用办公用品的数量，E3 单元格存储的是办公用品的单价，使用 PRODUCT() 函数将这两个单元格中的数据相乘得出领用办公用品的价值，该公式相当于"=D3*E3"。

知识看板

在 Excel 中，对数据进行求积也是常用的操作，如果操作数比较多，使用乘法运算的方式计算数据的乘积就会编写很长的公式，因此可以使用系统提供的 PRODUCT() 函数来简化公式。其语法结构为：PRODUCT（number1,number2,…）。

从语法结构中可以看出，该函数中包含的参数个数不确定，因此，在使用该函数进行计算的时候，需要注意以下几点。

◆ 函数中的 number 参数用于指定需要进行乘积运算的数据，它可以是具体的数值，也可以是包含数值的单元格或者单元格区域引用。

◆ PRODUCT()函数的参数个数的取值范围为 1～255 个（在 Excel 2003 中，该函数的参数个数的取值范围为 1～30 个）。

◆ number1 参数为必需参数，若该函数中只有一个 number1 参数，且该数据是单独的一个数值或者单元格引用，此时该函数自动返回 number1 参数本身的值。

NO.049
计算车辆使用时给予驾驶员的补助费用【IF()/INT()】

资源：素材\第 6 章\驾驶员补助计算.xlsx　|　资源：效果\第 6 章\驾驶员补助计算.xlsx

某公司的车辆使用管理规定中规定，对于出车超过 7 小时的驾驶员，每超过 1 小时给予 60 元的补助。如图 6-5 所示为某工作人员记录的 6 月份的车辆使用情况，现在要求根据车辆使用管理表中的相关数据计算应该给予驾驶员的补助费用。

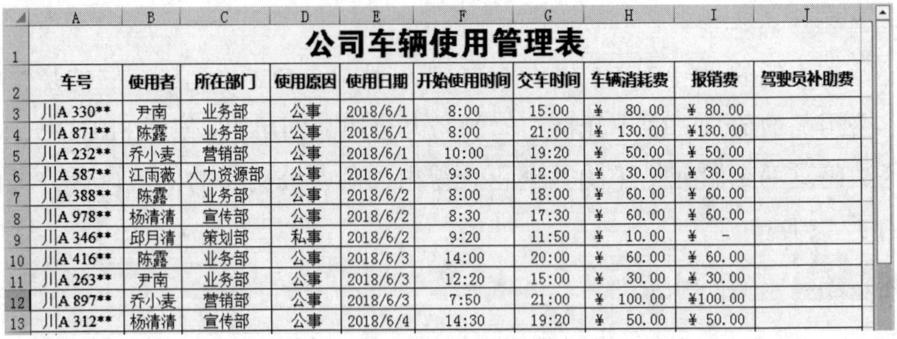

车号	使用者	所在部门	使用原因	使用日期	开始使用时间	交车时间	车辆消耗费	报销费	驾驶员补助费
川A 330**	尹南	业务部	公事	2018/6/1	8:00	15:00	¥ 80.00	¥ 80.00	
川A 871**	陈露	业务部	公事	2018/6/1	8:00	21:00	¥ 130.00	¥130.00	
川A 232**	乔小麦	营销部	公事	2018/6/1	10:00	19:20	¥ 50.00	¥ 50.00	
川A 587**	江雨薇	人力资源部	公事	2018/6/1	9:30	12:00	¥ 30.00	¥ 30.00	
川A 388**	陈露	业务部	公事	2018/6/2	8:00	18:00	¥ 60.00	¥ 60.00	
川A 978**	杨清清	宣传部	公事	2018/6/2	8:30	17:30	¥ 60.00	¥ 60.00	
川A 346**	邱月清	策划部	私事	2018/6/2	9:20	11:50	¥ 10.00	¥ -	
川A 416**	陈露	业务部	公事	2018/6/3	14:00	20:00	¥ 60.00	¥ 60.00	
川A 263**	尹南	业务部	公事	2018/6/3	12:20	15:00	¥ 30.00	¥ 30.00	
川A 897**	乔小麦	营销部	公事	2018/6/3	7:50	21:00	¥ 100.00	¥100.00	
川A 312**	杨清清	宣传部	公事	2018/6/4	14:30	19:20	¥ 50.00	¥ 50.00	

图 6-5 6 月份车辆使用管理表

解决方法

本例中，要求计算驾驶员的出车补助费用，需要解决两个问题，一个是判断驾驶员的出车时间是否大于 7 小时，这可以使用 IF()函数进行判断；另一个是当出车时间大于 7 小时，如何将超出的整小时数计算出来，这可以使用 INT()函数获取。其具体操作如下。

STEP01 打开素材文件，选择J3:J24单元格区域，在编辑栏中输入如下公式。

=IF((G3-F3)*24>7,INT((G3-F3)*24-7)*60,0)

STEP02 按【Ctrl+Enter】组合键即可计算出所有出车时间超过7小时的驾驶员应得的补助费用，如图6-6所示。

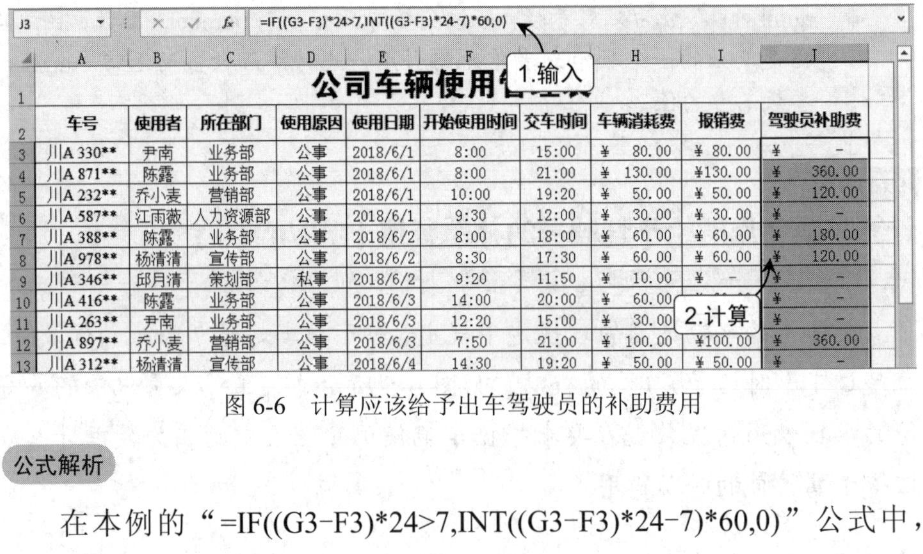

车号	使用者	所在部门	使用原因	使用日期	开始使用时间	交车时间	车辆消耗费	报销费	驾驶员补助费
川A 330**	尹南	业务部	公事	2018/6/1	8:00	15:00	¥ 80.00	¥ 80.00	¥ -
川A 871**	陈露	业务部	公事	2018/6/1	8:00	21:00	¥ 130.00	¥130.00	¥ 360.00
川A 232**	乔小麦	营销部	公事	2018/6/1	10:00	19:20	¥ 50.00	¥ 50.00	¥ 120.00
川A 587**	江雨薇	人力资源部	公事	2018/6/1	9:30	12:00	¥ 30.00	¥ 30.00	¥ -
川A 388**	陈露	业务部	公事	2018/6/2	8:00	18:00	¥ 60.00	¥ 60.00	¥ 180.00
川A 978**	杨清清	宣传部	公事	2018/6/2	8:30	17:30	¥ 60.00	¥ 60.00	¥ 120.00
川A 346**	邱月清	策划部	私事	2018/6/2	9:20	11:50	¥ 10.00	¥ -	¥ -
川A 416**	陈露	业务部	公事	2018/6/3	14:00	20:00	¥ 60.00		¥ -
川A 263**	尹南	业务部	公事	2018/6/3	12:20	15:00	¥ 30.00		¥ -
川A 897**	乔小麦	营销部	公事	2018/6/3	7:50	21:00	¥ 100.00	¥100.00	¥ 360.00
川A 312**	杨清清	宣传部	公事	2018/6/4	14:30	19:20	¥ 50.00	¥ 50.00	¥ -

图 6-6 计算应该给予出车驾驶员的补助费用

公式解析

在本例的“=IF((G3-F3)*24>7,INT((G3-F3)*24-7)*60,0)”公式中，

“(G3-F3)*24>7”部分用于判断出车时间是否超过 7 小时，如果条件判断不成立，则 IF()函数返回 0；如果条件判断成立，则 IF()函数执行“INT((G3-F3)*24-7)*60”部分，该部分是通过 INT()函数将超出的出车时间进行取整，然后将其与 60 相乘，即可得到该驾驶员最终的补助费用。

NO.050

忽略隐藏行统计本月办公经费【SUBTOTAL()】

资源：素材\第 6 章\办公费用统计.xlsx | **资源**：效果\第 6 章\办公费用统计.xlsx

在某公司的办公费用统计表中记录了 3 月份产生的办公费用开支明细情况，现在要求计算这些办公费用的总额，并且要实现当隐藏其中的某行明细数据后仍然能正确统计当前显示的办公费用总额。

解决方法

在 Excel 中，对于求和运算，直接使用加法运算或者 SUM()函数即可完成，但本例中不仅仅是对数据进行求和，还要求在存在隐藏行的情况下，对显示的数据进行自动求和。此时可以使用 Excel 提供的 SUBTOTAL()函数来完成计算，其具体操作如下。

STEP01 打开素材文件，选择E13单元格，在编辑栏中输入如下公式。按【Ctrl+Enter】组合键确认输入的公式，从而计算出办公费用的总额，如图6-7所示。

=SUBTOTAL(109,E3:E11)

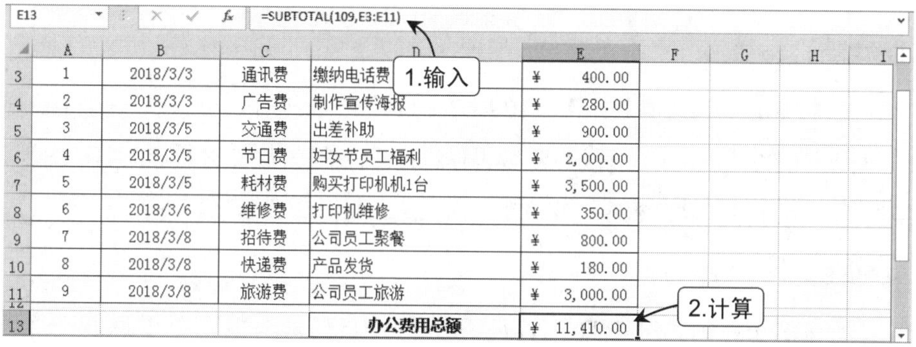

	A	B	C	D	E
3	1	2018/3/3	通讯费	缴纳电话费	¥ 400.00
4	2	2018/3/3	广告费	制作宣传海报	¥ 280.00
5	3	2018/3/5	交通费	出差补助	¥ 900.00
6	4	2018/3/5	节日费	妇女节员工福利	¥ 2,000.00
7	5	2018/3/5	耗材费	购买打印机机1台	¥ 3,500.00
8	6	2018/3/6	维修费	打印机维修	¥ 350.00
9	7	2018/3/8	招待费	公司员工聚餐	¥ 800.00
10	8	2018/3/8	快递费	产品发货	¥ 180.00
11	9	2018/3/8	旅游费	公司员工旅游	¥ 3,000.00
13				办公费用总额	¥ 11,410.00

图 6-7 计算办公费用总额

STEP02 选择第四条记录，在其上单击鼠标右键，在弹出的快捷菜单中选择"隐藏"命令将其隐藏，如图6-8所示。

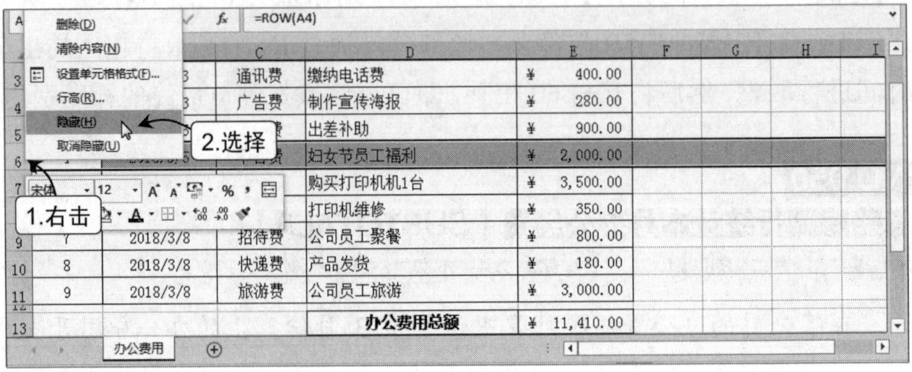

图 6-8　隐藏第四条记录

STEP03 在隐藏第四条记录后，公式自动重新仅对显示的数据进行求和计算，从而自动更新E13单元格中的总额数据，如图6-9所示。

图 6-9　自动重新仅对显示的数据进行求和

公式解析

在本例的"=SUBTOTAL(109,E3:E11)"公式中，第一个参数 109 是函数内置的常量，代表着通过 SUBTOTAL()函数需要进行的运算，第二个参数为进行运算的数据，本例中为进行求和的单元格区域。

知识看板

①在 Excel 中，SUBTOTAL()函数是一个汇总函数，用于返回一个列表或者数据库中的分类汇总情况。这个函数功能很强大，可以求和、计

数、计算平均值，求最大值、最小值、方差等，其具体的语法结构为：
SUBTOTAL(function_num,ref1,ref2, ...)。其中 function_num 参数为常量参
数，用于指定用何种函数在列表中进行分类汇总计算，"ref1,ref2, ... "参
数用于指定需要进行汇总的单元格。

②function_num 参数作为常量参数，其常量值为 1 到 11（包含隐藏
值）或 101 到 111（忽略隐藏值）之间的数字，各常量值与函数的对应关
系及其意义如表 6-1 所示。

表 6-1 SUBTOTAL()函数的 function_num 参数及其说明

function_num（包含隐藏值）	function_num（忽略隐藏值）	可替代函数	说明
1	101	AVERAGE()	求平均值
2	102	COUNT()	计数
3	103	COUNTA()	计数
4	104	MAX()	求最大值
5	105	MIN()	求最小值
6	106	PRODUCT()	求积
7	107	STDEV()	估算标准偏差
8	108	STDEVP()	计算标准偏差
9	109	SUM()	求和
10	110	VAR()	计算基于样本的方差
11	111	VARP()	计算基于整个样本总体的方差

③SUBTOTAL()函数的 function_num 参数为 101 到 111 之间的数字
时，只能忽略所隐藏的行，不忽略隐藏的列。

6.2 收支记账与单据填写

在公司的业务往来中，难免会涉及各种收支账或单据的处理，虽然很多时候都是直接手工填写，但是为了更好地管理，也需要将这些纸质数据填写到 Excel 软件中。尤其对于一些数据的计算和填写，利用 Excel 提供的函数可以方便地完成。

NO.051
在收支表中计算结余【SUM()/IF()】

资源：素材\第6章\收支表.xlsx | **资源**：效果\第6章\收支表.xlsx

某公司将平时的往来账务按收入和支出两个项目进行划分，具体的收入项目和支出项目如图 6-10 所示。现在该公司采用 Excel 记录日常的收支账目，并要求在录入收支数据之后，需要自动计算出账面的结余。

图 6-10 公司往来账务项目划分依据

解决方法

在本例中，计算账面的结余金额，就是将当前收支记录所在行和之前行中的所有收支数据加起来。这可以通过在 SUM()函数中设置单元格区域的引用方式实现。

为了实现在填写收支数据后，程序自动在结余栏中显示对应的结余数据，本例需要对 C 列中是否填写项目数据进行判断，这就需要使用 IF() 函数来完成，其具体操作如下。

STEP01 打开素材文件，选择F2:F18单元格区域，在编辑栏中输入如下公式。

=IF(C2="","",SUM($D$2:D2)-SUM($E$2:E2))

STEP02 按【Ctrl+Enter】组合键确认输入的公式，程序自动对每次发生收支账务后的结余进行计算，如图6-11所示。

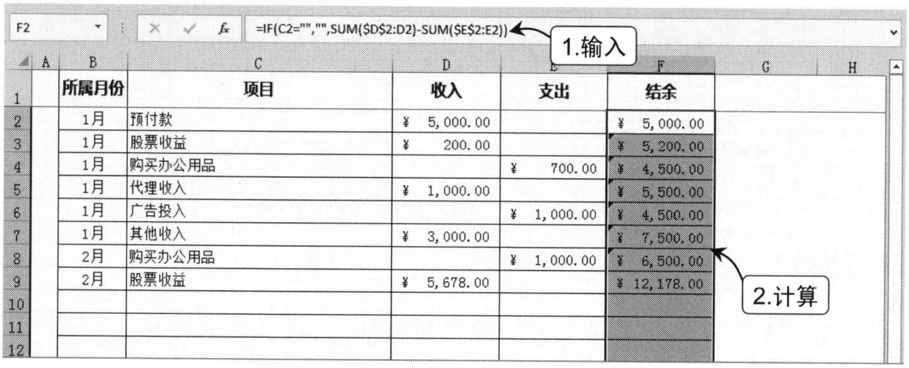

所属月份	项目	收入	支出	结余
1月	预付款	¥ 5,000.00		¥ 5,000.00
1月	股票收益	¥ 200.00		¥ 5,200.00
1月	购买办公用品		¥ 700.00	¥ 4,500.00
1月	代理收入	¥ 1,000.00		¥ 5,500.00
1月	广告投入		¥ 1,000.00	¥ 4,500.00
1月	其他收入	¥ 3,000.00		¥ 7,500.00
2月	购买办公用品		¥ 1,000.00	¥ 6,500.00
2月	股票收益	¥ 5,678.00		¥ 12,178.00

图 6-11　计算每次收支之后的结余

公式解析

在本例的“=IF(C2="","",SUM($D$2:D2)-SUM($E$2:E2))”公式中，先使用 IF()函数判断收支项目是否为空，如果收支项目为空，则设置结余为空文本，否则使用 SUM()函数计算账面收支结余。其中的“SUM($D$2:D2)”和“SUM($E$2:E2)”部分中，尤其要注意单元格的应用方式，因为始终要将前面的累加在一起，因此开始位置即 D2 和 E2 单元格必须采用绝对引用方式，终止位置始终都在变化，因此采用相对引用方式。

NO.052
将金额进行分散填充【REPT()/MID()/TEXT()/COLUMN()】

资源：素材\第 6 章\收据.xlsx　|　资源：效果\第 6 章\收据.xlsx

在财务收据中，经常需要使用多种手段进行防伪、防篡改等，其中将金额分散填充到对应的单位中就是一种十分常见的手段。

如图 6-12 所示为某工作人员填写的电子收据，并在其中使用公式计算出总价数据，现在需要将该数据分散填充到对应的金额单元格区域中。

图 6-12　某工作人员填写的电子收据

解决方法

在本例中，为了避免手动填入的麻烦和可能出现的错误，此时可以综合使用 RIGHT()、MID()、TEXT()、REPT()和 COLUMN()函数实现自动将数据结果进行分散填写。但是，由于填写公式后，当未填写总价数据时，"金额"栏的对应位置应该不显示任何内容，因此使用 IF()函数对其他行未填写数据的情况进行判断，即当总价为零时，"金额"栏的对应位置显示空。其具体操作如下。

STEP01 打开素材文件，选择G7:N12单元格区域，在编辑栏中输入如下公式。

=IF($F7=0,"",MID(RIGHT(TEXT($F7*100,REPT(" ",8)&"
￥0"),8),COLUMN(A1),1))

STEP02 按【Ctrl+Enter】组合键确认输入的公式，程序自动将总价数据分散填充到"金额"栏中，如图6-13所示。

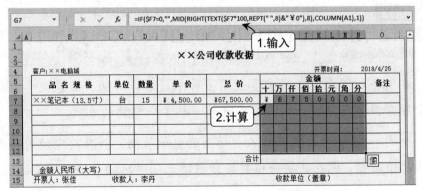

图 6-13　为收据添加分散填充总价的功能

公式解析

在本例的"=IF($F7=0,"",MID(RIGHT(TEXT($F7*100,REPT(" ",8)&"
￥0"),8),COLUMN(A1),1))"公式中，首先使用 IF()函数 F7 单元格的数据
进行判断，如果数据为 0，则输出空。

如果数据不为 0，则执行"MID(RIGHT(TEXT($F7*100,REPT(" ",8)&"
￥0"),8),COLUMN(A1),1)"部分，在该部分中：

◆　"$F7*100"部分用以消除总价中的小数点。

◆　使用 TEXT()函数将总价数据转化为"￥　　"格式的数据，添加"￥"
符号的目的是防止他人修改收据中分散填写的总价数据。由于本收据
的最大数据为 8 位数，因此，通过"TEXT($F7*100,REPT(" ",8)&"￥0")"
部分可以得到一个"[多个空格]￥[金额]"格式的数据，对 F7 单元格而
言，这里为"[1 个空格]￥6750000"数据。

◆　用 RIGHT()函数在"[1 个空格]￥6750000"格式的数据中从右向左截取
8 个字符得到文本类型的金额数据，即为"￥6750000"数据。

◆　使用 MID()函数逐个提取"￥6750000"数据中的字符将其分散填充到
"金额"栏对应的列，即"MID(RIGHT(TEXT($F7*100,REPT(" ",8)&"
￥0"),8),COLUMN(A1),1)"部分可以简化为"MID("￥6750000",
COLUMN(A1),1)"，对于具体提取哪个数据，则用 COLUMN()函数返
回的列标索引编号来指定。

此外，在本例中，因为要同行填充公式到金额的其他列中，因此引
用总价数据时，需要使用列的绝对引用方式和行的相对引用方式。

另外，在"COLUMN(A1)"部分中，由于提取位置要逐个增加 1，因
此这里的列标必须为相对引用，而行号可以为相对引用，也可以为绝对
引用，即本例使用如下公式也可以得到正确的结果，其最终的计算效果
如图 6-14 所示。

=IF($F7=0,"",MID(RIGHT(TEXT($F7*100,REPT(" ",8)&"
￥0"),8),COLUMN(A$1),1))

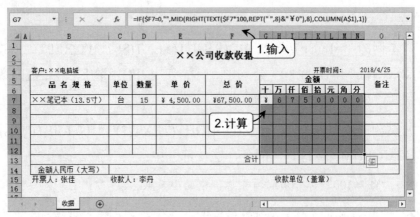

图 6-14　COLUMN()函数使用混合引用方式完成数据的分散填充

知识看板

在 Excel 中，使用 REPT()函数可以按照指定的次数重复显示字符，其作用相当于 Excel 的复制功能。其具体的语法结构为：REPT(text, number_times)。

从语法结构中可以看出，该函数有两个必需参数，各参数的具体功能如下。

◆　text：用于指定需要重复显示的文本字符。

◆　number_times：用于指定文本重复显示的次数。

NO.053

将合计数据转化为人民币大写【TEXT()/MOD()/SUBSTITUTE()】

资源：素材\第 6 章\收据 1.xlsx　　|　　资源：效果\第 6 章\收据 1.xlsx

无论是什么财务单据或者凭证，通常都会将用数字表示的合计金额用中文大写的方式再记录一次，这样可以有效防止他人篡改凭证中的数据，从而确保数据的正确性。

某公司工作人员已经在电子收据表格中计算出了收据中的合计数据，如图 6-15 所示。现在要将该数据以人民币大写的方式显示出来。

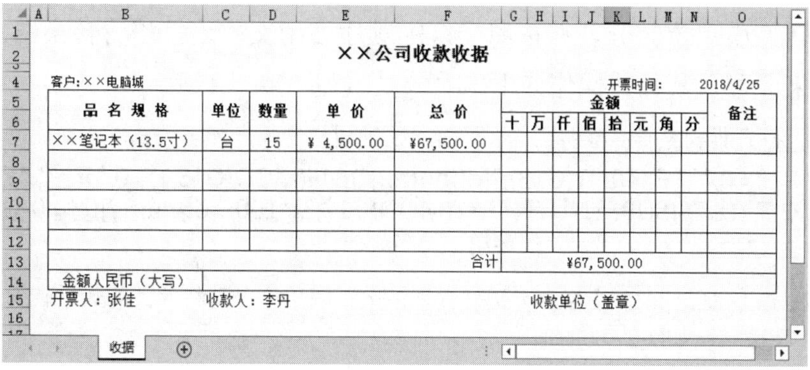

图 6-15　计算了合计数据的收据

解决方法

在实际的凭证填制中，对金额的填写是有要求的，具体如下。

◆ 大写金额用汉字壹、贰、叁、肆、伍、陆、柒、捌、玖、拾、佰、仟、万、亿、元、角、分、零、整等。

◆ 大写金额前未印有"人民币"字样的，应加写"人民币"3个字，"人民币"字样和大写金额之间不得留有空白。

◆ 大写金额到"元"或者"角"为止的，后面要写"整"或"正"字，金额有"分"的，不写"整"或"正"字。

虽然使用"特殊"数字格式中的"中文大写数字"类型可以将数字全部转化为对应的大写金额，但是其转化后的数据与会计中的规范要求不符合，即对于大写金额到"元"或者"角"为止的，不会在后面添加"整"或"正"字。

因此，在本例中，可以使用 TEXT()函数将数字转换为中文大写数字，但是在转换金额到人民币大写之前，需要确定转换的金额的特点及转换为的人民币大写的金额的样式。

在本例中的所有金额都是整数，转换为的形式类似"壹仟零肆拾陆元伍分"，其可以分为整数部分、单位部分和小数部分这3个部分。

此时只需使用TEXT()函数转换出整数部分和小数部分，然后使用IF()

函数转换出单位部分，并按照一定的顺序使用文本连接符将转换结果联结起来即可，其具体操作如下。

STEP01 打开素材文件，选择C14单元格，在编辑栏中输入如下公式。

=IF(G13=0,"",TEXT(INT(G13),"[dbnum2]")&IF(MOD(G13,1)=0,"元整","元")
&SUBSTITUTE(SUBSTITUTE(TEXT(MOD(G13,1)*100,"[dbnum2]0角0分"),
"零角",""),"零分",""))

STEP02 按【Ctrl+Enter】组合键确认输入的公式，程序自动将合计的数据转化为对应的大写数字，如图6-16所示。

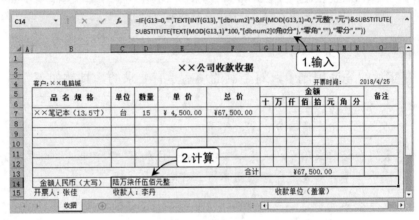

图 6-16   将总计金额转化为人民币大写形式

公式解析

在本例的 "=IF(G13=0,"",TEXT(INT(G13),"[dbnum2]")&IF(MOD(G13, 1)=0,"元整","元")&SUBSTITUTE(SUBSTITUTE(TEXT(MOD(G13,1)*100," [dbnum2]0角0分"),"零角",""),"零分",""))" 公式中，先使用 IF() 函数判断 G13 单元格中的合计数据是否为 0，如果为 0，则 IF() 函数输出空文本，否则函数执行 "TEXT(INT(G13),"[dbnum2]")&IF(MOD(G13, 1)=0,"元整"," 元 ")&SUBSTITUTE(SUBSTITUTE(TEXT(MOD(G13,1)*100,"[dbnum2]0 角0分"),"零角",""),"零分","")" 部分将总计金额转换为人民币大写。

该部分以文本连接符 "&" 为界可以分为 3 部分：

第一部分为 "TEXT(INT(G13),"[dbnum2]")"，用于将合计数据的整数部分转换为中文大写数字。

第二部分为"IF(MOD(G13,1)=0,"元整","元")"，用于判断合计数据是否为整数，如果是整数，则输出"元整"文本；如果不是，则输出"元"文本。

第三部分为"SUBSTITUTE(SUBSTITUTE(TEXT(MOD(G13,1)*100,"[dbnum2]0 角 0 分"),"零角",""),"零分","")"，用于将小数部分转换为中文大写的"几角几分"的形式，并将"零角"、"零分"等不符合习惯的部分去除。

知识看板

①在 Excel 中，SUBSTITUTE()函数用于将指定字符串中任意位置的字符串替换为其他字符串。其语法结构为：SUBSTITUTE(text,old_text,new_text,instance_num)。从语法结构中可以看出，该函数包含 4 个参数，各参数的具体含义分别如下。

◆　text：用于指定包含需要替换数据的文本字符串。

◆　old_text：用于指定需要替换的旧文本。

◆　new_text：用于指定要替换成的文本。

◆　instance_num：用于指定以 new_text 替换第几次出现的 old_text，如果省略该参数，则表示用 new_text 替换掉所有的 old_text。

②TEXT()函数通过格式代码"[dbnum2]"将金额的整数部分转换为中文大写数字，相似的参数还有"[dbnum1]"和"[dbnum3]"两个，这两个格式代码可以将数字转换为类似"一千二百三十四"和"1 千 2 百 3 十 4"的文本。

6.3　固定资产折旧数据处理

公司的固定资产在使用过程中，其价值会逐渐转移到生产的产品中去。而计算固定资产价值转移的方法就是固定资产折旧。在 Excel 中提供了专门用于固定资产折旧计算的函数，通过这些函数可以使用特定的方法对资产进行折旧计算。

NO.054
计算每期折旧额相近的固定资产的折旧额【SLN()】

资源：素材\第 6 章\计算办公设备的年折旧额.xlsx | 资源：效果\第 6 章\计算办公设备的年折旧额.xlsx

某公司有一套价值 800 万元的设备，该设备预计使用 20 年，使用到期时残值为 100 万元，并且在使用期间，需要花费 40 万元进行日常维护。通过对该设备的使用情况分析，已经知道该设备每期消耗基本相同，现在需要计算该设备每年的折旧额。

解决方法

对于在使用期限内消耗和产出比较均衡的固定资产的折旧计提，使用直线折旧法计提更为符合实际情况。

直线折旧法又称为平均年限法，其计算公式为"固定资产年折旧额=（固定资产原值-预计净残值）÷预计使用年限"，由公式可知，使用直线折旧法计算固定资产每年的折旧额相同。在 Excel 中，可以使用 SLN()函数直接对固定资产计提折旧额。其具体的操作如下。

STEP01 打开素材文件，选择F3单元格，在编辑栏中输入如下公式。

$$=SLN(A3,B3-C3,D3)$$

STEP02 按【Ctrl+Enter】组合键确认输入的公式，并使用直线折旧法计算办公设备每年的折旧额，如图6-17所示。

图 6-17　计算办公设备的年折旧额

公式解析

在本例的"=SLN(A3,B3-C3,D3)"公式中，使用 SLN()函数通过固定资产的原值、残值和使用年限计算办公设备的年折旧额。在本例中，将设备的维护费用也计算入资产折旧中，因此最终的残值用"B3-C3"部分计算得出，即将预计残值减去维修费用作为最终残值。

TIPS | *关于残值的说明* | 🔍

残值是指假定固定资产预计使用寿命已满并处于使用寿命终结时的预期状态，企业目前从该项资产处置中获得的扣除预计处置费用后的金额。通俗地讲就是当这个固定资产报废时,处理废品还值多少钱。

不过设备的使用年限是厂房根据某种标准衡定的，在实际工作中，根据使用强度的不同，实际寿命可能会高于或低于预计的使用年限。

知识看板

在 Excel 中，SLN()函数主要用于返回某项资产在一个期间中的线性折旧值，其具体的语法结构为：SLN(cost,salvage,life)，从函数的语法格式中可以看出，该函数包含 3 个必选参数，其中 cost 参数表示资产的原始价值；salvage 参数表示资产的预计净残值；life 参数表示资产的折旧期数（通常为年或月）。

直线折旧法是所有折旧法中最为简单的，并且可以通过算术表达式来计算，例如，本例还可以使用如下算术表达式来完成计算，其最终计算结果如图 6-18 所示。

$$=(A3-B3+C3)/D3$$

图 6-18　利用算术表达式计算办公设备的年折旧额

NO.055
按工作量法计算固定资产的折旧额【DB()/LEFT()】

资源：素材\第 6 章\计算设备各期的折旧额.xlsx | **资源**：效果\第 6 章\计算设备各期的折旧额.xlsx

某企业在 2016 年 8 月购买了一台机器设备，该设备的购买成本为 2580000 元，6 年报废后的残值为 32000 元，相关折旧数据如图 6-19 所示。现在需要计算该设备各期的折旧额数据。

机器设备年折旧额计算表			
购买时间	2016/8/1	购买成本	¥ 2,580,000.00
使用年限	6年	资产残值	¥ 32,000.00
折旧期	折旧期	各年使用的月数	各期折旧额
2016年	1	4	
2017年	2	12	
2018年	3	12	
2019年	4	12	
2020年	5	12	
2021年	6	12	

图 6-19 设备年折旧额计算表

解决方法

工作量法是根据实际工作量计提折旧额的一种方法，一般按固定资产所能工作的时数平均计算折旧额，它可以直接使用算术公式来计算，其计算公式为：

每一工作量折旧额=固定资产原值×（1-净残值率）÷预计工作总量

某项固定资产月折旧额=该项固定资产当月工作量×每一工作量折旧额

从算术计算公式中可以看出，要计算出一个折旧数据，必须牢记等式的结构，在 Excel 中，使用 DB()函数可以方便地完成这类计算，其具体的操作如下。

STEP01 打开素材文件，选择D5:D10单元格区域，在编辑栏中输入如下公式。

$$=DB(\$D\$2,\$D\$3,LEFT(\$B\$3,1),B5,C5)$$

STEP02 按【Ctrl+Enter】组合键确认输入的公式，并计算出设备各折旧期的折旧额，如图6-20所示。

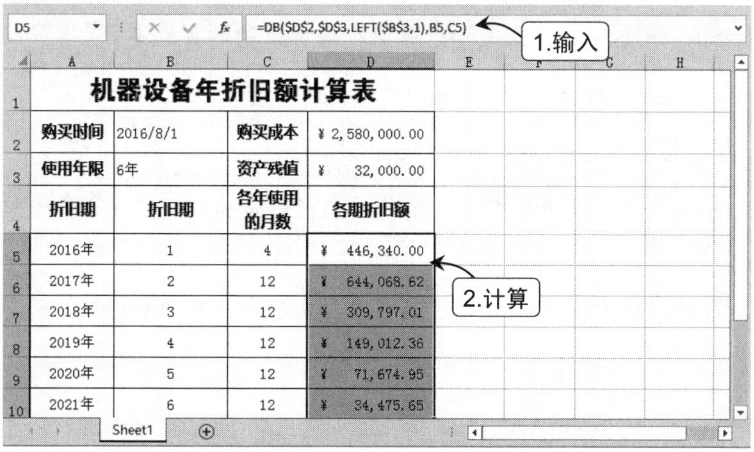

图 6-20　计算设备各折旧期的折旧额

公式解析

在本例的"=DB($D$2,$D$3,LEFT($B$3,1),B5,C5)"公式中，由于 B3 单元格中保存的使用年限数据为数字加文本单位的形式，因此需要使用 LEFT()函数将文本表示的使用年限中的"6"提取出来参加计算。

由于使用年限、购买成本和资产残值是固定不变的数据，因此在引用数据时应采用绝对引用方式，对于变化的折旧期和各折旧期的使用月数数据则应采用相对引用方式来引用对应的数据。

TIPS　哪些设备可用工作量法来计算折旧额

根据规定，对于那些在使用期间负担程度差异很大，提供的经济效益很不均衡的固定资产，例如企业专业车队的客（货）运汽车、大型设备以及大型建筑施工机械等固定资产，其资产的折旧可以采用工作量法来计算。

知识看板

工作量法计提折旧值也称为固定余额递减法计算折旧值，在 Excel

中，可以使用 DB() 函数按工作量法计算一笔资产在给定期间内的折旧值，其语法结构为：DB(cost,salvage,life,period,month)，从语法结构中可以看出，该函数有 5 个参数，各参数的具体作用如下。

◆ cost：该参数用于指定资产原值，即资产的购买成本。

◆ salvage：该参数用于指定资产残值，即资产报废后的价值。

◆ life：该参数用于指定资产的折旧期数。

◆ period：该参数用于表示需要计算的折旧值的期间，该参数的单位必须与 life 参数的单位相同。

◆ month：该参数为函数的可选参数，表示第一年的月份数，若省略，则默认为 12。

NO.056
使用双倍余额递减法加速计提资产折旧【DDB()/SUM()】

资源：素材\第 6 章\计算机器设备各期的折旧额.xlsx　|　资源：效果\第 6 章\计算机器设备各期的折旧额.xlsx

我们知道，大部分用于生产的机器设备在处于较新状态时，其工作效率高，实际使用时间长，产品质量好，维修费用低，可为企业提供较多的效益。

当机器设备处于较旧状态时，其工作效率低，维修费用增加，实际使用时间减少，生产的产品数量和质量降低，可为企业带来的效益也同步降低。

根据固定资产折旧费用与固定资产的效益之间的配比关系，随着固定资产效益的逐渐降低，固定资产的折旧额也应该逐渐降低。折旧要求使用加速折旧法对固定资产计提折旧。

按照我国财会制度的相关规定，可以使用的加速折旧法有双倍余额递减法和年数总和法两种。

现在已经知道某机器设备的资产原值为 500 万元，预计使用年限为

10 年，要求使用双倍余额递减法分别计算在残值率分别为 18%、15%、12%、9%、6%时每年的折旧额。

解决方法

双倍余额递减法是在不考虑固定资产残值的情况下，用直线法折旧率的两倍作为固定的折旧率乘以逐年递减的固定资产期初净值，得出各年应提折旧额的方法。在 Excel 中，常使用 DDB()函数来实现双倍余额递减法计提固定资产年折旧额。

因为双倍余额递减法是不考虑固定资产残值的，可能会使固定资产的账面净值降低到它的预计残值以下，所以一般需要在最后几年使用直线折旧法平摊剩余的折旧额。其具体的操作如下。

STEP01 打开素材文件，选择B5:F14单元格区域，在编辑栏中输入如下公式。按【Ctrl+Enter】组合键确认输入的公式，并计算在不同残值率下各年的折旧额，如图6-21所示。

=DDB($B$2,$B$2*B$4,$D$2,$A5)

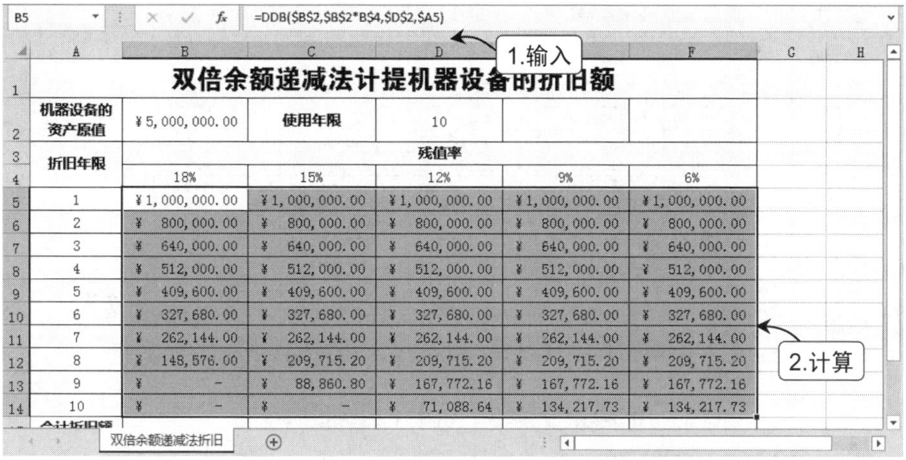

双倍余额递减法计提机器设备的折旧额					
机器设备的资产原值	¥5,000,000.00	使用年限	10		
折旧年限	残值率				
	18%	15%	12%	9%	6%
1	¥1,000,000.00	¥1,000,000.00	¥1,000,000.00	¥1,000,000.00	¥1,000,000.00
2	¥ 800,000.00	¥ 800,000.00	¥ 800,000.00	¥ 800,000.00	¥ 800,000.00
3	¥ 640,000.00	¥ 640,000.00	¥ 640,000.00	¥ 640,000.00	¥ 640,000.00
4	¥ 512,000.00	¥ 512,000.00	¥ 512,000.00	¥ 512,000.00	¥ 512,000.00
5	¥ 409,600.00	¥ 409,600.00	¥ 409,600.00	¥ 409,600.00	¥ 409,600.00
6	¥ 327,680.00	¥ 327,680.00	¥ 327,680.00	¥ 327,680.00	¥ 327,680.00
7	¥ 262,144.00	¥ 262,144.00	¥ 262,144.00	¥ 262,144.00	¥ 262,144.00
8	¥ 148,576.00	¥ 209,715.20	¥ 209,715.20	¥ 209,715.20	¥ 209,715.20
9	¥ -	¥ 88,860.80	¥ 167,772.16	¥ 167,772.16	¥ 167,772.16
10	¥ -	¥ -	¥ 71,088.64	¥ 134,217.73	¥ 134,217.73
合计折旧额					

图 6-21 使用双倍余额递减法计提资产折旧

STEP02 选择B15:F15单元格区域，在编辑栏中输入如下公式。按【Ctrl+Enter】组合键确认输入的公式，并计算各残值率下的总折旧额，如图6-22所示。

=SUM(B5:B14)

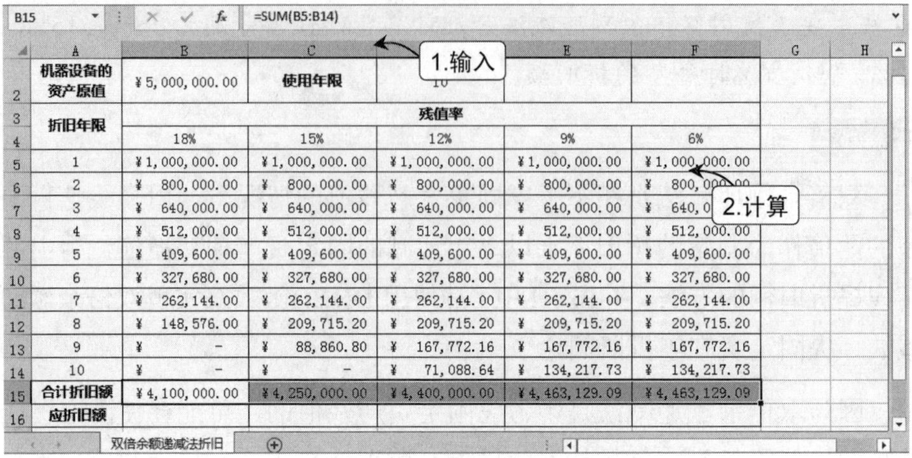

	A	B	C	D	E	F
2	机器设备的资产原值	¥5,000,000.00	使用年限	10		
3	折旧年限	残值率				
4		18%	15%	12%	9%	6%
5	1	¥1,000,000.00	¥1,000,000.00	¥1,000,000.00	¥1,000,000.00	¥1,000,000.00
6	2	¥ 800,000.00	¥ 800,000.00	¥ 800,000.00	¥ 800,000.00	¥ 800,000.00
7	3	¥ 640,000.00	¥ 640,000.00	¥ 640,000.00	¥ 640,000.00	¥ 640,0
8	4	¥ 512,000.00	¥ 512,000.00	¥ 512,000.00	¥ 512,000.00	¥ 512,000.00
9	5	¥ 409,600.00	¥ 409,600.00	¥ 409,600.00	¥ 409,600.00	¥ 409,600.00
10	6	¥ 327,680.00	¥ 327,680.00	¥ 327,680.00	¥ 327,680.00	¥ 327,680.00
11	7	¥ 262,144.00	¥ 262,144.00	¥ 262,144.00	¥ 262,144.00	¥ 262,144.00
12	8	¥ 148,576.00	¥ 209,715.20	¥ 209,715.20	¥ 209,715.20	¥ 209,715.20
13	9	¥ -	¥ 88,860.80	¥ 167,772.16	¥ 167,772.16	¥ 167,772.16
14	10	¥ -	¥ -	¥ 71,088.64	¥ 134,217.73	¥ 134,217.73
15	合计折旧额	¥4,100,000.00	¥4,250,000.00	¥4,400,000.00	¥4,463,129.09	¥4,463,129.09
16	应折旧额					

图 6-22 计算各残值率下的总折旧额

STEP03 选择B16:F16单元格区域，在编辑栏中输入如下公式。按【Ctrl+Enter】组合键确认输入的公式，并计算各残值率下的应折旧额，如图6-23所示。

=$B$2*(1-B4)

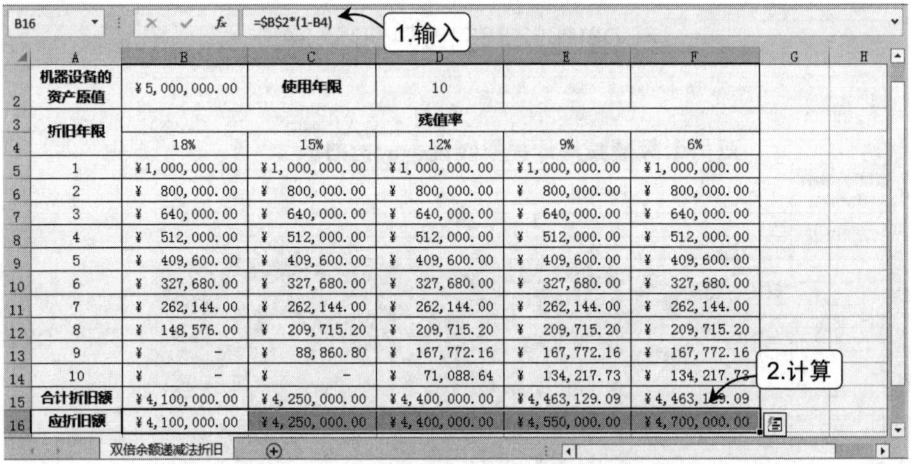

	A	B	C	D	E	F
2	机器设备的资产原值	¥5,000,000.00	使用年限	10		
3	折旧年限	残值率				
4		18%	15%	12%	9%	6%
5	1	¥1,000,000.00	¥1,000,000.00	¥1,000,000.00	¥1,000,000.00	¥1,000,000.00
6	2	¥ 800,000.00	¥ 800,000.00	¥ 800,000.00	¥ 800,000.00	¥ 800,000.00
7	3	¥ 640,000.00	¥ 640,000.00	¥ 640,000.00	¥ 640,000.00	¥ 640,000.00
8	4	¥ 512,000.00	¥ 512,000.00	¥ 512,000.00	¥ 512,000.00	¥ 512,000.00
9	5	¥ 409,600.00	¥ 409,600.00	¥ 409,600.00	¥ 409,600.00	¥ 409,600.00
10	6	¥ 327,680.00	¥ 327,680.00	¥ 327,680.00	¥ 327,680.00	¥ 327,680.00
11	7	¥ 262,144.00	¥ 262,144.00	¥ 262,144.00	¥ 262,144.00	¥ 262,144.00
12	8	¥ 148,576.00	¥ 209,715.20	¥ 209,715.20	¥ 209,715.20	¥ 209,715.20
13	9	¥ -	¥ 88,860.80	¥ 167,772.16	¥ 167,772.16	¥ 167,772.16
14	10	¥ -	¥ -	¥ 71,088.64	¥ 134,217.73	¥ 134,217.73
15	合计折旧额	¥4,100,000.00	¥4,250,000.00	¥4,400,000.00	¥4,463,129.09	¥4,463,1[illegible].09
16	应折旧额	¥4,100,000.00	¥4,250,000.00	¥4,400,000.00	¥4,550,000.00	¥4,700,000.00

图 6-23 计算各残值率下的应折旧额

STEP04 选择B12:B14单元格区域，删除其中的公式，并在编辑栏中重新输入如下公式。按【Ctrl+Enter】组合键确认输入的公式，完成将B12单元格的原数据平摊到B12:B14单元格区域中，如图6-24所示。

=($B$16-SUM($B$5:$B$11))/3

双倍余额递减法计提机器设备的折旧额					
机器设备的资产原值	¥5,000,000.00	使用年限	10		
折旧年限	残值率				
	18%	15%	12%	9%	6%
1	¥1,000,000.00	¥1,000,000.00	¥1,000,000.00	¥1,000,000.00	¥1,000,000.00
2	¥ 800,000.00	¥ 800,000.00	¥ 800,000.00	¥ 800,000.00	¥ 800,000.00
3	¥ 640,000.00	¥ 640,000.00	¥ 640,000.00	¥ 640,000.00	¥ 640,000.00
4	¥ 512,000.00	¥ 512,000.00	¥ 512,000.00	¥ 512,000.00	¥ 512,000.00
5	¥ 409,600.00	¥ 409,600.00	¥ 409,600.00	¥ 409,600.00	¥ 409,600.00
6	¥ 327,680.00	¥ 327,680.00	¥ 327,680.00	¥ 327,680.00	¥ 327,680.00
7	¥ 262,144.00	¥ 262,144.00	¥ 262,144.00	¥ 262,144.00	¥ 262,144.00
8	¥ 49,525.33	¥ 209,715.20	¥ 209,715.20	¥ 209,715.20	¥ 209,715.20
9	¥ 49,525.33	¥ 88,860.80	¥ 167,772.16	¥ 167,772.16	¥ 167,772.16
10	¥ 49,525.33	¥ [illegible]	¥ 71,088.64	¥ 134,217.73	¥ 134,217.73

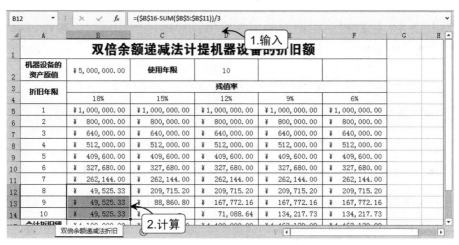

图 6-24 修改残值率为 18%时的最后 3 年折旧公式

STEP05 选择C13:C14单元格区域，删除其中的公式，并在编辑栏中重新输入如下公式。按【Ctrl+Enter】组合键确认输入的公式，完成将C13单元格的原数据平摊到C13:C14单元格区域中，如图6-25所示。

=($C$16-SUM($C$5:$C$12))/2

双倍余额递减法计提机器设备的折旧额					
机器设备的资产原值	¥5,000,000.00	使用年限	10		
折旧年限	残值率				
	18%	15%	12%	9%	6%
1	¥1,000,000.00	¥1,000,000.00	¥1,000,000.00	¥1,000,000.00	¥1,000,
2	¥ 800,000.00	¥ 800,000.00	¥ 800,000.00	¥ 800,000.00	¥ 800,
3	¥ 640,000.00	¥ 640,000.00	¥ 640,000.00	¥ 640,000.00	¥ 640,000.00
4	¥ 512,000.00	¥ 512,000.00	¥ 512,000.00	¥ 512,000.00	¥ 512,000.00
5	¥ 409,600.00	¥ 409,600.00	¥ 409,600.00	¥ 409,600.00	¥ 409,600.00
6	¥ 327,680.00	¥ 327,680.00	¥ 327,680.00	¥ 327,680.00	¥ 327,680.00
7	¥ 262,144.00	¥ 262,144.00	¥ 262,144.00	¥ 262,144.00	¥ 262,144.00
8	¥ 49,525.33	¥ 209,715.20	¥ 209,715.20	¥ 209,715.20	¥ 209,715.20
9	¥ 49,525.33	¥ 44,430.40	¥ 167,772.16	¥ 167,772.16	¥ 167,772.16
10	¥ 49,525.33	¥ 44,430.40	¥ 71,088.64	¥ 134,217.73	¥ 134,217.73

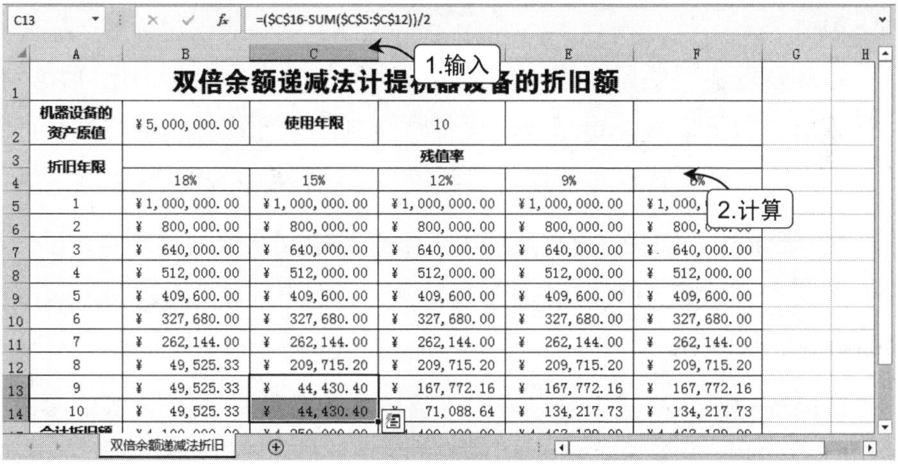

图 6-25 修改残值率为 15%时的最后 3 年折旧公式

公式解析

在本例的“=DDB($B$2,$B$2*B$4,$D$2,$A5)”公式中，“$B$2*B$4”部分用于计算机器设备的资产残值（资产原值乘以资产的残值率），然后使用 DDB()函数根据资产的原值、残值、使用年限和折旧年限通过双倍余额递减法计提资产的年折旧额。

通过该公式计算出来的结果有 3 种情况，分别为：

◆ 提前折旧完应折旧额，如本例中残值率为 18%和 15%的情形。

◆ 刚好折旧完应折旧额，如本例中残值率为 12%的情形。

◆ 没有折旧完应折旧额，如本例中残值率为 9%和 6%的情形。

根据双倍余额递减法的规定，如果提前折旧完应折旧额，应在最后几年的将折旧额平摊；如果没有折旧完应折旧额，则一直使用双倍余额法即可，没有折旧完的部分不再计提。

因此，在本例中，分别使用"=($B$16-SUM($B$5:$B$11))/3"公式和"=($C$16-SUM($C$5:$C$12))/2"公式对残值率为 18%和 15%的情形下提前折旧完应折旧额的情况进行分摊处理。

知识看板

双倍余额递减法是在固定余额递减法的基础上，将折旧率增加一倍后计算出来的折旧额，也是我国现行财会制度中允许使用的资产折旧算法之一，它的主要特点是前期折旧额较多，越往后折旧额越少。

在 Excel 中，DDB()函数是使用双倍余额递减法或其他指定方法，计算一笔资产在给定期间内的折旧值，其语法结构为：DDB(cost,salvage,life,period,[factor])。

从函数的语法格式中可以看出，该函数的参数与 DB()函数的参数基本相同，也包含 4 个必选参数和一个可选择参数，其中 cost 参数、salvage 参数、life 参数和 period 参数的意义与用法与 DB()函数相同。

不同的是，DDB()函数的可选参数是 factor，表示余额递减的速率，如果省略该参数，则默认为 2，表示双倍余额递减。

第 7 章

成本与货款数据的处理

对于生产型的企业而言，生产成本的分析以及货款的管理是企业数据管理中的重点。在本章中，将具体介绍如何通过 Excel 的函数功能来计算生产企业中涉及的成本控制和货款收取相关数据的处理，从而让数据管理工作变得更加高效与轻松。

7.1 生产成本分析管理

产品成本是衡量企业技术和管理水平的重要指标。企业必须以产品销售收入抵补产品生产过程中的各项支出，才能确定盈利，因此在企业成本管理中生产成本的控制非常重要。下面具体介绍如何利用函数来分析和管理生产成本相关的数据。

NO.057 计算各产品的平均生产成本【AVERAGE()】

资源：素材\第7章\季度平均成本.xlsx | **资源**：效果\第7章\季度平均成本.xlsx

在企业生产过程中，评估生产成本的参数有很多，其中一个较为常用的评估参数就是平均生产成本。

现在已经知道某工厂前3个季度生产各种产品的成本，如图7-1所示，现在需要计算这些产品在3个季度生产的平均成本。

生产车间成本统计表

产品	车间	第一季度	第二季度	第三季度	平均生产成本
A产品	一车间	¥ 9,350.70	¥ 9,614.10	¥ 8,692.20	
B产品	二车间	¥ 7,243.50	¥ 12,379.80	¥ 8,823.90	
C产品	一车间	¥ 7,243.50	¥ 10,667.70	¥ 12,774.90	
D产品	三车间	¥ 6,980.10	¥ 8,823.90	¥ 11,984.70	
E产品	三车间	¥ 8,955.60	¥ 12,643.20	¥ 6,980.10	
F产品	一车间	¥ 13,170.00	¥ 7,638.60	¥ 7,638.60	
G产品	二车间	¥ 6,716.70	¥ 10,931.10	¥ 9,877.50	
H产品	三车间	¥ 10,140.90	¥ 9,087.30	¥ 8,955.60	
I产品	一车间	¥ 9,614.10	¥ 9,877.50	¥ 7,506.90	
J产品	二车间	¥ 9,350.70	¥ 11,194.50	¥ 9,745.80	

成本统计表

图7-1 前3个季度的成本统计

解决方法

计算产品的平均成本，就是计算3个季度生产成本的平均数。在Excel中，计算一组数据的平均数可以使用AVERAGE()函数来完成，其具体操作如下。

STEP01 打开素材文件，选择F3:F12单元格区域，在编辑栏中输入如下公式。

=AVERAGE(C3:E3)

STEP02 按【Ctrl+Enter】组合键即可计算出各产品在前3个季度的平均生产成本，如图7-2所示。

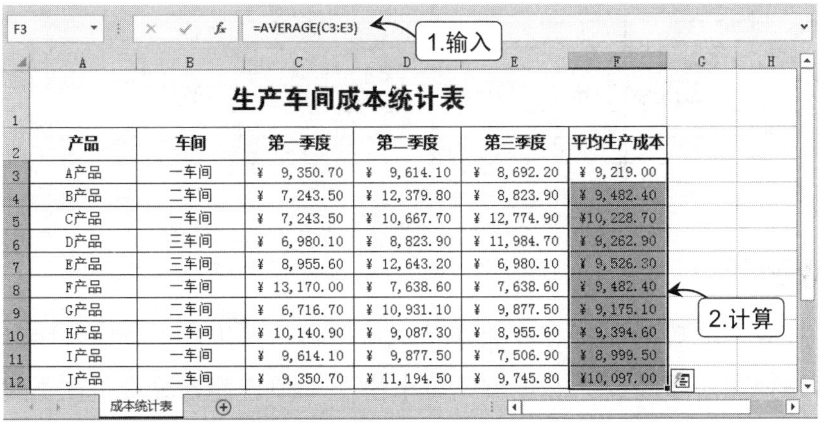

生产车间成本统计表

产品	车间	第一季度	第二季度	第三季度	平均生产成本
A产品	一车间	¥ 9,350.70	¥ 9,614.10	¥ 8,692.20	¥ 9,219.00
B产品	二车间	¥ 7,243.50	¥ 12,379.80	¥ 8,823.90	¥ 9,482.40
C产品	一车间	¥ 7,243.50	¥ 10,667.70	¥ 12,774.90	¥10,228.70
D产品	三车间	¥ 6,980.10	¥ 8,823.90	¥ 11,984.70	¥ 9,262.90
E产品	三车间	¥ 8,955.60	¥ 12,643.20	¥ 6,980.10	¥ 9,526.30
F产品	一车间	¥ 13,170.00	¥ 7,638.60	¥ 7,638.60	¥ 9,482.40
G产品	二车间	¥ 6,716.70	¥ 10,931.10	¥ 9,877.50	¥ 9,175.10
H产品	三车间	¥ 10,140.90	¥ 9,087.30	¥ 8,955.60	¥ 9,394.60
I产品	一车间	¥ 9,614.10	¥ 9,877.50	¥ 7,506.90	¥ 8,999.50
J产品	二车间	¥ 9,350.70	¥ 11,194.50	¥ 9,745.80	¥10,097.00

图 7-2 计算各产品在前 3 个季度平均生产成本

公式解析

在本例的“=AVERAGE(C3:E3)”公式中，“C3:E3”部分用于存储对应产品在前 3 个季度的生产成本，使用 AVERAGE()函数就可以计算出该产品在前 3 个季度的平均生产成本。

NO.058
获取3个最小材料消耗量【SMALL()】

资源：素材\第 7 章\材料消耗分析.xlsx | **资源：**效果\第 7 章\材料消耗分析.xlsx

在某生产企业中，材料消耗在生产成本中占有较大的比重，因此企业打算以减少材料的消耗来降低生产成本。

现在已经知道生产各种产值基本相同的产品需要消耗的各种材料，如图 7-3 所示，现在需要在该表格中获取各种材料在生产过程中的 3 个最低消耗量。

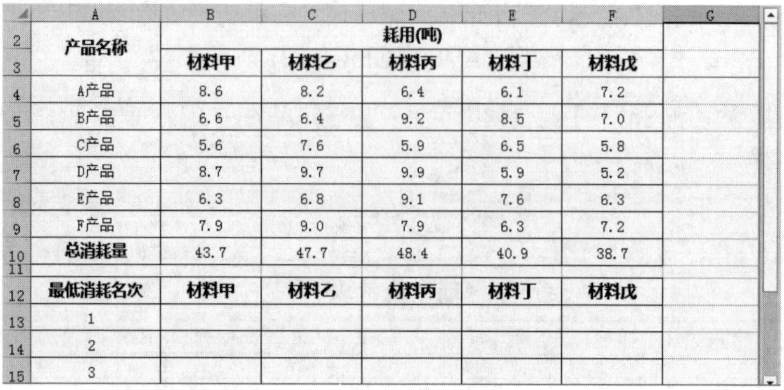

产品名称	耗用(吨)				
	材料甲	材料乙	材料丙	材料丁	材料戊
A产品	8.6	8.2	6.4	6.1	7.2
B产品	6.6	6.4	9.2	8.5	7.0
C产品	5.6	7.6	5.9	6.5	5.8
D产品	8.7	9.7	9.9	5.9	5.2
E产品	6.3	6.8	9.1	7.6	6.3
F产品	7.9	9.0	7.9	6.3	7.2
总消耗量	43.7	47.7	48.4	40.9	38.7

最低消耗名次	材料甲	材料乙	材料丙	材料丁	材料戊
1					
2					
3					

图 7-3　产品材料消耗表

解决方法

获取一组数据中的 3 个最小值，可以将这一组数据升序排序，排序之后排列在前面的 3 个数据就是最小的 3 个值。而如果希望在不改变表格结构的基础上获取最小的 3 个值，则可以使用 SMALL()函数，其具体操作如下。

STEP01 打开素材文件，选择B13:F15单元格区域，在编辑栏中输入如下公式。

=SMALL(B$4:B$10,$A13)

STEP02 按【Ctrl+Enter】组合键即可计算出每种材料最低的3个消耗量，如图7-4所示。

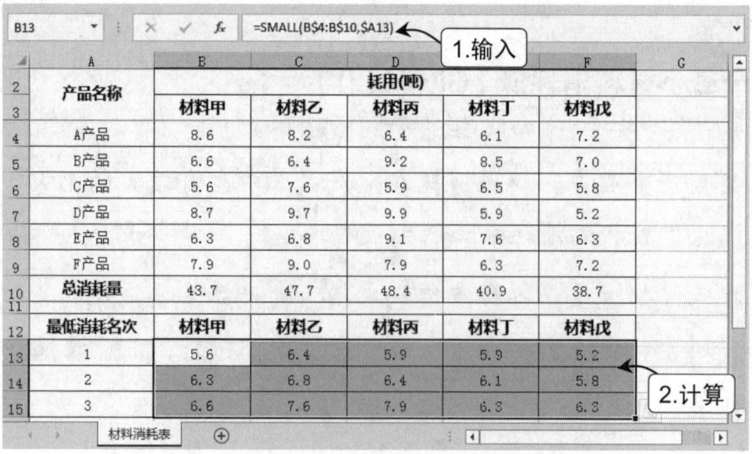

产品名称	耗用(吨)				
	材料甲	材料乙	材料丙	材料丁	材料戊
A产品	8.6	8.2	6.4	6.1	7.2
B产品	6.6	6.4	9.2	8.5	7.0
C产品	5.6	7.6	5.9	6.5	5.8
D产品	8.7	9.7	9.9	5.9	5.2
E产品	6.3	6.8	9.1	7.6	6.3
F产品	7.9	9.0	7.9	6.3	7.2
总消耗量	43.7	47.7	48.4	40.9	38.7

最低消耗名次	材料甲	材料乙	材料丙	材料丁	材料戊
1	5.6	6.4	5.9	5.9	5.2
2	6.3	6.8	6.4	6.1	5.8
3	6.6	7.6	7.9	6.3	6.3

图 7-4　获取每种材料消耗最小的 3 个数据

公式解析

在本例的"=SMALL(B\$4:B\$10,\$A13)"公式中，"B\$4:B\$10"单元格区域中保存的是生产各种产品材料的消耗量，由于不同的材料的消耗量保存在不同的列中，所以单元格区域的列需要使用相对引用而行需要使用绝对引用。

"\$A13"用于指定返回的消耗量为第几个最小值。由于消耗名次数据是固定为 A 列的 A13:A15 单元格区域，因此本例在指定返回第几个最小值时，需要将列使用绝对引用而行使用相对引用。

知识看板

①在 Excel 中，如果要返回给定数值集合中的第 k 个最小值，可使用 SMALL()函数来完成，其语法结构为：SMALL(array,k)。从语法结构中可以看出，SMALL()函数有两个参数，各参数的具体含义如下。

◆ array：用于指定需要在其中找出较小值的数值集合。如果该参数值为非数字数据，则 SMALL()函数返回#NUM!错误值。

◆ k：该参数为正整数，为返回的值在数组或数据区域中的位置，如果 k 小于等于 0，或 k 大于 array 参数的数据个数，则 SMALL()函数返回#NUM!错误值。

②在 Excel 中，如果 SMALL()函数中的 array 参数指定的数据集合的个数为 n，则当参数 k 的值为 1 时，即 SMALL(array,1)，函数返回指定数据集合中的最小值，即与使用 MIN()函数获取最小值的效果一样；当参数 k 的值为 n 时，即 SMALL(array,n)，函数返回给定数据集合中的最大值，即与使用 MAX()函数获取最大值的效果一样。

NO.059
跟踪产品最近3天的生产总量【TODAY()/SUMIF()/ROW()】

资源：素材\第 7 章\产量每日记录表.xlsx　　|　　资源：效果\第 7 章\产量每日记录表.xlsx

企业在生产产品的过程中，需要随时跟踪产品的生产情况，这样才能实时了解生产情况，并对应调整合适的生产计划，以避免产品生产过量或者不足的情况发生。

在某企业的产品生产记录表中，采用简单的流水账记录每天各种产品的生产数量，如图 7-5 所示，并且以后会继续按照相同格式添加生产记录，现在要求在一个单元格区域中显示最近 3 天每天的生产总量。

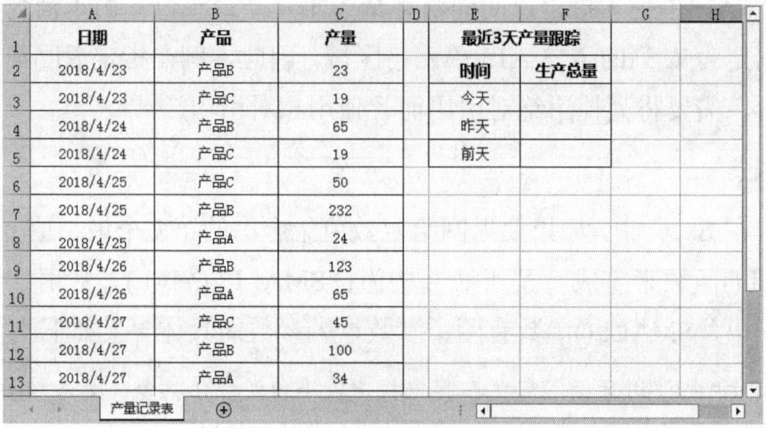

日期	产品	产量		最近3天产量跟踪	
2018/4/23	产品B	23		时间	生产总量
2018/4/23	产品C	19		今天	
2018/4/24	产品B	65		昨天	
2018/4/24	产品C	19		前天	
2018/4/25	产品C	50			
2018/4/25	产品B	232			
2018/4/25	产品A	24			
2018/4/26	产品B	123			
2018/4/26	产品A	65			
2018/4/27	产品C	45			
2018/4/27	产品B	100			
2018/4/27	产品A	34			

图 7-5　产量每日记录表

解决方法

要统计最近 3 天每天的生产总量，首先需要从所有产量中获取最近 3 天的产量，这可以使用 TODAY()函数来获取今天的日期，并使用 TODAY()函数表示昨天和前天的日期。

在获取了最近 3 天的日期后，就可以使用 SUMIF()函数对日期等于最近 3 天的产量汇总，从而得到最近 3 天的生产总量。其具体操作如下。

STEP01 打开素材文件，选择F3:F5单元格区域，在编辑栏中输入如下公式。

=SUMIF(A:A,TODAY()-ROW()+3,C:C)

STEP02 按【Ctrl+Enter】组合键即可分别计算出今天、昨天和前天的生产总量，如图7-6所示。

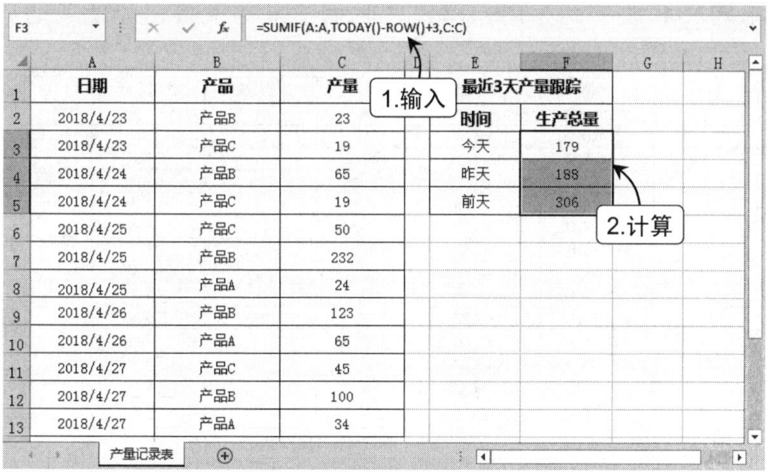

图 7-6　获取最近 3 天的生产总量

公式解析

在本例的 "=SUMIF(A:A,TODAY()−ROW()+3,C:C)" 公式中，"TODAY()−ROW()+3" 部分用于判断今天、昨天和前天的时间。然后使用 SUMIF() 函数汇总 A 列中的日期等于今天、昨天和前天对应的生产量。

使用该公式可以一次性选择所有结果单元格，然后完成数据的计算。也可以使用如下公式分别计算今天、昨天和前天对应的生产量。

=SUMIF(A:A,TODAY(),C:C)

=SUMIF(A:A,TODAY()−1,C:C)

=SUMIF(A:A,TODAY()−2,C:C)

NO.060
查询材料采购最频繁的车间【MODE()/INDEX()/MATCH()】

资源：素材\第 7 章\材料采购表.xlsx　　|　　资源：效果\第 7 章\材料采购表.xlsx

对于大宗物品的采购来说，一次采购的量越大、采购的次数越少，其平均成本就越低。因此，为了降低采购成本，需要合理地控制采购量和采购的次数。在图 7-7 中记录了各车间 4 月下旬的采购情况，现在需要查询采购次数最多的车间，以便适时调整采购策略，降低采购成本。

行号	名称	采购日期	采购人	采购数量	使用车间
1	ZT200钢材	2018/4/15	杨娟	31	一车间
2	LM-2X钢材	2018/4/15	杨娟	13	二车间
3	LSDH钢材	2018/4/15	杨娟	17	三车间
4	LM-2X钢材	2018/4/16	何艺豪	25	一车间
5	TLQ100钢材	2018/4/16	何艺豪	3	一车间
6	MT白-钢材	2018/4/16	何艺豪	13	二车间
7	MT白-钢材	2018/4/16	何艺豪	49	三车间
8	LSDH钢材	2018/4/16	何艺豪	22	一车间
9	ZT200钢材	2018/4/17	张虎	9	三车间
10	MT白-钢材	2018/4/17	张虎	25	二车间
11	LSDH钢材	2018/4/17	张虎	19	一车间
12	TLQ100钢材	2018/4/17	张虎	36	四车间
13	ZT200钢材	2018/4/18	何超	3	一车间
14	LM-2X钢材	2018/4/18	何超	45	一车间
			采购材料最频繁的车间		

图 7-7　4 月下旬的采购清单

解决方法

在本例中，查询采购次数最多的车间的名称就是在一组数据中找出总数的问题，要解决这个问题，可以使用 Excel 中的 MODE()函数来完成。

由于 MODE()函数只能够求取一组数值型数据的众数，因此，在本例中首先需要将采购的车间名称转换为一个数值型数组，然后找出这一组数值数据的众数，并通过众数引用车间的名称。

将一组文本数据转换为一组数值型数据，可以使用 MATCH()函数来实现，在该函数对这个区域自身进行匹配，可以得到区域中每一个值第一次出现的位置。

在得到这个位置之后，还可以使用 INDEX()函数根据位置返回这个位置的值。其具体操作如下。

STEP01 打开素材文件，选择F18单元格，在编辑栏中输入如下公式。
=INDEX(F3:F16,MODE(MATCH(F3:F16,F3:F16,0)))

STEP02 按【Ctrl+Enter】组合键即可获取到采购材料最为频繁的车间名称，如图7-8所示。

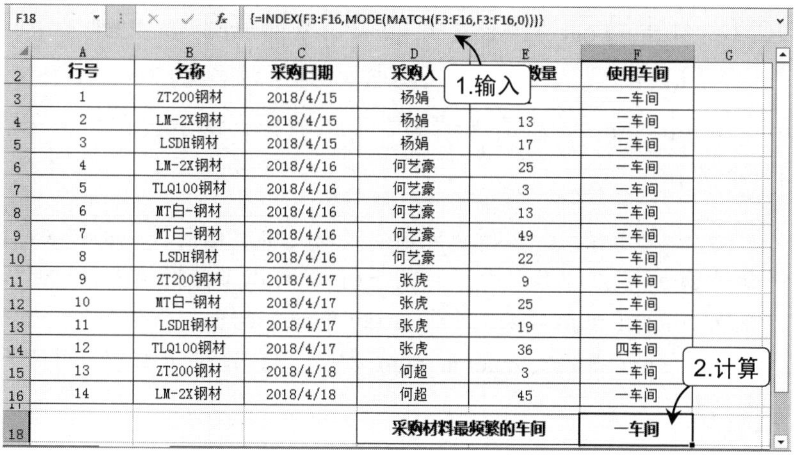

图 7-8 查询采购材料最为频繁的车间名称

公式解析

在本例的"=INDEX(F3:F16,MODE(MATCH(F3:F16,F3:F16,0)))"公式中,首先使用 MATCH()函数获取车间名称第一次在 F3:F16 单元格区域中出现的位置, 从而将文本类型的车间数据转化为一组数值数组 {1;2;3;1;1;2;3;1;3;2;1;4;1;1},然后使用 MODE()函数获取这些位置的众数,最后使用 INDEX()函数从 F3:F16 单元格区域中根据众数指定的位置引用车间的名称。

知识看板

①在 Excel 中,MODE()用于统计给定数据中出现频率最高的数据,其语法结构为:MODE(number1,[number2]…)。其中,number1 为必需参数,表示计算最高频率数值的第一个数值参数;number2…为可选参数,表示用于计算最高频率数值的 2～255 个数值参数。

②在使用 MODE()函数计算众数的时候,如果指定的数组或者单元格区域中存在错误值或者不能够转换为数值的文本,将会使得函数的计算结果为错误值。特别地,当给定的数组中不存在重复值时,函数的返回值为#N/A,表示这一组数据中不存在众数。

③在 Excel 中,如果需要在给定的某个数据范围中返回某个单元格的数据,则使用数组型的 INDEX()函数,其语法结构为:INDEX(array, row_num,column_num)。从语法结构中可以看出,该函数有 3 个参数,各参数的具体作用如下。

◆ **array**: 用于指定数据所在范围,可以是单元格区域,也可以是数组。如果 array 数组中只包含一行或一列,则可以不使用相应的 row_num 参数或 column_num 参数。如果 array 数组中包含多个行和列,但只使用了 row_num 参数或 column_num 参数,则函数将返回数组中整行或整列的数组。

◆ **row_num**: 用于指定在给定数据范围中数据所在的行号。如果省略该参数,则必须使用 column_num 参数。

◆ **column_num**: 用于指定在给定范围中数据所在的列标索引编号,如果省略该参数,则必须使用 row_num 参数。

NO.061
计算各车间的平均生产成本【DAVERAGE()】

资源:素材\第 7 章\各车间生产成本.xlsx | 资源:效果\第 7 章\各车间生产成本.xlsx

某工厂的生产成本统计表中记录了 7 种产品前 3 季度的生产成本及总成本,其中每种产品都是由一、二、三车间中的某一个车间生产的,如图 7-9 所示。现在需要计算各车间生产所有产品的平均成本为多少。

	A	B	C	D	E	F	G
2	产品	车间	第一季度	第二季度	第三季度	汇总	
3	A产品	一车间	¥ 9,350.70	¥ 9,614.10	¥ 8,692.20	¥ 27,657.00	
4	B产品	二车间	¥ 7,243.50	¥ 12,379.80	¥ 8,823.90	¥ 28,447.20	
5	C产品	一车间	¥ 7,243.50	¥ 10,667.70	¥ 12,774.90	¥ 30,686.10	
6	D产品	三车间	¥ 6,980.10	¥ 8,823.90	¥ 11,984.70	¥ 27,788.70	
7	E产品	三车间	¥ 8,955.60	¥ 12,643.20	¥ 6,980.10	¥ 28,578.90	
8	F产品	一车间	¥ 13,170.00	¥ 7,638.60	¥ 7,638.60	¥ 28,447.20	
9	G产品	二车间	¥ 6,716.70	¥ 10,931.10	¥ 9,877.50	¥ 27,525.30	
11		车间	车间	车间	车间		
12			一车间	二车间	三车间		
13		平均成本					

生产成本

图 7-9 产品生产成本统计

解决方法

本例是一个带条件的平均值计算问题，在该表格中，数据分布规则符合数据库表的条件，所以，可以使用DAVERAGE()函数来计算各个车间的平均生产成本，其具体操作如下。

STEP01 打开素材文件，选择C13:E13单元格区域，在编辑栏中输入如下公式。

=DAVERAGE($A$2:$F$9,"汇总",C11:C12)

STEP02 按【Ctrl+Enter】组合键确认输入的公式并计算出各车间前3季度的平均成本，如图7-10所示。

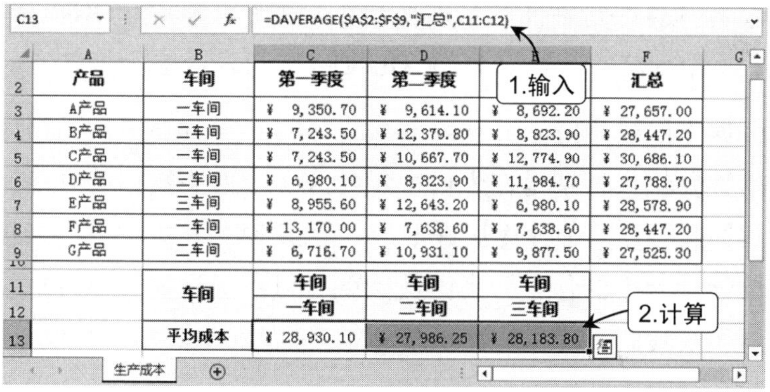

图7-10 计算各车间前3季度的平均成本

公式解析

在本例的"=DAVERAGE($A$2:$F$9,"汇总",C11:C12)"公式中，使用DAVERAGE()函数在A2:F9单元格区域中计算"车间"列等于"一车间"对应行"汇总"列数据的平均值。

因为数据源都是同一个数据源，所以在公式中A2:F9单元格区域必须使用绝对引用，而三个车间平均成本的条件区域分别是C11:C12、D11:D12、E11:E12，在复制公式的过程中需要可变，因为将其使用为相对引用。

知识看板

①DAVERAGE()函数是一个数据库函数，用于对某列数据中符合条

件的值进行平均值计算。在 Excel 中，所有的数据库函数的语法结构都相同，具体为：函数名(database,field,criteria)，其中各个参数的作用和注意事项也相同，各参数的具体作用如下。

◆ database：用于指定数据表单元格区域。

◆ field：用于指定需要处理的数据所在列的字段。

◆ criteria：用于指定条件区域。

②数据库函数的函数名都是以字母"D"打头，因此函数的功能可以根据函数名中 D 字母后面的名称来判断，例如函数名为 DCOUNT，则表示统计数字单元格；函数名为 DCOUNTA，则表示统计非空单元格。

③数据库函数相对于其他函数来说，特点十分突出。不仅运算速度较其他函数要快（特别是在表格中包含成千上万条数据的时候，使用数据库函数的数独比其他速度快许多），而且所有数据库函数的结构十分统一，只要学会其中的任意一个函数，就可以不经过其他学习直接使用其他的数据库函数。

④在本例中，也可以使用 AVERAGEIF()函数来实现相同的结果，其具体使用的公式如下，最终得到的计算结果如图 7-11 所示。

$$=AVERAGEIF(\$B\$3:\$B\$9,C12,\$F\$3:\$F\$9)$$

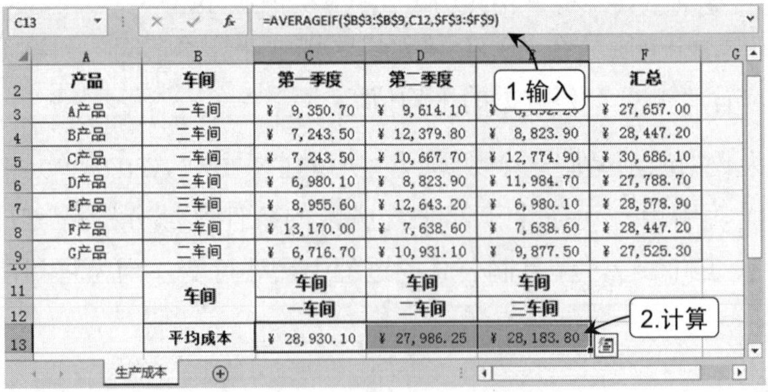

图 7-11 利用 AVERAGEIF()函数计算各车间前 3 季度的平均成本

⑤在 Excel 中，虽然数据库函数也可以用 IF()函数和对应函数的综合使用来代替，但是两种方法之间也存在区别，具体如下。

◆ **处理数据的方式**：利用数据库函数 DAVERAGE()只能按列处理数据；利用 IF()函数和 AVERAGE()函数可以按列处理数据，也可以按行处理数据。

◆ **公式的重用性**：利用数据库函数处理数据，公式对同类数据处理的重用性高，而使用 IF()函数和 DAVERAGE()函数处理数据的公式就只能使用一次。

NO.062
计算2017年及之前某空调的平均出厂价【AVERAGE()/IF()/YEAR()】

资源：素材\第 7 章\空调出厂价.xlsx | **资源**：效果\第 7 章\空调出厂价.xlsx

某公司每隔一段时间就会根据空调在市场上的销售情况对出厂价作出一定的调整。从 2002 年开始，该公司已经对空调进行了 19 次出厂价的调整，如图 7-12 所示。现在为了分析 2017 年及之前的空调销售情况，需要知道该空调在 2017 年及之前的平均出厂价。

图 7-12　空调历年出厂价记录

解决方法

在该公司的出厂价表中，定价时间是采用常规的日期进行记录的，所以在求平均值之前，需要先获取这些日期的年份，这可以使用 YEAR() 函数来完成，然后使用 IF() 函数判断获取的年份是否小于等于 2017，并对满足条件的出厂价求平均值即可，其具体操作如下。

STEP01 打开素材文件，选择C13:E13单元格区域，在编辑栏中输入如下公式。

=AVERAGE(IF(YEAR(A3:A21)<=2017,B3:B21))

STEP02 按【Ctrl+Shift+Enter】组合键计算该公司2017年及之前空调的平均出厂价，如图7-13所示。

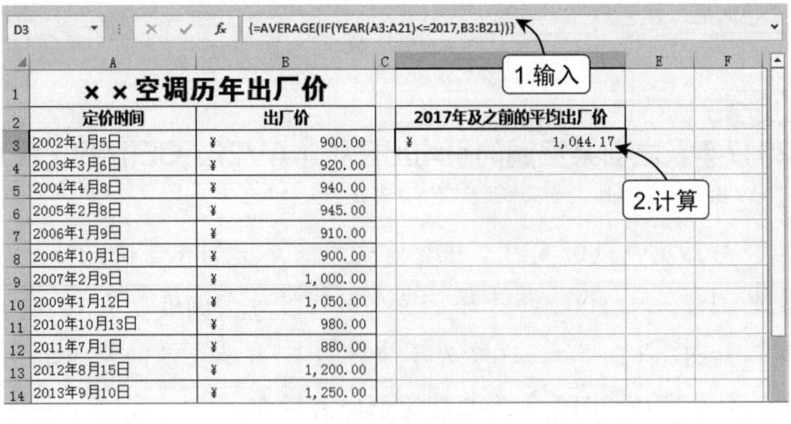

图 7-13　计算该公司 2017 年及之前空调的平均出厂价

公式解析

在本例的"=AVERAGE(IF(YEAR(A3:A21)<=2017,B3:B21))"公式中，先使用 YEAR()函数获取所有定价时间的年份，然后使用 IF()函数判断这些年份是否小于等于 2017，如果是则返回对应的出厂价，否则返回逻辑值 FALSE，然后使用 AVERAGE()函数计算获取的出厂价的平均值。

7.2　货款数据管理

对于货款数据的管理主要涉及货款日期的管理，如货款最后日期、货款结款期、结款提醒等，这些通过系统提供的日期函数，都可以方便地完成计算。

NO.063
计算货款的最后日期【TEXT()/EDATE()】

资源：素材\第 7 章\提货明细表.xlsx　　|　　资源：效果\第 7 章\提货明细表.xlsx

在"提货明细表"工作表中记录了某销售公司各种产品的品名、型号规格、单位、单价、提货数量、金额和提货时间等，如图 7-14 所示。假设公司与供货商约定，提货之日之后 3 个月付给货款。现在需要计算出各提货记录的最后付款时间。

品名	型号规格	单位	单价	提货数量	金额	提货时间	最后付款日期
多晶15W	300×450×28	个	¥ 4.20	4053	¥ 17,022.60	2018/4/5	
单晶70W	552×973×30	个	¥ 7.50	5358	¥ 40,185.00	2018/5/15	
单晶60W	552×856×30	个	¥ 6.80	4053	¥ 27,560.40	2018/5/15	
单晶5W	226×244×18	个	¥ 2.50	3709	¥ 9,272.50	2018/3/22	
单晶50W	552×750×30	个	¥ 5.30	3503	¥ 18,565.90	2018/5/15	
单晶3W	160×240×18	个	¥ 1.20	5015	¥ 6,018.00	2018/3/28	
单晶3W	160×232×18	个	¥ 1.30	4809	¥ 6,251.70	2018/3/28	
单晶2W	160×160×18	个	¥ 0.50	4946	¥ 2,473.00	2018/3/28	
单晶10W	300×324×28	个	¥ 3.30	4671	¥ 15,414.30	2018/4/8	

图 7-14　某公司产品提货明细数据记录

解决方法

在本例中，要计算一个日期之后 3 个月之后的日期，因为每一个月的天数都有所不同，所以不能直接在原来的日期之后加上一个整数来进行计算。这时候可以考虑使用 EDATE()函数来获取提货日期之后 3 个月的日期。其具体操作如下。

STEP01 打开素材文件，选择H3:H11单元格区域，在编辑栏中输入如下公式。
=TEXT(EDATE(G3,3),"yyyy/m/d")

STEP02 按【Ctrl+Enter】组合键确认输入的公式，并计算出各提货记录的最后付款日期，如图7-15所示。

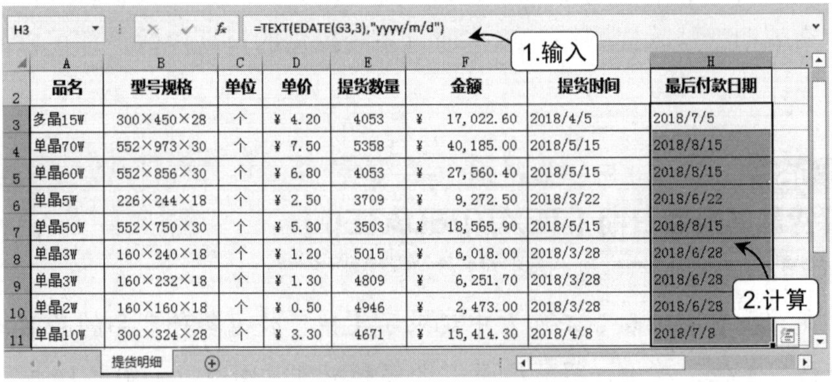

图 7-15　计算各提货记录的最后付款日期

公式解析

在本例的 "=TEXT(EDATE(G3,3),"yyyy/m/d")" 公式中，G3 单元格用于指定提货时间，参数 "3" 表示经过 3 个月后的日期是多少，即每种产品的付款时间。最后使用 EDATE()函数计算出提货时间 3 个月之后的日期，由于 EDATE()函数返回的是日期序列数，因此还需要使用 TEXT()函数将其转换为日期格式的文本。如果不使用 TEXT()函数转化公式，则事先需要手动对保存结果的单元格的单元格格式设置为日期格式。

知识看板

①在 Excel 中，EDATE()函数用于计算指定日期之前或之后几个月的

具体日期的序列号，其具体的语法结构为：EDATE(start_date,months)。从语法结构中可以看出，该函数包含两个必需参数。各参数的具体作用如下。

◆ start_date：用于指定起始日期，它可以是具体的日期常量，也可以是指向日期数据的单元格引用，如果该参数值为非有效格式的日期，则函数返回#VALUE!错误值。

◆ months：用于指定 start_date 参数之前或之后的月份数，该参数为正数，则函数返回起始日期之后的日期；该参数为负数，则函数将返回起始日期之前的日期。当 months 为小数时，函数自动忽略小数位数后面的数据，只对整数部分进行运算。

②对于提货时间为每个月的最后一天出现的特殊情况，该函数会做特殊处理。其处理方法不再是其他日期函数最常采用的自动进位，而是直接将超出该月的天数转换为该月的最后一天的日期。

TIPS *在Excel 2003中使用EDATE()函数* 🔍

EDATE()函数在 Excel 2003 版本中是没有的，如果用户在 Excel 2003 版本中要使用该函数来处理数据，则需要手动添加分析工具库，其操作是，在 Excel 2003 工作界面中单击"工具"菜单项，在弹出的下拉菜单中选择"加载宏"命令，在打开的"加载宏"对话框中选中"分析工具库"复选框，单击"确定"按钮，如图 7-16 所示。加载了分析工具库之后，就会发现在 Excel 2003 中已经可以使用 EDATE()函数了。

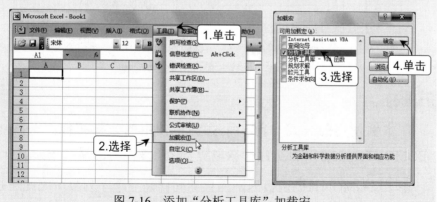

图 7-16　添加"分析工具库"加载宏

NO.064

计算货款的结款期【TEXT()/EOMONTH()】

资源：素材\第 7 章\提货明细表 1.xlsx | 资源：效果\第 7 章\提货明细表 1.xlsx

某企业的货款结款期订在提货之后 3 个月的最后一天，现在需要计算该公司最近一段时间提货的产品的结款期。

解决方法

本例中需要计算的日期为提货之后 3 个月的最后一天的日期，可以使用 EOMONTH()函数来计算。其具体操作如下。

STEP01 打开素材文件，选择H3:H11单元格区域，在编辑栏中输入如下公式。

=TEXT(EOMONTH(G3,3),"yyyy/m/d")

STEP02 按【Ctrl+Enter】组合键确认输入的公式，程序自动将总价数据分散填充到“金额”栏中，如图7-17所示。

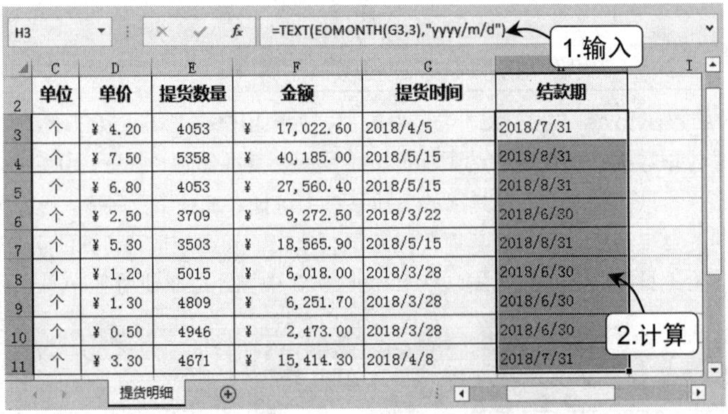

	单位	单价	提货数量	金额	提货时间	结款期
3	个	¥ 4.20	4053	¥ 17,022.60	2018/4/5	2018/7/31
4	个	¥ 7.50	5358	¥ 40,185.00	2018/5/15	2018/8/31
5	个	¥ 6.80	4053	¥ 27,560.40	2018/5/15	2018/8/31
6	个	¥ 2.50	3709	¥ 9,272.50	2018/3/22	2018/6/30
7	个	¥ 5.30	3503	¥ 18,565.90	2018/5/15	2018/8/31
8	个	¥ 1.20	5015	¥ 6,018.00	2018/3/28	2018/6/30
9	个	¥ 1.30	4809	¥ 6,251.70	2018/3/28	2018/6/30
10	个	¥ 0.50	4946	¥ 2,473.00	2018/3/28	2018/6/30
11	个	¥ 3.30	4671	¥ 15,414.30	2018/4/8	2018/7/31

图 7-17 计算各提货记录的结款期

公式解析

在本例使用的公式与前一个案例中使用的公式相似，公式中的“EOMONTH(G3,3)”部分用于获取提货之后 3 个月的最后一天的日期。

由于 EOMONTH()函数返回的日期同样是一个序列数，因此还是需要使用 TEXT()函数将其转换为日期格式的文本。

在 Excel 中，EOMONTH()函数用于获取指定月数之前或之后的月份的最后一天，其语法格式为：EOMONTH(start_date,months)。

从语法结构中可以看出，该函数有两个必需参数，各参数的具体含义如下。

◆ start_date：用于指定一个代表开始日期的日期。

◆ months：用于指定 start_date 参数之前或之后的月份数，其具体的参数值如表 7-1 所示。

表 7-1　months 参数的参数值取值及其作用

参数值	作用
负整数（负小数则截尾取整）	EOMONTH()函数返回 start_date 参数指定日期上几个月月末的日期，例 "=EOMONTH("2018/5/18",-1)" 返回上一个月的月末日期 "2018/4/30"
0	EOMONTH()函数返回 start_date 参数指定日期当月月末的日期，例 "=EOMONTH("2018/5/18",0)" 返回当月月末日期 "2018/5/31"
正整数（正小数则截尾取整）	EOMONTH()函数返回 start_date 参数指定日期下几个月月末的日期，例 "=EOMONTH("2018/5/18",2)" 返回当月后的第二个月的月末日期 "2018/7/31"

NO.065
在提货明细表中添加结款期限倒计时提醒【TODAY()/ABS()/IF()】

资源：素材\第 7 章\提货明细表 2.xlsx　|　资源：效果\第 7 章\提货明细表 2.xlsx

在计算出了货款的付款期限之后，为了及时催收货款，还需要对货款的到期时间进行一定的提醒。通过货款付款期限的提醒，可以及时对需要催收的货款进行催收。

在本例中，需要通过文字来提醒当前订货记录的付款剩余天数或者超期天数。

解决方法

在本例中，可以先计算出付款日期到当前日期之间的以天为单位的时间差，然后使用 IF()函数判断这个时间差是大于 0、小于 0 还是等于 0，并使用相应的文字进行说明即可。

由于时间差可能存在负数，因此还需要使用ABS()函数将其取正，其具体操作如下。

STEP01 打开素材文件，选择I3:I11单元格区域，在编辑栏中输入如下公式。

=IF(H3-TODAY()=0,"刚好到期",IF(H3-TODAY()>0,"距离结款期尚有"&H3-TODAY()&"天","已经超期"&ABS(H3-TODAY()&"天")))

STEP02 按【Ctrl+Enter】组合键确认输入的公式并计算出各提货记录的结款期倒计时提醒，如图7-18所示。

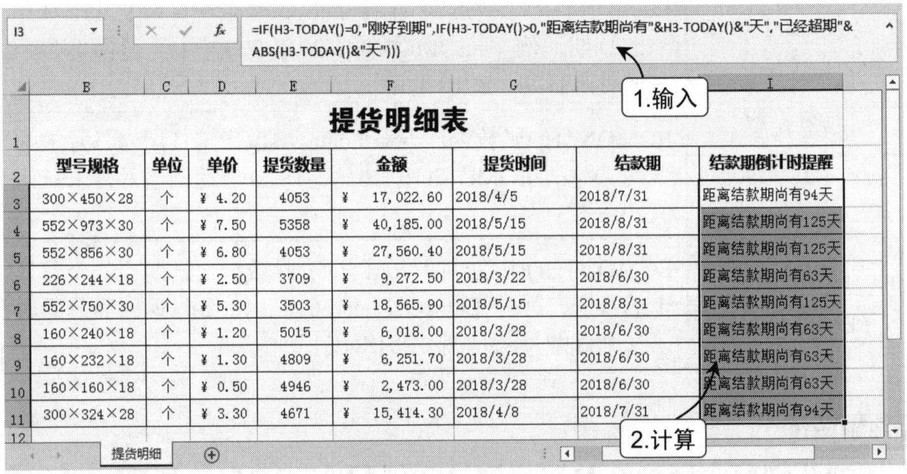

提货明细表

型号规格	单位	单价	提货数量	金额	提货时间	结款期	结款期倒计时提醒
300×450×28	个	¥ 4.20	4053	¥ 17,022.60	2018/4/5	2018/7/31	距离结款期尚有94天
552×973×30	个	¥ 7.50	5358	¥ 40,185.00	2018/5/15	2018/8/31	距离结款期尚有125天
552×856×30	个	¥ 6.80	4053	¥ 27,560.40	2018/5/15	2018/8/31	距离结款期尚有125天
226×244×18	个	¥ 2.50	3709	¥ 9,272.50	2018/3/22	2018/6/30	距离结款期尚有63天
552×750×30	个	¥ 5.30	3503	¥ 18,565.90	2018/5/15	2018/8/31	距离结款期尚有125天
160×240×18	个	¥ 1.20	5015	¥ 6,018.00	2018/3/28	2018/6/30	距离结款期尚有63天
160×232×18	个	¥ 1.30	4809	¥ 6,251.70	2018/3/28	2018/6/30	距离结款期尚有63天
160×160×18	个	¥ 0.50	4946	¥ 2,473.00	2018/3/28	2018/6/30	距离结款期尚有63天
300×324×28	个	¥ 3.30	4671	¥ 15,414.30	2018/4/8	2018/7/31	距离结款期尚有94天

图 7-18　计算各提货记录的结款期倒计时提醒

公式解析

在本例的“=IF(H3-TODAY()=0,"刚好到期",IF(H3-TODAY()>0,"距离结款期尚有"&H3-TODAY()&"天","已经超期"&ABS(H3-TODAY()&"天")))”公式中，“H3-TODAY()”部分直接使用结款期减去当前的日期得到结款期到当前日期之间间隔的天数。

为了便于理解，这里暂时将该部分定义为"到期天数"，则计算公式可以简化为：

=IF(到期天数=0,"刚好到期",IF(到期天数>0,"距离结款期尚有"&到期天数&"天",
"已经超期"&ABS(到期天数&"天")))

在上述公式中，IF()函数先判断到期天数是否等于0，如果条件成立，则函数返回"刚好当期"，否则执行嵌套IF()函数中的条件，即继续判断到期天数是否大于0，如果条件判断成立，则执行整个公式返回剩余的天数，否则返回超期的天数。

TIPS　*在公式中使用名称达到简化公式的目的*　🔍

其实，在本例中是可以对公式进行简化来计算的，直接将"=H3-TODAY()"部分通过Excel的定义名称的功能定义为"到期天数"名称，即可在公式中使用该名称来替代"H3-TODAY()"部分，从而达到简化公式的目的。定义名称的具体操作为：打开素材文件后先按【Ctrl+F3】组合键，在打开的对话框中单击"新建"按钮，在打开的"新建名称"对话框中的"名称"文本框中输入名称"到期天数"，在"引用位置"文本框中输入"=H3-TODAY()"公式，单击"确定"按钮即可完成名称的定义，如图7-19所示。

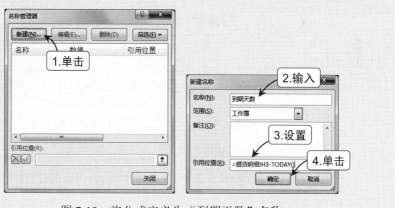

图7-19　将公式定义为"到期天数"名称

知识看板

①在Excel中，ABS()函数用于返回一个数值的绝对值，其语法结构为：ABS(number)。从语法结构中可以看出，ABS()函数只包含一个number

参数，该参数主要用于指定需要返回其绝对值的实数，它可以是具体的数据，也可以是单元格引用，或者是计算结果为数据的表达式。

②利用 IF()函数进行多重判断时，当嵌套的层数太多时，容易造成括号缺失或者嵌套位置错误等情况，从而导致计算结果出错或者计算不能进行等问题。要解决该问题，在 Excel 2016 中可以使用系统提供的 IFS()函数来简化 IF()函数的多重嵌套。

③IFS()函数只用一对括号，在其中按照“条件，结果”的格式，不断添加多重条件判断的参数，即可完成多条件判断，其语法结构为：IFS(条件 1，结果 1，条件 2，结果 2，……)。因此，上例中如果用 IFS()函数来完成多重条件判断，其使用的公式如下，最终的计算结果如图 7-20 所示。

=IFS(H3-TODAY()>0,"距离结款期尚有"&H3-TODAY()&"天",
H3-TODAY()=0,"刚好到期",H3-TODAY()<0,"已经超期"
&ABS(H3-TODAY()&"天"))

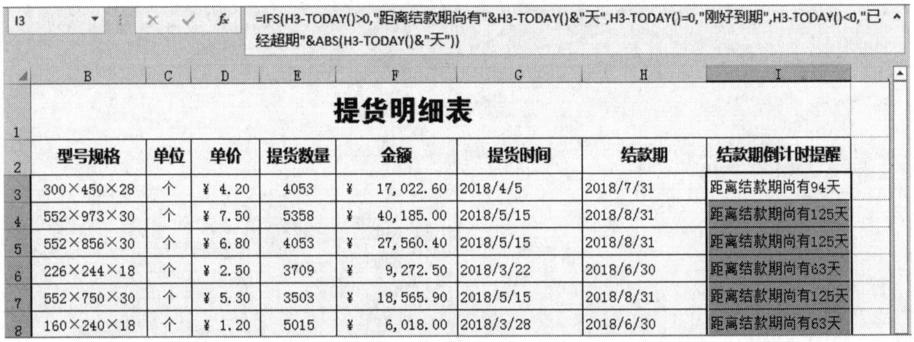
I3 =IFS(H3-TODAY()>0,"距离结款期尚有"&H3-TODAY()&"天",H3-TODAY()=0,"刚好到期",H3-TODAY()<0,"已经超期"&ABS(H3-TODAY()&"天"))

	B	C	D	E	F	G	H	I
1	提货明细表							
2	型号规格	单位	单价	提货数量	金额	提货时间	结款期	结款期倒计时提醒
3	300×450×28	个	¥ 4.20	4053	¥ 17,022.60	2018/4/5	2018/7/31	距离结款期尚有94天
4	552×973×30	个	¥ 7.50	5358	¥ 40,185.00	2018/5/15	2018/8/31	距离结款期尚有125天
5	552×856×30	个	¥ 6.80	4053	¥ 27,560.40	2018/5/15	2018/8/31	距离结款期尚有125天
6	226×244×18	个	¥ 2.50	3709	¥ 9,272.50	2018/3/22	2018/6/30	距离结款期尚有63天
7	552×750×30	个	¥ 5.30	3503	¥ 18,565.90	2018/5/15	2018/8/31	距离结款期尚有125天
8	160×240×18	个	¥ 1.20	5015	¥ 6,018.00	2018/3/28	2018/6/30	距离结款期尚有63天

图 7-20　使用 IFS()函数计算结款倒计时提醒

④在使用 IFS()函数进行多条件判断时，条件 1、条件 2 的取值范围必须严格根据判断要求进行设置，不能随意调换，因为函数始终是按从左到右的顺序进行条件判断的，例如，“=IFS(F2>=240,"优秀",F2>=180,"合格",F2<180,"不合格")”公式和“=IFS(F2>=180,"合格",F2<180,"不合格",F2>=240,"优秀")”公式的运行效果是不同的，前者可以分别判断出优秀、合格与不合格这 3 个等级，而后者中第三组条件被涵盖到第一组条件中，所以整个数据计算中都不可能匹配到第三组条件。

第 8 章

采购与订单数据的处理

在生产型企业中，采购与订单数据的管理是非常重要的，但这些数据的处理也是烦琐的，而利用公式与函数就会让整个数据处理过程变得简单、高效。在本章中，将具体通过相关实例问题的解决，讲解如何利用 Excel 中的函数功能灵活处理最为常见的采购与订单数据的处理问题。

8.1 采购数据处理

利用 Excel 可以更好地管理企业采购的各种材料或物品，使得各种采购数据的计算、分析和查询等工作变得更简单。

NO.066
整理供应商联系方式【MID()/FIND()】

资源：素材\第8章\采购明细表.xlsx　|　资源：效果\第8章\采购明细表.xlsx

某企业编制的采购明细表，供应商的联系方式不规范，都包含了不统一的前缀，如"电话:"、"TEL:"……，如图 8-1 所示，现要求将供应商的各种联系方式都处理为只保留具体的练习方式。

行号	名称	采购人	采购型号	供应商联系方式	联系方式整理
			**采购明细表**		
1	车床	刘唐	1932	手机:1386548****	
2	钻床	宋明芳	688	TEL:0288765****	
3	钻床	宋明芳	1025	PHONE:1304877****	
4	车床	刘唐	1325	厂座机:0284555****	
5	高速铣床	陈洪	29854	办公室:0285487****	
6	加工中心	宋明芳	3546	手机:1581354****	
7	车床	刘唐	2564	座机:0284466****	
8	加工中心	宋明芳	5798	手机:1399005****	
9	钻床	宋明芳	16542	MOBILE:1373868****	
10	车床	刘唐	2316	办公室:0283434****	
11	高速铣床	陈洪	136	厂座机:0285159****	
12	车床	刘唐	3685	手机:1327977****	

图 8-1　采购明细表

解决方法

在本例中，前缀都是文本或者字母，因此可以通过使用 FIND()函数查找数字的开始位置，然后使用 MID()函数从查找位置开始截取后面所有的内容，完成联系方式的截取。

在这个过程中还会使用 MIN()函数和 LEN()函数的综合应用，其具体操作如下。

STEP01 打开素材文件，选择F3:F14单元格区域，在编辑栏中输入如下公式。

$$=MID(E3,MIN(FIND(\{0,1,2,3,4,5,6,7,8,9\},$$
$$E3\&"0123456789")),LEN(E3))$$

STEP02 按【Ctrl+Enter】组合键即可完成从不规范的供应商联系方式中整理出对应的联系方式，如图8-2所示。

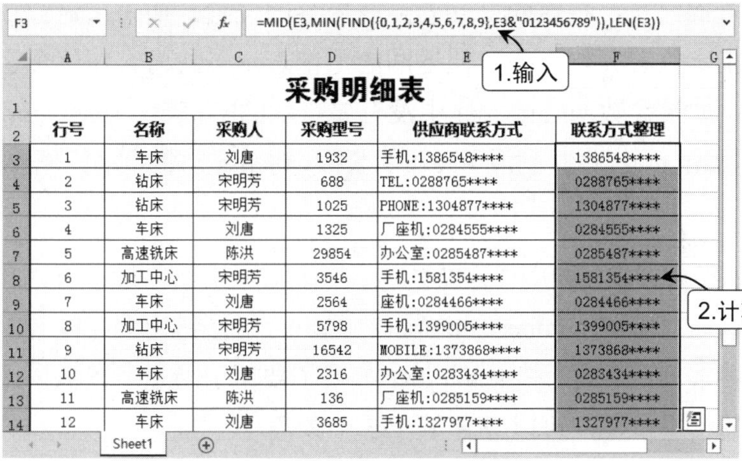

图 8-2　整理联系方式

公式解析

在本例的"=MID(E3,MIN(FIND({0,1,2,3,4,5,6,7,8,9},E3&"0123456789")),LEN(E3))"公式中，"MIN(FIND({0,1,2,3,4,5,6,7,8,9},E3&"0123456789"))"部分的作用是找到0~9中任意一个数字最开始的位置作为MID()函数的截取开始位置，截取的总长度用"LEN(E3)"部分指定。

知识看板

①在 Excel 中，FIND()函数用于搜索一个字符串在另一个字符串中出现的位置。

其具体的语法结构为：FIND(find_text,within_text,start_num)，从语法结构中可以看出，FIND()函数包含 3 个参数，各参数的具体含义分别如下。

◆ find_text: 用于指定需要查找的文本。

◆ within_text：用于指定在某个字符串或者单元格中查找。

◆ start_num：用于 within_text 中开始查找的字符的编号，start_num 参数也可以省略，省略时表示从 within_text 的第一个字符开始查找。

②在使用 FIND() 函数查找指定文本时，如果查找的字符串中有两处相同的查找内容，将返回第一处查找内容的位置。如果指定查找位置，则会从指定位置开始查找，但返回的值都表示查找内容在整个字符串中的位置。如果参数 within_text 中没有要查找的字符串、start_num 小于等于 0，或 start_num 大于 within_text 的长度，则系统都将自动返回#VALUE！错误值。

③在 Excel 中，MIN() 函数用于从一组数据中获取最小值。其具体的语法结构为：MIN(number1,number2,…)，从语法结构中可以看出，该函数只的参数个数不定，其中 number 参数主要用于指定一组数据或者单元格区域的引用，用户可以设置 1~255 个参数。

④如果 MIN() 函数的 number 参数是单元格或者单元格区域的引用，那么指定的单元格或者单元格区域中存储的必须是数字数据，若其中包含的为文本数据、逻辑值或空白单元格，系统都将忽略这些值，函数最终返回 0 值。

NO.067
统一设置采购产品的型号【CONCAT()/TEXT()/REPT()】

资源：素材\第8章\采购明细表 1.xlsx　　　|　　　资源：效果\第8章\采购明细表 1.xlsx

在企业的采购明细表中，所有采购的产品型号都只记录了位数不统一的数字，现在需要将该表格中记录的采购物品型号统一为 "XF." 加上 8 位数的形式，不足 8 位前面添 "0" 补足。

（解决方法）

在本例中，要让已有的数据按照某种格式来显示，可以使用 TEXT() 函数来实现，对于具体不足要求的位数用 "0" 补足，则可以使用 REPT()

函数来完成。此外本例还要求在每个型号前面加上"XF."部分，直接使用 CONCAT() 函数将该部分与转化后的型号数据联结起来，即可得到最终要求的效果。其具体操作如下。

STEP01 打开素材文件，选择E3:E14单元格区域，在编辑栏中输入如下公式。

=CONCAT("XF.",TEXT(D3,REPT(0,8)))

STEP02 按【Ctrl+Enter】组合键确认输入的公式并将所有的采购型号按要求整理出来，如图8-3所示。

图 8-3　完成采购型号数据的整理

公式解析

在本例的"=CONCAT("XF.",TEXT(D3,REPT(0,8)))"公式中，"TEXT(D3,REPT(0,8))"部分用于将采购型号转化为 8 位数字显示，对于不足 8 位数字的，用"0"补齐。

然后使用其中 CONCAT() 函数将""XF.""字符与转换为 8 位数字显示的采购型号联结起来形成新的字符。

在本例中"REPT(0,8)"部分可以直接使用""00000000""替代，即整个公式变为如下结构，但是这里使用"REPT(0,8)"部分的好处在于，可以让设置更精确，因为占位符比较多的情况，手动逐个输入容易漏输或者多输。

$$=CONCAT("XF.",TEXT(D3,"00000000"))$$

知识看板

①在 Excel 2016 中，CONCAT()函数将多个区域和/或字符串的文本组合起来，其具体的语法结构为：CONCAT(text1,[text2],…)。在使用该函数的过程中，需要注意如下几点要求。

◆ text1 为必需参数，用于指定要联结的文本项。字符串或字符串数组，如单元格区域。

◆ [text2],…为可选参数，用于指定要联结的其他文本项。文本项最多可以有 253 个文本参数。

◆ 如果结果字符串超过 32767 个字符（单元格限制），则 CONCAT()函数返回#VALUE!错误值。

②在 Excel 的早期版本中，如果要将多个文本字符串数据合并为一个字符串数据，则可以使用 CONCATENATE()函数，该函数的用法与 Excel 2016 中的 CONCAT()函数的用法相同，且该函数同样可以在 Excel 2016 中用于替代 CONCAT()函数完成文本字符串的合并联结。

NO.068
将采购数据的行号设置为连续状态【SUBTOTAL()】

资源：素材\第 8 章\采购明细表 2.xlsx | 资源：效果\第 8 章\采购明细表 2.xlsx

在企业的采购明细表中，已经对所有的采购记录的行号进行了填充，但是有时候工作人员需要在其中进行筛选查看，当进行筛选操作后，某些数据记录就被隐藏，而此时的行号数据仍然显示的是筛选数据前的行号，从而导致筛选结果后，行号数据不连续，如图 8-4 所示。

为了方便执行筛选数据操作后，所有的行号仍然显示为连续的，从而方便工作人员统计筛选结果，此时就要求在该表格中将数据的行号设置为自动连续状态。

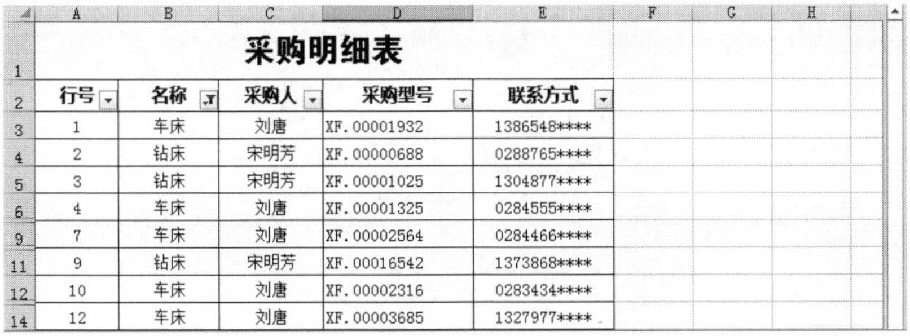

	A	B	C	D	E
1	采购明细表				
2	行号	名称	采购人	采购型号	联系方式
3	1	车床	刘唐	XF.00001932	1386548****
4	2	钻床	宋明芳	XF.00000688	0288765****
5	3	钻床	宋明芳	XF.00001025	1304877****
6	4	车床	刘唐	XF.00001325	0284555****
9	7	车床	刘唐	XF.00002564	0284466****
11	9	钻床	宋明芳	XF.00016542	1373868****
12	10	车床	刘唐	XF.00002316	0283434****
14	12	车床	刘唐	XF.00003685	1327977****

图 8-4　执行筛选操作后行号不连续

解决方法

在本例中，要实现执行筛选操作后，序号能够自动重新仅对显示的数据记录进行自动连续的编号，即忽略隐藏的数据行，可以使用SUBTOTAL()函数来完成，其具体操作如下。

STEP01 打开素材文件，选择A3:A14单元格区域，在编辑栏中输入如下公式。按【Ctrl+Enter】组合键确认输入的公式并将所有的行号数据进行重新填充，如图8-5所示。

=SUBTOTAL(103,$B$3:B3)

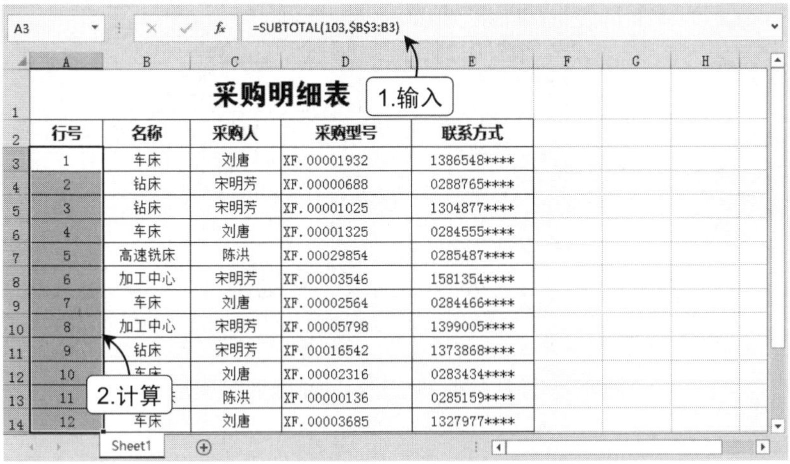

	A	B	C	D	E
1	采购明细表				
2	行号	名称	采购人	采购型号	联系方式
3	1	车床	刘唐	XF.00001932	1386548****
4	2	钻床	宋明芳	XF.00000688	0288765****
5	3	钻床	宋明芳	XF.00001025	1304877****
6	4	车床	刘唐	XF.00001325	0284555****
7	5	高速铣床	陈洪	XF.00029854	0285487****
8	6	加工中心	宋明芳	XF.00003546	1581354****
9	7	车床	刘唐	XF.00002564	0284466****
10	8	加工中心	宋明芳	XF.00005798	1399005****
11	9	钻床	宋明芳	XF.00016542	1373868****
12	10	[illegible]	刘唐	XF.00002316	0283434****
13	11	[illegible]	陈洪	XF.00000136	0285159****
14	12	车床	刘唐	XF.00003685	1327977****

图 8-5　利用公式重新填充行号数据

STEP02 选择任意数据单元格，单击“数据”选项卡，在“排序和筛选”组中单击“筛选”按钮进入筛选状态（可以直接按【Ctrl+Shift+L】组合键快速进入表格的筛选状态），如图8-6所示。

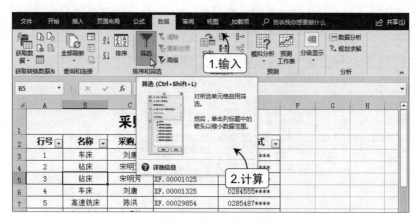

图 8-6 进入数据表的筛选状态

STEP03 选择B2单元格，单击该单元格右侧出现的下拉按钮，在弹出的筛选器中取消选中"全选"复选框，然后分别选中"车床"和"钻床"复选框，单击"确定"按钮，程序自动仅显示采购记录中的名称为"车床"和"钻床"的采购记录，并且行号列的数据自动重新填充为连续的编号，如图8-7所示。

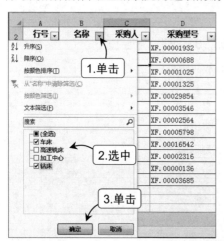

图 8-7 筛选数据后行号自动重新连续填充

公式解析

在本例的"=SUBTOTAL(103,$B$3:B3)"公式中，第一个参数为 103，表示对数据进行计数汇总，第二个参数"$B$3:$B3"用于指定要统计的单元格区域，由于需要累加计数得到编号数据，因此开始位置要设置为绝对引用方式，即始终从最开始的位置进行统计。

知识看板

　　与手动隐藏某些行不同的是，当用户通过筛选功能将数据表中的数据进行隐藏后，得到的筛选结果相当于一张新表，因此在本例中，将SUBTOTAL()函数的第一个参数设置为 3，能够得到同样的结果，其公式如下，对应的计算结果如图 8-8 所示。

=SUBTOTAL(3,$B$3:B3)

图 8-8　将 SUBTOTAL()函数的第一个参数设置为 3 得到的新行号数据

　　如果手动隐藏除了"车床"和"钻床"名称以外的其他采购记录，则在使用图 8-8 中的公式时，新行号数据将不会重新连续编号，如图 8-9所示。

图 8-9　手动隐藏行后行号不重新连续编号

NO.069
查询指定厂家提供的某种产品的价格【ISBLANK()/VLOOKUP()】

资源:素材\第 8 章\供货价格.xlsx　　|　　资源:效果\第 8 章\供货价格.xlsx

在销售企业中，时常需要对进货价格进行一定的比较，通过比较分析可以得出如何采购产品可使企业的利润最大化。某公司从 3 家公司采购 4 种电器产品销售，不同公司提供的产品的价格、数量等各不相同，并且已经在表格中创建了一个查询区域，在其中用数据验证功能约束了供货厂商和提供的产品的下拉列表，如图 8-10 所示。

	A	B	C	D	E	F	G	H	I	J
1	××电器5月进货记录表						供货信息			
2	供货厂家	产品名称	供货价格	供货数量	供货时间		供货厂家	供货商品		
3	上海××厂	中央空调	¥1,120.00	1000	2018年5月		上海××厂	中央空调		
4	上海××厂	饮水机	¥ 150.00	500	2018年5月		成都××厂	饮水机		
5	上海××厂	抽油烟机	¥ 320.00	800	2018年5月		天津××厂	抽油烟机		
6	上海××厂	热水器	¥ 210.00	200	2018年5月			热水器		
7	成都××厂	中央空调	¥1,280.00	2000	2018年5月					
8	成都××厂	饮水机	¥ 140.00	600	2018年5月					
9	成都××厂	抽油烟机	¥ 360.00	400	2018年5月					
10	天津××厂	热水器	¥ 200.00	300	2018年5月					
11	天津××厂	中央空调	¥1,080.00	1200	2018年5月					
12	天津××厂	饮水机	¥ 170.00	5000	2018年5月					
13	天津××厂	抽油烟机	¥ 280.00	3000	2018年5月					
14	天津××厂	热水器	¥ 190.00	600	2018年5月					
16	查询区域									
17	供货厂家	产品名称	供货价格	供货数量						
18										

进货表

图 8-10　5 月公司进货记录

现在需要任意获取各公司的电器供应价格及供应量以便对进货渠道进行相关分析。

解决方法

在本例中，在获取了指定厂家和产品的名称之后，然后就可以使用 VLOOKUP()函数根据供货厂家和产品的名称查找相应的供货价格和供货数量。

在本例中是根据两个数据进行查找的，而 VLOOKUP()函数只提供了根据一个数据进行查找的功能，这时候就需要将这两个数据合并为一个数据，同时查找的区域也进行相同的合并。

最后还需要使用 IF()函数将合并的查找区域重新组合以便作为VLOOKUP()函数的参数。其具体操作如下。

STEP01 打开素材文件，选择C18单元格区域，在编辑栏中输入如下公式。按【Ctrl+Shift+Enter】组合键完成获取指定厂家和产品名称的供货价格的公式的输入，如图8-11所示。

=IF(OR(ISBLANK($A$18:$B$18)),"",VLOOKUP($A$18&$B$18,IF({1,0}, $A$3:$A$14&$B$3:$B$14,C$3:C$14),2,FALSE))

图 8-11 输入获取指定厂家和产品名称的供货价格的公式

STEP02 保持C18单元格的选择状态，拖动该单元格的控制柄复制公式到D18单元格区域，单击出现的填充标记，在弹出的下拉列表中选中"不带格式填充"单选按钮，完成获取指定厂家和产品名称的供货数量的公式的输入，如图8-12所示。

TIPS 通过复制公式获取供货数量的说明 🔍

在本例中，不能通过选择 C18:D18 单元格区域后统一输入计算公式，然后按【Ctrl+Shift+Enter】组合键来一次性获取供货价格和供货数量，如果按这种方式进行操作，则在 C18:D18 单元格区域中都显示供货价格数据。只能先通过数组公式获取供货价格，再通过复制数组公式来获取对应的供货数量数据。

图 8-12　填充公式获取指定供货厂家和产品名称的供货数量

STEP03　选择A18单元格，单击该单元格右侧出现的下拉按钮，在弹出的下拉列表中选择"天津××厂"选项，用相同的方法在B18单元格中选择"饮水机"选项，程序自动执行公式，在C18和D18单元格中显示天津××厂提供的饮水机产品的供货价格和进货数量，如图8-13所示。

图 8-13　查询指定供货厂家和产品名称的供货价格和供货数量

公式解析

在本例的"=IF(OR(ISBLANK($A$18:$B$18)),"",VLOOKUP($A$18&$B$18,IF({1,0},$A$3:$A$14&$B$3:$B$14,C$3:C$14),2,FALSE))"公式中，

先执行"OR(ISBLANK($A$18:$B$18))"部分，其中使用 ISBLANK()函数判断 A18:B18 单元格区域是否存在空白单元格，如果单元格区域中有任意一个空白单元格，表示查询的供货厂家和产品名称存在未设置的情况，则 OR()函数返回逻辑真值，整个函数返回为空则返回空文本，否则使用 VLOOKUP()函数根据设置的数据进行查询。

在 VLOOKUP()函数，首先使用"$A$18&$B$18"部分将两个单元格中设置的查询条件组合成一个字符串，以图 8-13 右图设置的查询条件为例，"$A$18&$B$18"表示"天津××厂饮水机"字符串。

"$A$3:$A$14&$B$3:$B$14"部分表示将供货记录中所有供货厂商和对应每条供货记录的产品名称组合在一起，形成一个字符串数组，即{"上海××厂中央空调";"上海××厂饮水机";"上海××厂抽油烟机";"上海××厂热水器";"成都××厂中央空调";"成都××厂饮水机";"成都××厂抽油烟机";"成都××厂热水器";"天津××厂中央空调";"天津××厂饮水机";"天津××厂抽油烟机";"天津××厂热水器"}。

然后通过 IF()函数得到 VLOOKUP()函数的查询列表，即执行 IF({1,0},$A$3:$A$14&$B$3: $B$14,C$3:C$14)，得到{"上海××厂中央空调",1120;"上海××厂饮水机",150;"上海××厂抽油烟机",320;"上海××厂热水器",210;"成都××厂中央空调",1280;"成都××厂饮水机",140;"成都××厂抽油烟机",360;"成都××厂热水器",200;"天津××厂中央空调",1080;"天津××厂饮水机",170;"天津××厂抽油烟机",280;"天津××厂热水器",190}查询列表。

最后通过 VLOOKUP()函数中的查询关键字"天津××厂饮水机"在查询列表中查询匹配的字符串，并返回该字符串对应的数字数据，即返回""天津××厂饮水机",170"列表中的 170 数据。

为了方便读者理解，本例将具体的公式运行过程用图 8-14 所示的过程进行展示。

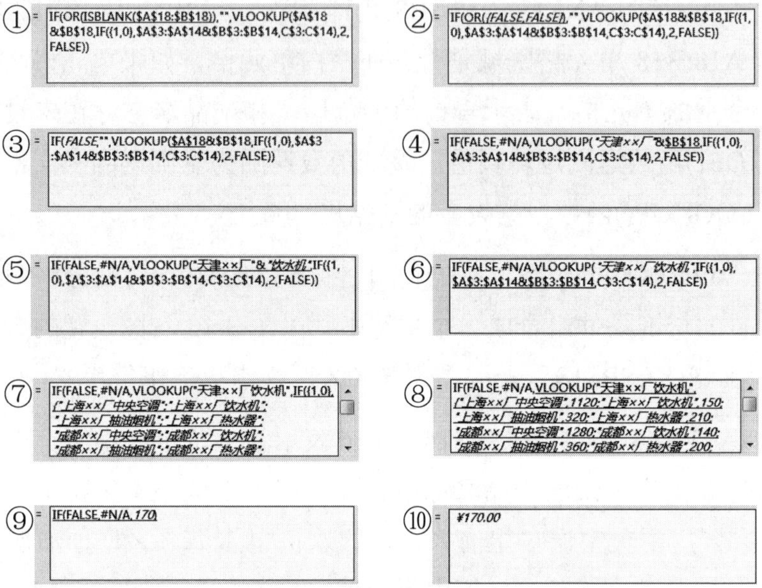

① = IF(OR(ISBLANK($A$18:$B$18)),"",VLOOKUP($A$18 &$B$18,IF((1,0),$A$3:$A$14&$B$3:$B$14,C$3:C$14),2, FALSE))

② = IF(OR({FALSE,FALSE}),"",VLOOKUP($A$18&$B$18,IF((1, 0),$A$3:$A$14&$B$3:$B$14,C$3:C$14),2,FALSE))

③ = IF(FALSE,"",VLOOKUP($A$18&$B$18,IF((1,0),$A$3 :$A$14&$B$3:$B$14,C$3:C$14),2,FALSE))

④ = IF(FALSE,#N/A,VLOOKUP("天津××厂"&$B$18,IF((1,0), $A$3:$A$14&$B$3:$B$14,C$3:C$14),2,FALSE))

⑤ = IF(FALSE,#N/A,VLOOKUP("天津××厂"&"饮水机",IF((1, 0),$A$3:$A$14&$B$3:$B$14,C$3:C$14),2,FALSE))

⑥ = IF(FALSE,#N/A,VLOOKUP("天津××厂饮水机",IF((1,0), $A$3:$A$14&$B$3:$B$14,C$3:C$14),2,FALSE))

⑦ = IF(FALSE,#N/A,VLOOKUP("天津××厂饮水机",IF((1,0), {"上海××厂中央空调";"上海××厂饮水机"; "上海××厂抽油烟机";"上海××厂热水器"; "成都××厂中央空调";"成都××厂饮水机"; "成都××厂抽油烟机";"成都××厂热水器";

⑧ = IF(FALSE,#N/A,VLOOKUP("天津××厂饮水机", {"上海××厂中央空调",1120;"上海××厂饮水机",150; "上海××厂抽油烟机",320;"上海××厂热水器",210; "成都××厂中央空调",1280;"成都××厂饮水机",140; "成都××厂抽油烟机",360;"成都××厂热水器",200;

⑨ = IF(FALSE,#N/A,170)

⑩ = ¥170.00

图 8-14　公式运行过程示意

NO.070
从到货产品中随机抽检5种产品【RANDBETWEEN()】

资源：素材\第8章\随机获取抽检产品的序号.xlsx　|　资源：效果\第8章\随机获取抽检产品的序号.xlsx

某公司为了确保销售产品的质量，每次进货的产品都需要进行严格的抽样检测。为了保证抽样的随机性，该公司拟通过 Excel 表格随机生成 5 个产品序号作为抽取的产品序号。

（解决方法）

在本例中，需要生成的是随机整数，这可以使用 RANDBETWEEN() 函数来实现。

由于随机函数在工作表重算的时候，每次都会得到一些不一样的结果，所以为了能够在工作表中保留随机函数生成的结果，需要将工作表的计算选项更改为"手动"，其具体操作如下。

STEP01 打开素材文件，单击"公式"选项卡，在"计算"组中单击"计算选项"下拉按钮，在弹出的下拉列表中选择"手动"选项，如图8-15所示。

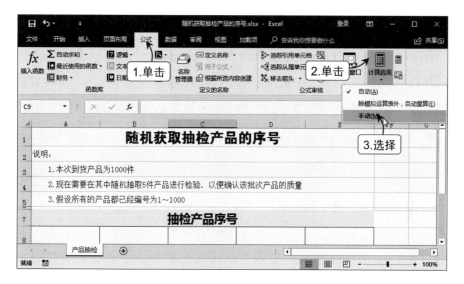

图 8-15　更改公式的计算选项为手动

STEP02 按【Ctrl+S】组合键保存设置的计算选项（如果不进行保存操作，当输入公式获取随机数后，再执行保存操作，则获取的随机数将发生变化），选择A8:E8单元格区域，在编辑栏中输入如下公式。按【Ctrl+Enter】组合键确认输入的公式，程序自动随机获取5个数据，如图8-16所示。

=RANDBETWEEN(1,1000)

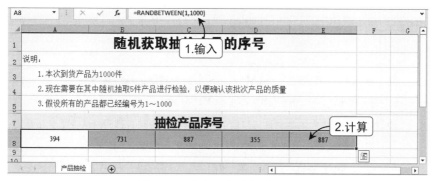

图 8-16　获取 5 个随机的序号

公式解析

在本例的"=RANDBETWEEN(1,1000)"公式中，使用 RANDBETWEEN()

函数返回一个 1～1000 之间的随机整数作为抽检产品的序号。

知识看板

①在 Excel 中，RANDBETWEEN()函数用于获取指定范围内的随机数，其具体的语法结构为：RANDBETWEEN(bottom,top)。从该函数的语法格式中可以看出，该函数包含两个必选参数，各参数的具体含义如下。

◆ bottom：该参数用于指定产生的随机数的下限，可以是任意实数或返回实数的表达式。

◆ top：该参数用于指定产生的随机数的上限，其数据类型必须与 bottom 参数的数据类型相同。

②需要注意的是，在本例中使用的公式获取的随机数可能存在相同的随机数，尽管这种概率比较小，但也是存在的。因此，在本例中，如果想要获取完全不会出现重复的、指定范围内的随机数，需要选择 A8 单元格后，在编辑栏中输入如下公式，然后按【Ctrl+Shift+Enter】组合键确认输入的公式并获取不重复的随机数，再将其公式复制到 B8:E8 单元格中，其计算结果如图 8-17 所示。

TIPS LARGE()函数的使用说明

在 Excel 中，LARGE()函数用于返回给定数值集合中的第 k 个最大值，其语法结构为：LARGE(array,k)。从语法结构中可以看出，LARGE()函数有两个参数，各参数的具体含义如下。

◆ array：用于指定需要进行筛选的数组或数组区域，如果该参数值为非数字数据，则 LARGE()函数返回#NUM!错误值。

◆ k：该参数为正整数，为返回的值在数组或数据区域中的位置，k 值越大，返回的数据在数据集合中的大小顺序就越靠后，如果 k 小于等于 0，或 k 大于 array 参数的数据个数，则 LARGE()函数返回#NUM!错误值。

如果 LARGE()函数中的 array 参数指定的数据集合的个数为 n，则当参数 k 的值为 1 时，即 LARGE(array,1)，函数返回指定数据集合中的最大值；当参数 k 的值为 n 时，即 LARGE(array,n)，函数返回指定数据集合中的最小值。

=RIGHT(LARGE(RANDBETWEEN(1,1000+0*ROW($F$1:$F$1000))*10000+
ROW($F$1:$F$1000),ROW($F$1:$F$5)),4)*1

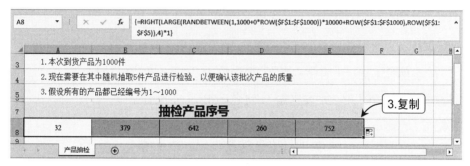

图 8-17　获取不重复的随机抽检产品编号

8.2　订单数据处理

在生产企业中，产品的销售就会涉及订单的处理，具体包括对订单数、单价、订单额、订金等内容的处理方法。本节具体讲解如何使用公式和函数来快速处理订单相关的数据。

NO.071
统计订单数量大于500的订单记录条数【COUNTIF()】

资源：素材\第8章\女装订单表.xlsx　|　资源：效果\第8章\女装订单表.xlsx

如图 8-18 所示记录了某服装制造公司 6 月份女装订单明细，下面需要统计出 6 月份订单数量大于等于 500 的订单有多少条。

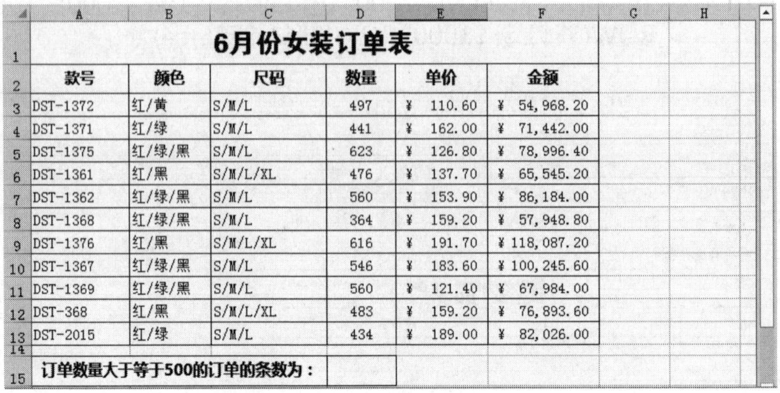

图 8-18 女装订单表

解决方法

在本例中，由于是要求统计某些符合设置条件的数据个数，因此本例将利用 COUNTIF() 函数来解决问题，其具体操作如下。

STEP01 打开素材文件，选择D15单元格，在编辑栏中输入如下公式。

=COUNTIF(D3:D13,">=500")&"条"

STEP02 按【Ctrl+Enter】组合键确认输入的公式，并计算出订单数大于等于500的订单有多少条，如图8-19所示。

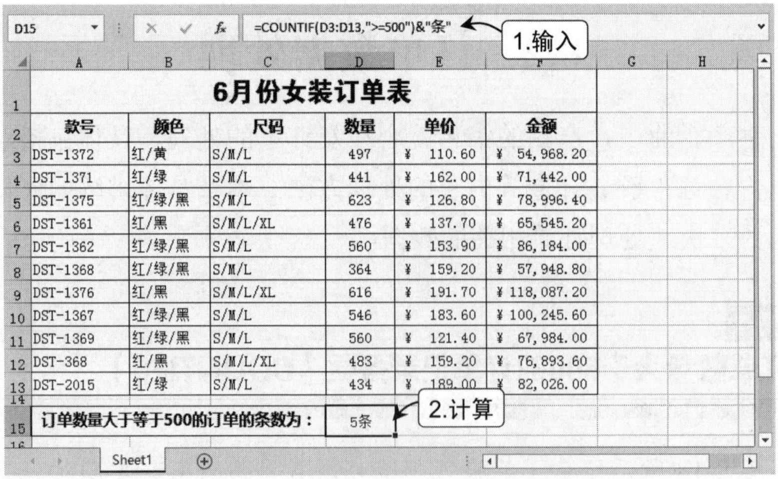

图 8-19 计算订单数大于等于 500 的订单有多少条

公式解析

在本例的 "=COUNTIF(D3:D13,">=500")&"条"" 公式中，"D3:D13" 单元格用于指定需要统计的单元格数，"">=500"" 部分用于指定需要被统计的数据符合的条件，即订单数据大于等于 500。

为了使统计结果的可读性更好,本例使用"&"条""部分在 COUNTIF() 函数的结果中添加对应的单位。

NO.072
计算已收到订金的订单总额【SUMIF()】

资源：素材\第 8 章\提货明细表 1.xlsx　|　资源：效果\第 8 章\提货明细表 1.xlsx

对于每月的订单情况，虽然在当月产生了订单明细记录，但是对订单金额而言，对方公司不一定会立即就付款，有些公司付款快，有些公司付款慢。如图 8-20 所示，某工作人员将 6 月份所有订单的订金付款状况进行了标识，现在要求汇总已经收到的订金总额。

款号	颜色	尺码	数量	单价	金额	订金付款状态
			6月份女装订单表			
DST-1372	红/黄	S/M/L	497	¥ 110.60	¥ 54,968.20	已付
DST-1371	红/绿	S/M/L	441	¥ 162.00	¥ 71,442.00	已付
DST-1375	红/绿/黑	S/M/L	623	¥ 126.80	¥ 78,996.40	未付
DST-1361	红/黑	S/M/L/XL	476	¥ 137.70	¥ 65,545.20	已付
DST-1362	红/绿/黑	S/M/L	560	¥ 153.90	¥ 86,184.00	打款中
DST-1368	红/绿/黑	S/M/L	364	¥ 159.20	¥ 57,948.80	未付
DST-1376	红/黑	S/M/L/XL	616	¥ 191.70	¥ 118,087.20	打款中
DST-1367	红/绿/黑	S/M/L	546	¥ 183.60	¥ 100,245.60	已付
DST-1369	红/绿/黑	S/M/L	560	¥ 121.40	¥ 67,984.00	未付
DST-368	红/黑	S/M/L/XL	483	¥ 159.20	¥ 76,893.60	已付
DST-2015	红/绿	S/M/L	434	¥ 189.00	¥ 82,026.00	已付
			已收到的订金总额：			

图 8-20　各订单的订金付款状态记录

解决方法

本例中，对于订单的付款状态有 3 种，分别是"已付""未付"和"打款中"，要汇总已经收到的订金总额，其实就是对"已付"的所有金额数据进行求和计算,因此考虑使用 SUMIF()函数来解决问题。其具体操作如下。

STEP01 打开素材文件,选择F15单元格,在编辑栏中输入如下公式。

=SUMIF(G3:G13,"已付",F3:F13)

STEP02 按【Ctrl+Enter】组合键确认输入的公式,并计算出已收到的订金总额数据,如图8-21所示。

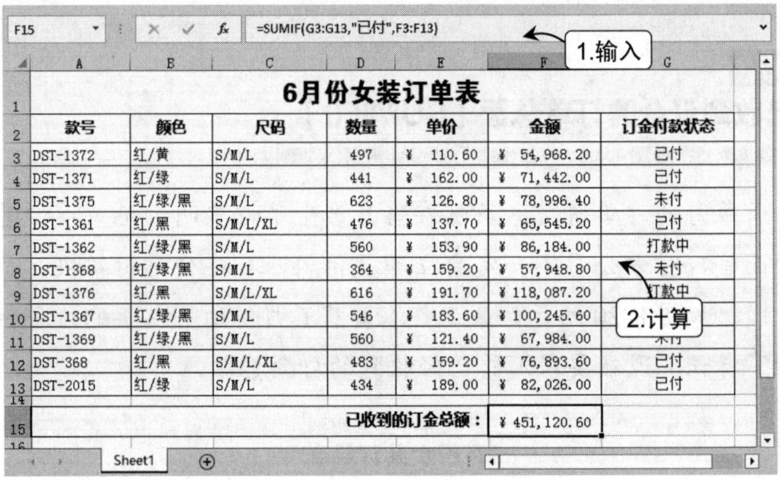

图 8-21　计算已收到的订金总额数据

公式解析

在本例的"=SUMIF(G3:G13,"已付",F3:F13)"公式中,第一个参数"G3:G13"用于指定条件所在的区域,第二个参数""已付""用于指定具体要满足的条件,整个"G3:G13,"已付""表示判断 G3:G13 单元格区域中哪些单元格中存储的数据为"已付",第三个参数"F3:F13"用于指定符合条件要进行汇总求和的单元格区域。

NO.073
统计服装仅有两种颜色的订单数量【SUBSTITUTE()/COUNTIF()】

资源:素材\第8章\女装订单表 2.xlsx　｜　资源:效果\第8章\女装订单表 2.xlsx

已知在某公司的 6 月份女装订单表中记录了每个订单中女装涉及的

颜色，如图 8-22 所示。现需要在该表格中统计出服装颜色仅有两种的订单数量。

6月份女装订单表

款号	颜色	尺码	数量	单价	金额	订金付款状态
DST-1372	红/黄	S/M/L	497	¥ 110.60	¥ 54,968.20	已付
DST-1371	红/绿	S/M/L	441	¥ 162.00	¥ 71,442.00	已付
DST-1375	红/绿/黑	S/M/L	623	¥ 126.80	¥ 78,996.40	未付
DST-1361	红/黑	S/M/L/XL	476	¥ 137.70	¥ 65,545.20	已付
DST-1362	红/绿/黑	S/M/L	560	¥ 153.90	¥ 86,184.00	打款中
DST-1368	红/绿/黑	S/M/L	364	¥ 159.20	¥ 57,948.80	未付
DST-1376	红/黑	S/M/L/XL	616	¥ 191.70	¥ 118,087.20	打款中
DST-1367	红/绿/黑	S/M/L	546	¥ 183.60	¥ 100,245.60	已付
DST-1369	红/绿/黑	S/M/L	560	¥ 121.40	¥ 67,984.00	未付
DST-368	红/黑	S/M/L/XL	483	¥ 159.20	¥ 76,893.60	已付
DST-2015	红/绿	S/M/L	434	¥ 189.00	¥ 82,026.00	已付
				服装颜色仅有两种的订单数量：		

Sheet1

图 8-22 6 月份女装订单表

解决方法

在本例中，通过图 8-22 可以清楚地看到，服装使用的颜色数据保存在一列中，各种颜色之间都用“/”进行分隔，因此要统计服装颜色仅有两种的订单数量，直接统计对应的颜色单元格中“/”符号出现两次的单元格数量。

为了方便数据的处理，在本例中将添加一个“使用颜色总数”辅助列，在其中先将每条订单记录中使用的颜色的数量进行统计。

对于判断“/”符号出现的次数，可以使用 LEN()函数和 SUBSTITUTE()函数得到，最后使用 COUNTIF()函数在结果单元格中对辅助列中颜色是两种的个数进行统计即可。其具体操作如下。

STEP01 打开素材文件，选择C列单元格，在其上单击鼠标右键，在弹出的快捷菜单中选择“插入”命令插入一列空白列，如图8-23所示。

STEP02 选择C2单元格，在其中输入“使用颜色总数”表头文本，将鼠标光标移动到C列左侧的分隔线上，按住鼠标左键不放向右拖动鼠标调整C列的列宽到合适位置，选择C3:C13单元格区域，单击“对齐方式”组中的“居中”按钮更改单元格区域的对齐方式，如图8-24所示。

图 8-23　选择"插入"命令 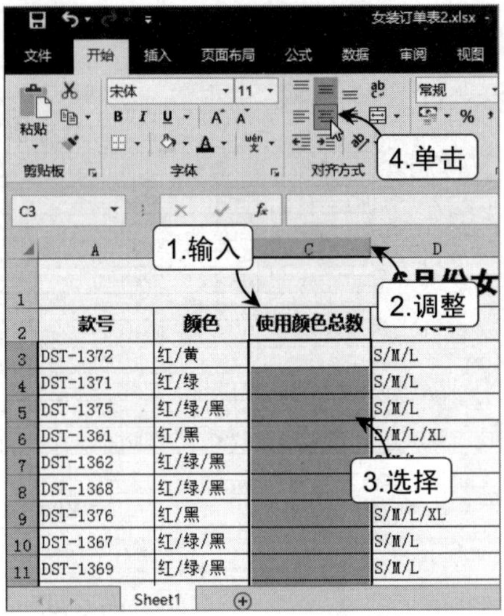　　　　　图 8-24　插入辅助列

STEP03　保持C3:C13单元格区域，在编辑栏中输入如下公式，按【Ctrl+Enter】组合键确认输入的公式并计算每种女装使用的颜色总数，如图8-25所示。

=LEN(B3)-LEN(SUBSTITUTE(B3,"/",""))&"种"

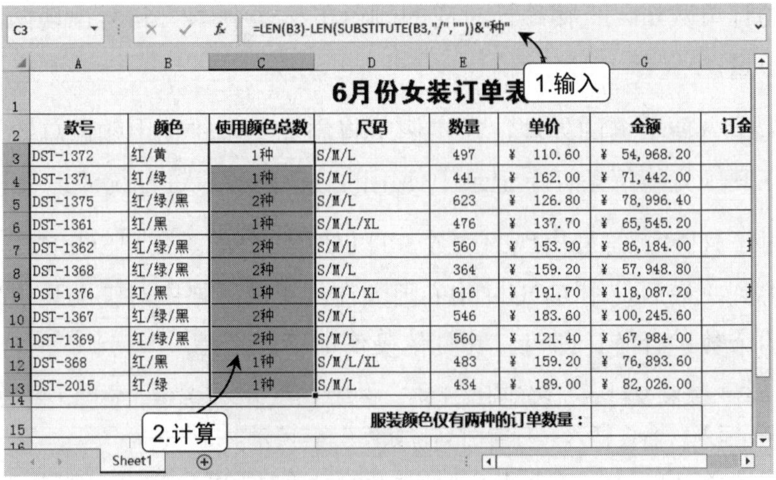

图 8-25　计算每种女装使用的颜色总数

STEP04　选择G15单元格，在编辑栏中输入如下公式，按【Ctrl+Enter】组合键确认

输入的公式并计算服装颜色仅有两种的订单数量，如图8-26所示。

$$=COUNTIF(C3:C13,"=2种")$$

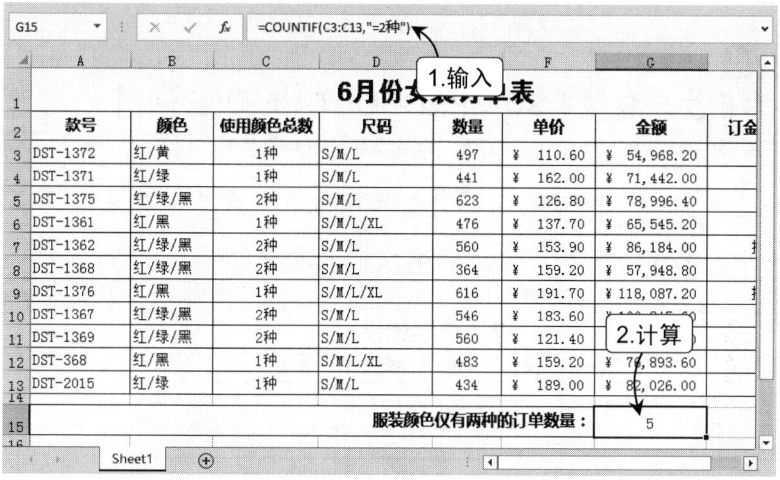

图 8-26　计算服装颜色仅有两种的订单数量

公式解析

在本例的"=LEN(B3)-LEN(SUBSTITUTE(B3,"/",""))&"种""公式中，可以分3步来完成计算。

第一步，使用"SUBSTITUTE(B3,"/","")"部分将颜色中的"/"部分替换为空，这里使用 SUBSTITUTE()函数是省略了第四个参数，此时表示在第一个参数中查找第二个参数指定的字符，并将该字符替换为第三个参数指定的字符，即删除颜色字符串中的"/"字符。

第二步，使用 LEN()函数获取删除"/"字符后的字符串总长度。

第三步，用删除前的字符串总长度"LEN(B3)"减去删除"/"字符后的总长度即可得到删除的"/"字符的个数，即判断出使用的颜色的总数。

此外，为了便于查看，使用"&"种""部分在计算结果后面添加对应的单位数据。

在"=COUNTIF(C3:C13,"=2种")"计算公式中，第一个参数用于指定要进行统计的单元格区域，即辅助列中的数据，第二个参数用于设置需要进行统计的单元格必须要满足的条件。

NO.074

汇总3月份生产总量【SUMPRODUCT()/MONTH()】

资源：素材\第 8 章\订货单明细表.xlsx | **资源**：效果\第 8 章\订货单明细表.xlsx

如图 8-27 所示为某公司的订货单明细表，在其中具体记录了订单的交货时间，现在需要汇总出该明细表中 3 月份需要生产的产品总量。

订货单明细表

品名	型号规格	单位	单价	订货数量	金额	交货时间
多晶15W	300×450×28	个	¥ 4.20	4053	¥ 17,022.60	2018/4/20
单晶70W	552×973×30	个	¥ 7.50	5358	¥ 40,185.00	2018/5/15
单晶60W	552×856×30	个	¥ 6.80	4053	¥ 27,560.40	2018/5/15
单晶5W	226×244×18	个	¥ 2.50	3709	¥ 9,272.50	2018/3/28
单晶50W	552×750×30	个	¥ 5.30	3503	¥ 18,565.90	2018/5/15
单晶3W	160×240×18	个	¥ 1.20	5015	¥ 6,018.00	2018/3/28
单晶3W	160×232×18	个	¥ 1.30	4809	¥ 6,251.70	2018/3/28
单晶2W	160×160×18	个	¥ 0.50	4946	¥ 2,473.00	2018/3/28
单晶10W	300×324×28	个	¥ 3.30	4671	¥ 15,414.30	2018/4/20
	3月份需生产的产品总量					

Sheet1

图 8-27 订货单明细表

解决方法

本例中，首先需要判断出交货时间为 3 月份的订货数量，然后将这些数据进行累加。这是一个带条件的数据求和问题，如果使用 SUMIF()函数来处理，则需要添加辅助列来完成。如果不添加辅助列，则可以使用 SUMPRODUCT()函数与 MONTH()函数来完成。其具体操作如下。

STEP01 打开素材文件，选择E13单元格，在编辑栏中输入如下公式。

=SUMPRODUCT((MONTH(G3:G11)=3)*E3:E11)

STEP02 按【Ctrl+Enter】组合键确认输入的公式，并计算出3月份需生产的产品总量，如图8-28所示。

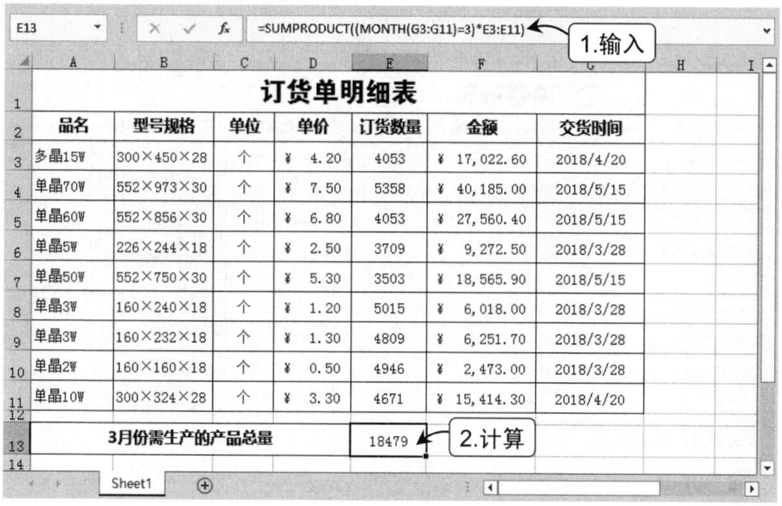

订货单明细表						
品名	型号规格	单位	单价	订货数量	金额	交货时间
多晶15W	300×450×28	个	¥ 4.20	4053	¥ 17,022.60	2018/4/20
单晶70W	552×973×30	个	¥ 7.50	5358	¥ 40,185.00	2018/5/15
单晶60W	552×856×30	个	¥ 6.80	4053	¥ 27,560.40	2018/5/15
单晶5W	226×244×18	个	¥ 2.50	3709	¥ 9,272.50	2018/3/28
单晶50W	552×750×30	个	¥ 5.30	3503	¥ 18,565.90	2018/5/15
单晶3W	160×240×18	个	¥ 1.20	5015	¥ 6,018.00	2018/3/28
单晶3W	160×232×18	个	¥ 1.30	4809	¥ 6,251.70	2018/3/28
单晶2W	160×160×18	个	¥ 0.50	4946	¥ 2,473.00	2018/3/28
单晶10W	300×324×28	个	¥ 3.30	4671	¥ 15,414.30	2018/4/20
3月份需生产的产品总量				18479		

图 8-28　计算 3 月份需生产的产品总量

公式解析

在本例的“=SUMPRODUCT((MONTH(G3:G11)=3)*E3:E11)”公式中，“MONTH(G3:G11)=3”部分用于判断交货时间是否为 3 月份，这部分会返回一个数组，即{FALSE;FALSE;FALSE;TRUE;FALSE;TRUE;TRUE;TRUE;FALSE}。

然后该数组与 E3:E11 单元格区域进行乘积运算，在公式运算中，FALSE 与数据相乘得 0，TRUE 与数据相乘得数据，因此“(MONTH (G3:G11)=3)*E3:E11”部分计算后将得到{0;0;0;3709;0;5015;4809;4946;0}数组。

最后使用 SUMPRODUCT()函数对得到的数值数组进行求和即可计算出 3 月份需要生产的产品总量数据。

在本例中，也可以使用 SUMIF()函数来解决问题，但是需要借助辅助列，其具体的操作如下。

STEP01 在H列添加辅助列，选择H3:H11单元格区域，在编辑栏中输入如下公式。按【Ctrl+Enter】组合键确认输入的公式，并提取出交货时间的月份数据，如图8-29所示。

=MONTH(G3)

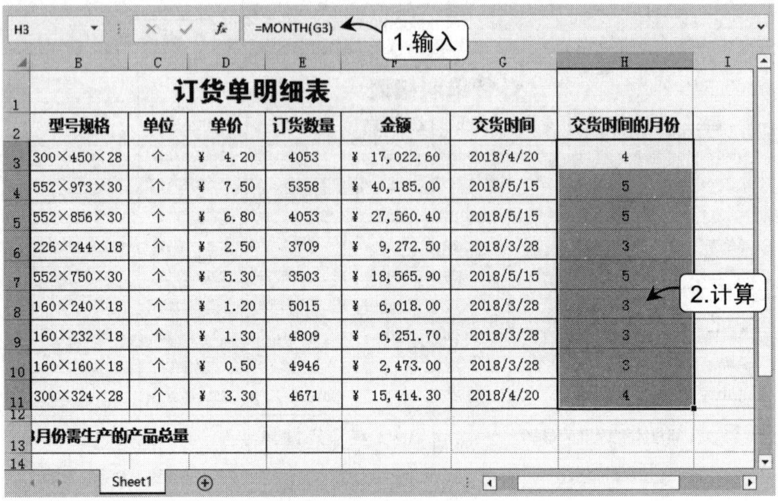

	B	C	D	E	F	G	H
1	订货单明细表						
2	型号规格	单位	单价	订货数量	金额	交货时间	交货时间的月份
3	300×450×28	个	¥ 4.20	4053	¥ 17,022.60	2018/4/20	4
4	552×973×30	个	¥ 7.50	5358	¥ 40,185.00	2018/5/15	5
5	552×856×30	个	¥ 6.80	4053	¥ 27,560.40	2018/5/15	5
6	226×244×18	个	¥ 2.50	3709	¥ 9,272.50	2018/3/28	3
7	552×750×30	个	¥ 5.30	3503	¥ 18,565.90	2018/5/15	5
8	160×240×18	个	¥ 1.20	5015	¥ 6,018.00	2018/3/28	3
9	160×232×18	个	¥ 1.30	4809	¥ 6,251.70	2018/3/28	3
10	160×160×18	个	¥ 0.50	4946	¥ 2,473.00	2018/3/28	3
11	300×324×28	个	¥ 3.30	4671	¥ 15,414.30	2018/4/20	4
13	3月份需生产的产品总量						

图 8-29　在辅助列中提取交货时间的月份

STEP02　选择E13单元格，在编辑栏中输入如下公式。按【Ctrl+Enter】组合键确认输入的公式，并计算出3月份需生产的产品总量，如图8-30所示。

=SUMIF(H3:H11,3,E3:E11)

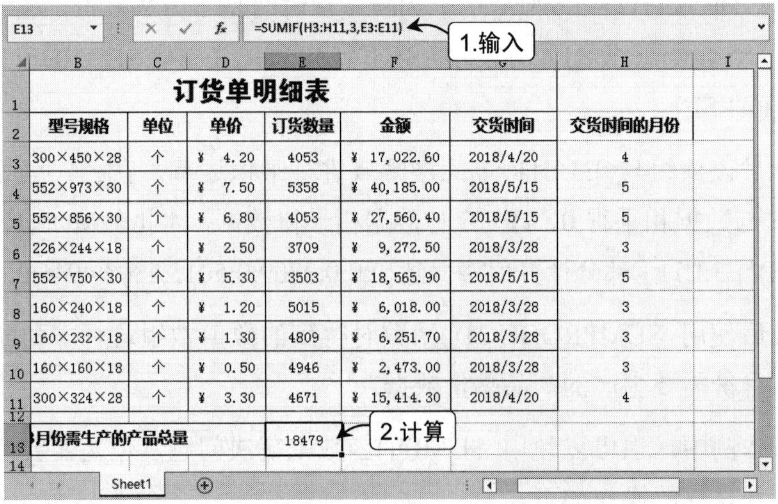

	B	C	D	E	F	G	H
1	订货单明细表						
2	型号规格	单位	单价	订货数量	金额	交货时间	交货时间的月份
3	300×450×28	个	¥ 4.20	4053	¥ 17,022.60	2018/4/20	4
4	552×973×30	个	¥ 7.50	5358	¥ 40,185.00	2018/5/15	5
5	552×856×30	个	¥ 6.80	4053	¥ 27,560.40	2018/5/15	5
6	226×244×18	个	¥ 2.50	3709	¥ 9,272.50	2018/3/28	3
7	552×750×30	个	¥ 5.30	3503	¥ 18,565.90	2018/5/15	5
8	160×240×18	个	¥ 1.20	5015	¥ 6,018.00	2018/3/28	3
9	160×232×18	个	¥ 1.30	4809	¥ 6,251.70	2018/3/28	3
10	160×160×18	个	¥ 0.50	4946	¥ 2,473.00	2018/3/28	3
11	300×324×28	个	¥ 3.30	4671	¥ 15,414.30	2018/4/20	4
13	3月份需生产的产品总量			18479			

图 8-30　利用 SUMIF()函数计算 3 月份需生产的产品总量

第 9 章

销售与库存数据的处理

　　销售企业在销售过程中的数据管理会涉及进货、销售和库存等环节，对于进货数据的管理，与生产型企业在采购环节中涉及的数据处理方式都是相似的，对于销售和库存环节的数据管理，是销售过程中数据处理的重点。高效、快捷地处理和分析这些数据是相关工作人员必须掌握的技能。

9.1 销售数据处理

无论是生产型企业还是销售型企业，对于商品的销售数据都是分析的重点，通过销售数据可以很直接地了解到企业近期的营运情况，对制定决策和计划都有非常重要的作用。

下面将介绍如何通过 Excel 提供的函数来处理销售过程中涉及的各种数据。

NO.075
查询各部门每月最高销售额【MAX()】

资源：素材\第9章\销售额月统计表.xlsx | 资源：效果\第9章\销售额月统计表.xlsx

如图 9-1 所示为某公司销售部各小组前 4 个月各月的销售额统计表，现需要计算每月的最高销售额。

小组	1月份	2月份	3月份	4月份
	销售额月统计表			
1小组	¥ 842.40	¥ 912.60	¥ 1,006.20	¥ 585.00
2小组	¥ 1,053.00	¥ 713.70	¥ 737.10	¥ 1,146.60
3小组	¥ 865.80	¥ 912.60	¥ 608.40	¥ 760.50
4小组	¥ 842.40	¥ 1,006.20	¥ 713.70	¥ 947.70
5小组	¥ 737.10	¥ 1,029.60	¥ 760.50	¥ 596.70
6小组	¥ 1,134.90	¥ 713.70	¥ 854.10	¥ 1,064.70
7小组	¥ 1,099.80	¥ 947.70	¥ 912.60	¥ 643.50
8小组	¥ 1,146.60	¥ 865.80	¥ 1,076.40	¥ 690.30
9小组	¥ 947.70	¥ 1,146.60	¥ 1,111.50	¥ 994.50
10小组	¥ 889.20	¥ 1,170.00	¥ 795.60	¥ 959.40
最高销售额				

图 9-1 销售额月统计表

解决方法

本例是简单的求最值问题，直接使用 MAX() 函数即可快速且准确地从一组数据中将最大值提取出来，其具体操作如下。

STEP01　打开素材文件，选择B13:E13单元格区域，在编辑栏中输入如下公式。

=MAX(B3:B12)

STEP02　按【Ctrl+Enter】组合键即可完成从不规范的供应商联系方式中整理出对应的联系方式，如图9-2所示。

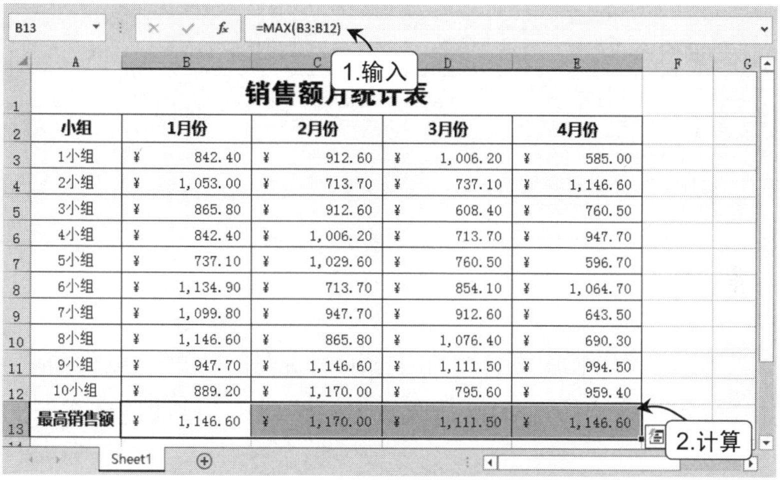

图 9-2　获取每个月的最高销售额数据

(公式解析)

在本例的"=MAX(B3:B12)"公式中，B3:B12 单元格区域中存储的是 1 月份各小组的销售额数据，通过 MAX() 函数可以将单元格区域中的最大值直接提取出来。

NO.076
计算第一、二季度销售额变动情况【IF()/ABS()】

资源：素材\第9章\员工销售业绩表.xlsx　　|　　资源：效果\第9章\员工销售业绩表.xlsx

如图 9-3 所示为某公司统计员工销售业绩的表格，其中记录了第一季度和第二季度每位员工的具体销售数额，现需要根据这两个季度的数据情况，判断每位员工销售业绩的增减情况以及具体差额，但要求无论增加还是减少，差额数据不能以负数的形式出现。

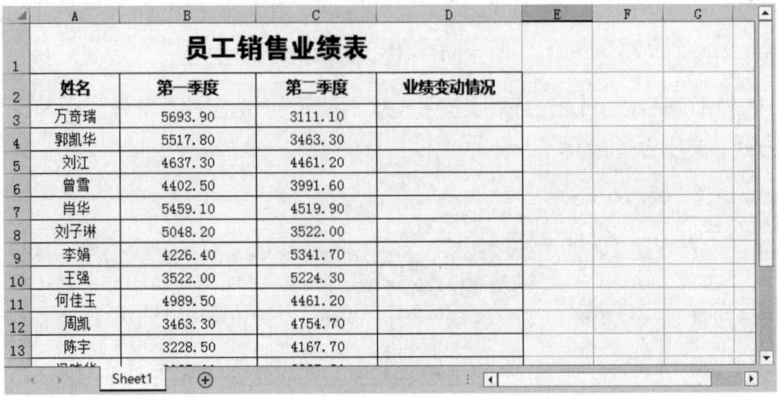

员工销售业绩表			
姓名	第一季度	第二季度	业绩变动情况
万奇瑞	5693.90	3111.10	
郭凯华	5517.80	3463.30	
刘江	4637.30	4461.20	
曾雪	4402.50	3991.60	
肖华	5459.10	4519.90	
刘子琳	5048.20	3522.00	
李娟	4226.40	5341.70	
王强	3522.00	5224.30	
何佳玉	4989.50	4461.20	
周凯	3463.30	4754.70	
陈宇	3228.50	4167.70	

图 9-3 员工销售业绩表

解决方法

在本例中，首先利用 IF()函数对增减情况进行判断，然后为避免出现负数的情况，考虑利用 ABS()函数取数据的绝对值，从而达到案例的要求，其具体操作如下。

STEP01 打开素材文件，选择D3:D18单元格区域，在编辑栏中输入如下公式。

=IF(B3>C3,"减少："&ABS(B3-C3),"增加："&ABS(B3-C3))

STEP02 按【Ctrl+Enter】组合键确认输入的公式，并计算出所有员工第一、二季度业绩的变动情况，如图9-4所示。

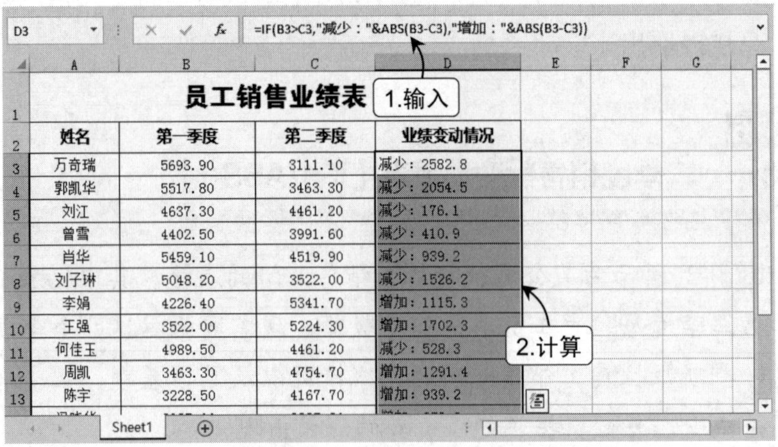

员工销售业绩表			
姓名	第一季度	第二季度	业绩变动情况
万奇瑞	5693.90	3111.10	减少：2582.8
郭凯华	5517.80	3463.30	减少：2054.5
刘江	4637.30	4461.20	减少：176.1
曾雪	4402.50	3991.60	减少：410.9
肖华	5459.10	4519.90	减少：939.2
刘子琳	5048.20	3522.00	减少：1526.2
李娟	4226.40	5341.70	增加：1115.3
王强	3522.00	5224.30	增加：1702.3
何佳玉	4989.50	4461.20	减少：528.3
周凯	3463.30	4754.70	增加：1291.4
陈宇	3228.50	4167.70	增加：939.2

图 9-4 计算所有员工第一、二季度业绩的变动情况

公式解析

在本例的“=IF(B3>C3,"减少："&ABS(B3-C3),"增加："&ABS(B3-C3))”公式中，“B3>C3”部分用于判断当前员工第一季度的业绩是否大于第二季度的业绩，如果条件判断成立，则执行“"减少："&ABS(B3-C3)”部分，表示第二季度的业绩相对于第一季度而言减少了。如果条件判断不成立，则执行“"增加："&ABS(B3-C3)”部分，表示第二季度的业绩相对于第一季度的业绩而言增加了。

由于两个季度的数据做减法运算，存在负数的情况，因此使用ABS()函数对数据作绝对值处理。

NO.077

统计各个利润区间的商品数量【FREQUENCY()】

资源：素材\第9章\商品利润区间分析.xlsx | **资源**：效果\第9章\商品利润区间分析.xlsx

在分析商品销售数据时，可以通过各个利润区间的商品数目来分析商品的盈利点，还可以以此为依据来调整商品的配置，从而提高商品利润。如图9-5所示统计了某超市商品的销售情况，现在要在其中统计出各个利润区间的商品数目。

	A	B	C	D	E	F	G
1	品种	商品名称	供应价	零售价	条形码	月销量	利润
2	香皂	××玫瑰香皂120G	¥ 2.61	¥ 3.00	6921469880009	233	¥ 90.87
3		××柠檬香皂120G	¥ 2.61	¥ 3.00	6921469880016	322	¥ 125.58
4		××三块装120G*3	¥ 7.52	¥ 8.65	6921469880047	601	¥ 679.13
5		××3+1块装120G*4	¥ 7.52	¥ 8.65	6921469880047	661	¥ 746.93
6		牛奶香皂120G	¥ 4.25	¥ 5.40	8801051115017	158	¥ 181.70
7		宝瓜香皂120G	¥ 4.25	¥ 5.40	8801051123074	896	¥ 1,030.40
8		竹盐香皂120G	¥ 5.15	¥ 6.20	8801051122084	365	¥ 383.25
9	牙膏	竹盐牙膏80G	¥ 6.50	¥ 7.80	6921469850026	768	¥ 998.40
10		竹盐牙膏120G	¥ 8.70	¥10.50	6921469850019	369	¥ 664.20
11		竹盐牙膏170G	¥10.80	¥13.10	6921469850002	125	¥ 287.50
12		竹盐牙膏220G	¥12.60	¥15.28	6921469850064	547	¥ 1,465.96
13		××牙膏60G	¥13.72	¥15.10	8801051091403	657	¥ 906.66
14		××牙膏120G	¥23.59	¥25.95	8801051091410	567	¥ 1,338.12
15		××佳爽牙膏120G	¥ 6.50	¥ 8.20	6921469840010	545	¥ 926.50

	I	J	K
1	商品利润区间分析		
2	利润区间	区间分割点	商品数目
3	0元~100元(含)		
4	100元~500元(含)		
5	500元~1000元(含)		
6	1000元~2000元(含)		
7	2000元~3000元(含)		
8	3000元以上		

图9-5 销售情况统计表

解决方法

本例需要统计各个利润区间的商品数目，实际上是计算数值在各个区域内的出现频率，可以使用 FREQUENCY()函数来完成。

从图 9-5 中可以看到已经给定了商品的利润区间划分方式，在统计数据之前，还需要先根据该区间划分方式设置对应的区间分割点，在本例中，由于区间范围的最大值后面有“含”文本，因此在设置区间分割点时就以最大值为临界点，如果没有“含”，则区间分割点就为最大值减 0.01（因为利润数据保留两位小数），其具体操作如下。

STEP01 打开素材文件，在J3:J7单元格区域中输入区间分割点数据（3000元以上的数据因为没有最大值，因此不需要设置分割点），如图9-6所示。

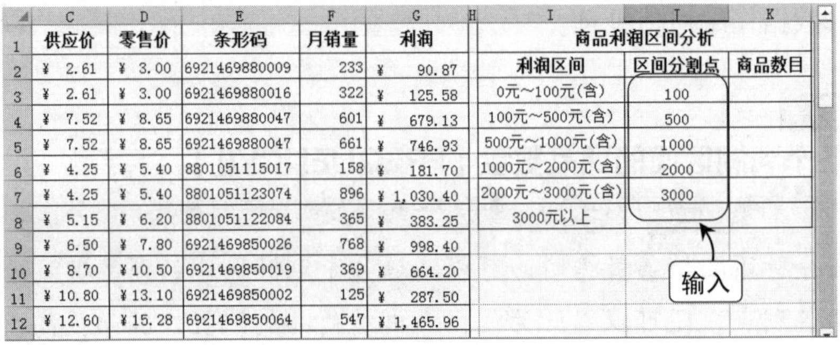

	C	D	E	F	G	I	J	K
1	供应价	零售价	条形码	月销量	利润	商品利润区间分析		
2	¥ 2.61	¥ 3.00	6921469880009	233	¥ 90.87	利润区间	区间分割点	商品数目
3	¥ 2.61	¥ 3.00	6921469880016	322	¥ 125.58	0元~100元(含)	100	
4	¥ 7.52	¥ 8.65	6921469880047	601	¥ 679.13	100元~500元(含)	500	
5	¥ 7.52	¥ 8.65	6921469880047	661	¥ 746.93	500元~1000元(含)	1000	
6	¥ 4.25	¥ 5.40	8801051115017	158	¥ 181.70	1000元~2000元(含)	2000	
7	¥ 4.25	¥ 5.40	8801051123074	896	¥ 1,030.40	2000元~3000元(含)	3000	
8	¥ 5.15	¥ 6.20	8801051122084	365	¥ 383.25	3000元以上		
9	¥ 6.50	¥ 7.80	6921469850026	768	¥ 998.40			
10	¥ 8.70	¥10.50	6921469850019	369	¥ 664.20			
11	¥ 10.80	¥13.10	6921469850002	125	¥ 287.50			
12	¥ 12.60	¥15.28	6921469850064	547	¥ 1,465.96			

图 9-6 设置区间分割点

STEP02 选择K3:K8单元格区域，在编辑栏中输入如下公式，按【Ctrl+Shift+Enter】组合键确认输入的公式，程序自动计算出对应利润区间的商品数目，如图9-7所示。

=FREQUENCY(G2:G41,J3:J7)

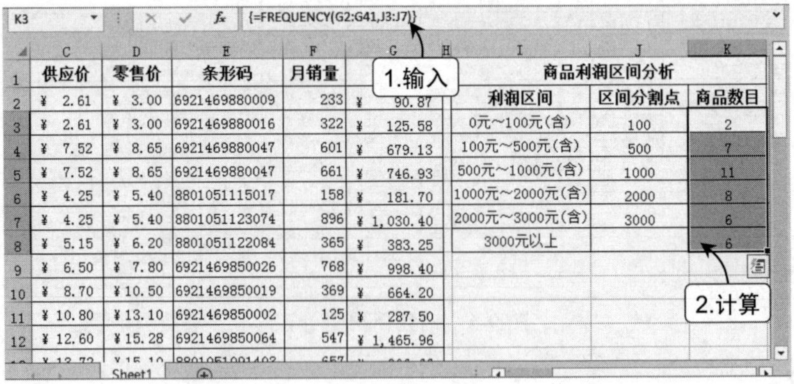

	C	D	E	F	G	I	J	K
1	供应价	零售价	条形码	月销量	利润	商品利润区间分析		
2	¥ 2.61	¥ 3.00	6921469880009	233	¥ 90.87	利润区间	区间分割点	商品数目
3	¥ 2.61	¥ 3.00	6921469880016	322	¥ 125.58	0元~100元(含)	100	2
4	¥ 7.52	¥ 8.65	6921469880047	601	¥ 679.13	100元~500元(含)	500	7
5	¥ 7.52	¥ 8.65	6921469880047	661	¥ 746.93	500元~1000元(含)	1000	11
6	¥ 4.25	¥ 5.40	8801051115017	158	¥ 181.70	1000元~2000元(含)	2000	8
7	¥ 4.25	¥ 5.40	8801051123074	896	¥ 1,030.40	2000元~3000元(含)	3000	6
8	¥ 5.15	¥ 6.20	8801051122084	365	¥ 383.25	3000元以上		6
9	¥ 6.50	¥ 7.80	6921469850026	768	¥ 998.40			
10	¥ 8.70	¥10.50	6921469850019	369	¥ 664.20			
11	¥ 10.80	¥13.10	6921469850002	125	¥ 287.50			
12	¥ 12.60	¥15.28	6921469850064	547	¥ 1,465.96			

图 9-7 统计对应利润区间的商品数目

公式解析

在本例的"=FREQUENCY(G2:G41,J3:J7)"公式中，G2:G41 单元格区域指明了要进行统计的数据所在的位置，即所有利润数据。J3:J7 单元格区域指明了进行分组的区间分割点，即利润分组的区间临界点，通过这个分割点，将数据划分为 6 个范围，(0,100]、(100,500]、(500,1000]、(1000,2000]、(2000,3000]和(3000，+ ∞)。以 G2 单元格的数据为例，讲解整个计算过程。

首先提取 G2 单元格的数据 90.87，判断是否属于第一个区间范围，匹配成功，则区间 1 的计数器加 1，继续提取 G3 的数据进行区间匹配，直到匹配完所有数据。

如果 G2 单元格与第一个区间范围匹配不成功，则判断是否属于第二个区间范围，如果匹配成功，则区间 2 的计数器加 1，继续提取 G3 的数据进行区间匹配，直到匹配完所有数据。

如果 G2 单元格与第二个区间范围匹配不成功，则判断是否属于第三个区间范围……，以此重复完成所有区间和所有数据的匹配，最后将每个区间范围中对应计数器中的数据输出，即完成分组。

知识看板

在 Excel 中，FREQUENCY()函数用于计算数值在某个区域内的出现频率，然后返回一个垂直数组，其语法结构为：FREQUENCY(data_array, bins_array)。

从语法结构中可以看出，该函数中包含两个参数，各参数的具体说明如下。

◆ data_array：表示一组数据或单元格区域的引用，要为它计算频率，通俗理解就是需要进行频率统计的数据源。

◆ bins_array：表示一个区间数组或对区间的引用，该区间用于对 data_array 中的数值进行分组，通俗理解就是区间分割点。

NO.078
根据单价表和销量表汇总销售额【OFFSET()/N()/MATCH()】

资源：素材\第9章\销售额汇总.xlsx | 资源：效果\第9章\销售额汇总.xlsx

　　某服装销售公司在记录销售数据时，为了便于产品单价的维护，将所有产品的单价与销售数据分开，单独存储在一个表格中，如图 9-8 所示记录了女装不同款号的单价以及 8 月份的销量数据。现在需要汇总 8 月份女装的销售额数据。

女装单价表				8月销量表				8月销售额汇总
款号	颜色	尺码	单价	款号	颜色	尺码	销量	
DST-1372	红/黄	S/M/L	￥110.60	DST-1361	红	S/M/L	600	
DST-1371	红/绿	S/M/L	￥162.00	DST-1361	黑	S/M/L	551	
DST-1375	红/绿/黑	S/M/L	￥126.80	DST-1362	红	S/M/L	97	
DST-1361	红/黑	S/M/L/XL	￥137.70	DST-1362	绿	S/M/L	189	
DST-1362	红/绿/黑	S/M/L	￥153.90	DST-1362	黑	S/M/L	689	
DST-1368	红/绿/黑	S/M/L	￥159.20	DST-1368	红	S/M/L	815	
DST-1376	红/黑	S/M/L/XL	￥191.70	DST-1368	绿	S/M/L	95	
DST-1367	红/绿/黑	S/M/L	￥183.60	DST-1368	黑	S/M/L	520	
DST-1369	红/绿/黑	S/M/L	￥121.40	DST-1371	红	S/M/L	369	
DST-368	红/黑	S/M/L/XL	￥159.20	DST-1371	黑	S/M/L	1125	
DST-2015	红/绿	S/M/L	￥189.00	DST-1372	红	S/M/L	326	
				DST-1372	黄	S/M/L	721	
				DST-1375	红	S/M/L	731	
				DST-1375	绿	S/M/L	931	
				DST-1375	黑	S/M/L	130	

8月女装销售数据

图 9-8　女装销售数据统计

解决方法

　　在本例中，根据单价表和销量表汇总销售额，关键是得到每一个记录中产品对应的单价，这可以使用 MATCH()函数和 OFFSET()函数查找出每种女装对应的单价，然后汇总销售额，其具体操作如下。

STEP01 打开素材文件，选择K2单元格，在编辑栏中输入如下公式。

=SUM(N(OFFSET($D$2,MATCH($F$3:$F$17,$A$3:$A$13,0),))*(I3:I17))

STEP02 按【Ctrl+Shift+Enter】组合键确认输入的公式，并计算出8月份女装的销售总额数据，如图9-9所示。

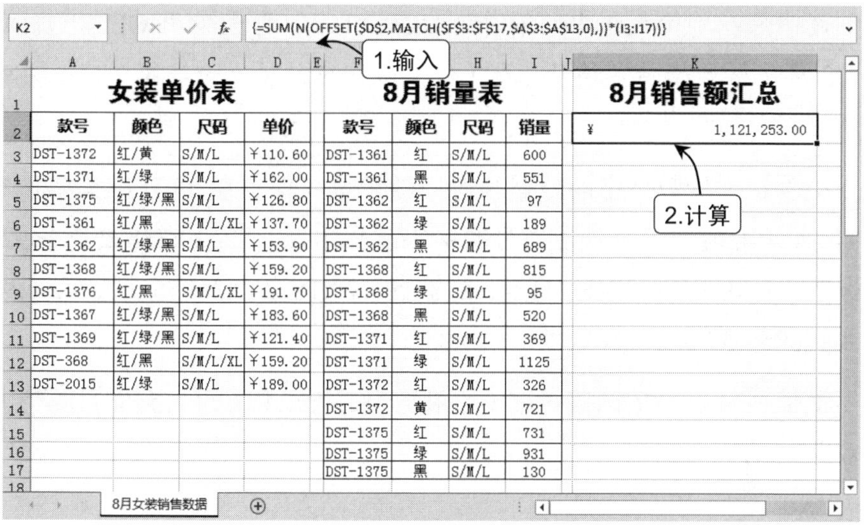

图 9-9 计算出 8 月份女装的销售总额数据

公式解析

在本例的"=SUM(N(OFFSET($D$2,MATCH($F$3:$F$17,$A$3:$A$13, 0),))*(I3:I17))"公式中，先使用 MATCH()函数将销量表中的款号与单价表中的款号进行匹配，返回销量表中的款号在女装单价表中的款号列中的位置数组，即{4;4;5;5;5;6;6;6;2;2;1;1;3;3;3}。

说明：在位置数组中的第一个数据"4"表示销量表中的"DST-1361"款号在单价表的 A3:A13 单元格区域中的第四个位置出现。

然后使用 OFFSET()函数根据匹配的结果引用对应的单价，由于此时"OFFSET($D$2,{4;4;5;5;5;6;6;6;2;2;1;1;3;3;3},)"部分的计算是一个三维数组的运算，而 OFFSET()函数不能够直接返回三维引用。

因此，在本例中需要使用 N()函数将维数组转换为二维数组（如果不使用该函数进行值转换，则函数最终会返回错误的结果），最终得到单价数组{137.7;137.7;153.9;153.9;153.9;159.2;159.2;159.2;162;162;110.6;110.6; 126.8;126.8;126.8}。

　　说明：在单价数组中的第一个数据"137.70"是使用 OFFSET()函数从 D2 单元格开始向下移动 4 行（位置数组中的第一个数据"4"）返回同列的值。

　　接着将单价数组中的数据与对应的销量（保存在 I3:I17 单元格区域中）相乘即可得到每个款号当月的销售额数组，即{82620;75872.7; 14928.3; 29087.1;106037.1;129748;15124;82784;59778;182250;36055.6;79742.6;926 90.8;118050.8;16484}。

　　最后使用 SUM()函数对该销售额数组进行求和即可得到当月的销售总额数据。

知识看板

　　①在 Excel 中，N()函数通常用于将指定的数据转化为数值型数据，其语法结构为：N(value)。该函数只有一个 value 参数，用于指定要转换的数值或单元格引用。不同的数据通过 N()函数转换得到不同的值，见表 9-1 所示。

表 9-1　N()函数转换值列表

数值或引用	N()函数返回值	数值或引用	N()函数返回值
数字	该数字	日期	该日期的序列号
TRUE	1	FALSE	0
错误值，例如 #DIV/0!	错误值	其他值	0

　　②需要注意的是，如果是文本格式的数字，则 N()函数会认为是文本，而返回结果 0。

　　③如果 N()函数的内部是引用，那么 N()函数会对引用区间起到两个作用，将引用区间变成数组，取引用区间中每个二维数据的第一个数值。由于 N()函数具有这个特性，因此也经常用于将多维数组转化为二维数组，从而解决了使用 OFFSET()函数等引用函数不能够直接返回三维数组

和四维数组的问题。

NO.079 计算打折期间的总营业额【MMULT()/SUMPRODUCT()】

资源：素材\第 9 章\销售额汇总.xlsx | **资源：**效果\第 9 章\销售额汇总.xlsx

在节假日期间，各商场、超市等都会采用打折的方式来吸引顾客，甚至在长假期间，在不同的时段会采用不同的打折额度来吸引顾客。

比如某超市在国庆长假期间，在前期对部分生活用品采取九五折促销，在后期采用九折促销。在活动结束之后，已经统计出了各商品在不同打折额度时销售的数量，如图 9-10 所示。现在要求计算该超市长假期间的总销售额。

	A	B	C	D	E
1	××超市国庆商品销量统计表				
2	商品	单价	销售量		总营业额
3			95%	90%	
4	大米	¥ 2.90	42156	43568	
5	面粉	¥ 2.50	23288	36033	
6	白菜	¥ 0.90	46221	43949	
7	黄瓜	¥ 3.80	10212	28126	
8	白糖	¥ 5.40	23876	37815	
9	土豆	¥ 3.70	28498	45454	
10	食盐	¥ 1.00	18884	29784	
11	鲜肉	¥ 12.50	42555	34495	
12	干辣椒	¥ 5.80	43707	20940	

图 9-10 国庆期间商品的销量统计

解决方法

在本例中，需要计算打折活动期间的总营业额，就需要先计算各种商品打折后的销售价格，这可以使用 MMULT()函数来完成。然后再将产品对应的售价和销量相乘再相加，这可以使用 SUMPRODUCT()函数来完成，其具体操作如下。

STEP01 打开素材文件，选择E4单元格，在编辑栏中输入如下公式。

=SUMPRODUCT(MMULT(B4:B12,C3:D3),C4:D12)

STEP02 按【Ctrl+ Enter】组合键确认输入的公式，并计算出商品在打折销售期间的总营业额，如图9-11所示。

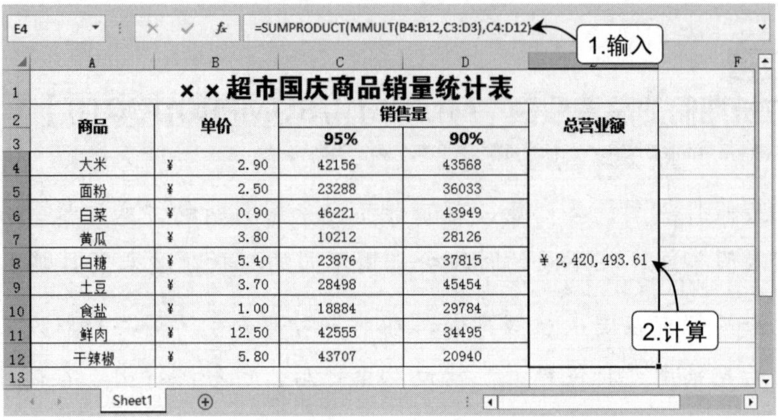

图 9-11 计算商品在打折销售期间的总营业额

公式解析

在本例的"=SUMPRODUCT(MMULT(B4:B12,C3:D3),C4:D12)"公式中，先使用MMULT()函数计算出按照两种不同的折扣打折下来对应的单价，然后使用SUMPRODUCT()函数使用单价乘以对应的销售量并求和，得到打折期间的总销售额。

知识看板

在 Excel 中，MMULT()函数用于计算两个矩阵的乘法，其结果为一个矩阵，其语法结构为：MMULT(array1,array2)。其中，array1 和 array2 参数用于指定要进行矩阵乘法运算的两个数组，在使用该函数的过程中，要注意如下两点。

从语法结构中可以看出，该函数中包含两个参数，各参数的具体说明如下。

◆ 如果 array1 的列数与 array2 的行数不相等，则该函数返回#VALUE!错误值。

◆ 结果矩阵的行数与参数 array1 表示的数组的行数相同，结果矩阵的列数与参数 array2 表示的数组的列数相同。

9.2　库存数据处理

仓储数据管理是一项非常烦琐的工作，需要工作人员具有较高的责任心，但现在利用 Excel 便能使这些工作变得简单轻松，下面介绍处理这方面数据的方法。

NO.080
判断是否需要进货并换行显示判断结果【CHAR()/IF()】

资源：素材\第 9 章\月度库存管理.xlsx　　|　　资源：效果\第 9 章\月度库存管理.xlsx

某公司规定，每种销售产品的标准库存量为 300，如果产品的当前库存量低于标准库存量，就需要立即进货，以确保销售的正常进行。如图 9-12 所示为某工作人员整理的 5 月份各产品的库存情况，现在要求判断产品是否需要进货，并且在判断结果单元格中需要将当前的库存数据读取出来，并将其与判断结果分行显示。

库存代码	名称	上月结转	本月入库	本月出库	当前数目	标准库存量	溢短	单价	成本	库存金额	是否进货
070201	X型背包	124	545	91	578	300	278	￥150.00	￥45,000.00	￥86,700.00	
070202	X型运动鞋	300	145	300	145	300	287	￥275.00	￥82,500.00	￥39,875.00	
070203	X型太阳帽	563	344	235	672	300	372	￥185.00	￥55,500.00	￥124,320.00	
070204	X型太阳镜	545	235	265	515	300	215	￥95.00	￥28,500.00	￥48,925.00	
070205	Y型运动水壶	125	326	56	395	300	95	￥158.00	￥47,400.00	￥62,410.00	
070206	Y型太阳帽	545	200	250	495	300	195	￥185.00	￥55,500.00	￥91,575.00	

月度库存管理表（统计时间2018年5月，仓库管理员张三，成本基数）

图 9-12　月度库存管理表

解决方法

在本例中，由于库存管理表中存在较多的数据项，如果要求仓库管理员自己去阅读并判断各产品的库存信息是不太现实的。此时可以通过 IF() 函数判断当前库存量与标准库存量的大小，来确定产品是否需要进货。Excel 工作表单元格中的数据，默认情况下用一行显示所有的数据，但是如果单元格中的数据较长，则可能出现数据遮掩其他单元格数据或者数据显示不完全的问题。要解决这个问题，可以将单元格的对齐方式设置为"自动换行"。

另外，由于要读取当前的库存数据，并将其与判断结果分行显示，此时可以在公式中插入换行符，这需要用到 CHAR() 函数，并将其参数设置为数字 10。

下面讲解判断产品是否进货的方法，其具体操作如下。

STEP01 打开素材文件，选择L4:L30单元格区域，单击"开始"选项卡"对齐方式"组中的"自动换行"按钮为单元格区域设置自动换行，如图9-13所示。

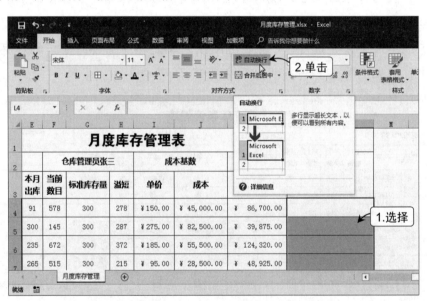

图 9-13　设置自动换行

STEP02 保持单元格区域的选择状态，在编辑栏中输入如下公式。

=IF(F4<G4,"当前库存量为:"&F4&CHAR(10)&"低于标准库存，需要进货",
"当前库存量为:"&F4&CHAR(10)&"比较充裕，不需要进货")

STEP03 按【Ctrl+Enter】组合键确认输入的公式，并判断出所有产品是否需要进货的结果，如图9-14所示。

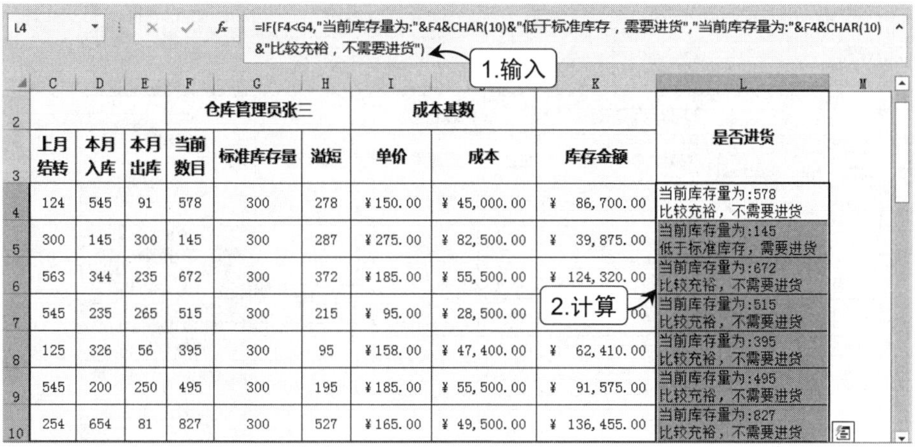

图 9-14 判断所有产品是否需要进货

公式解析

在本例的 "=IF(F4<G4,"当前库存量为:"&F4&CHAR(10)&"低于标准库存，需要进货","当前库存量为:"&F4&CHAR(10)&"比较充裕，不需要进货")" 公式中，F4 单元格中保存的是产品的当前库存量，G4 单元格中保存的是产品的标准库存量，使用 "F4<G4" 部分主要用于判断产品的当前数目是否小于标准库存量。

如果条件判断成立，则 IF() 函数返回当前库存量及需要进货的信息，即执行 ""当前库存量为:"&F4&CHAR(10)&"低于标准库存，需要进货"" 部分。

如果条件判断不成立，则 IF() 函数返回当前库存量及不需要进货的信息，即执行 ""当前库存量为:"&F4&CHAR(10)&"比较充裕，不需要进货")" 部分。

在公式中的 "CHAR(10)" 部分主要用于输出换行符，如果没有该部分，则公式变为如下内容，则判断结果虽然进行了分行显示，但获取的库存数据与判断结果是连续显示的，如图 9-15 所示。

=IF(F4<G4,"当前库存量为:"&F4&"低于标准库存，需要进货","当前库存量为:"&F4&"比较充裕，不需要进货")

L4   =IF(F4<G4,"当前库存量为:"&F4&"低于标准库存,需要进货","当前库存量为:"&F4&"比较充裕,不需要进货")

1.输入

上月结转	本月入库	本月出库	当前数目	标准库存量	溢短	单价	成本	库存金额	是否进货
						仓库管理员张三	成本基数		
124	545	91	578	300	278	¥150.00	¥45,000.00	¥86,700.00	当前库存量为:578比较充裕,不需要进货
300	145	300	145	300	287	¥275.00	¥82,500.00	¥39,875.00	当前库存量为:145低于标准库存,需要进货
563	344	235	672	300	372	¥185.00	¥55,500.00	¥124,320.00	当前库存量为:672比较充裕,不需要进货
545	235	265	515	300	215	¥95.00	¥28,500.00		当前库存量为:515比较充裕,不需要进货
125	326	56	395	300	95	¥158.00	¥47,400.00	¥62,410.00	当前库存量为:395比较充裕,不需要进货
545	200	250	495	300	195	¥185.00	¥55,500.00	¥91,575.00	当前库存量为:495比较充裕,不需要进货
254	654	81	827	300	527	¥165.00	¥49,500.00	¥136,455.00	当前库存量为:827比较充裕,不需要进货

2.计算

月度库存管理

图 9-15　判断所有产品是否进货

知识看板

①电脑中的每个字符都有一个 ANSI 码相对应，在 Excel 中，要根据一个数字代码来返回一个字符，就可以用 CHAR() 函数来实现，其语法结构为：CHAR(number)。从函数的语法格式中可以看出，CHAR() 函数仅包含一个 number 必选参数，表示要转换为字符的数字代码，其取值范围为 1~255 的整数，如果取值为小数，Excel 将对小数截尾取整后再进行运算。

②在单元格中填充 1~126 的序列，然后利用 CHAR() 函数引用这序列中的每个值，即可显示出对应数字代码的字符，如图 9-16 所示。

1	2	3	4	5	6	7	8	9	10	11	12	13	14	15	16	17	18	19	20	21
					•					♂	□		♫	¤	+	◄	↕	‼	¶	⊥
22	23	24	25	26	27	28	29	30	31	32	33	34	35	36	37	38	39	40	41	42
⊤	↨	↑	↓	→	•						!	"	#	$	%	&	'	(	)	*
43	44	45	46	47	48	49	50	51	52	53	54	55	56	57	58	59	60	61	62	63
+	,	-	.	/	0	1	2	3	4	5	6	7	8	9	:	;	<	=	>	?
64	65	66	67	68	69	70	71	72	73	74	75	76	77	78	79	80	81	82	83	84
@	A	B	C	D	E	F	G	H	I	J	K	L	M	N	O	P	Q	R	S	T
85	86	87	88	89	90	91	92	93	94	95	96	97	98	99	100	101	102	103	104	105
U	V	W	X	Y	Z	[	\	]	^	_	`	a	b	c	d	e	f	g	h	i
106	107	108	109	110	111	112	113	114	115	116	117	118	119	120	121	122	123	124	125	126
j	k	l	m	n	o	p	q	r	s	t	u	v	w	x	y	z	{			}	~

图 9-16　ANSI 码前 126 个字符

NO.081
获取产品包装的长、宽、高并计算库存体积【FIND()/MID()/RIGHT()】

资源：素材\第9章\库存规格.xlsx　　|　　资源：效果\第9章\库存规格.xlsx

　　某公司在记录产品的库存规格的时候，采用了"长×宽×高"的格式进行记录，如图9-17所示。现在为了规划这些产品的存储方案，需要知道这些产品的长、宽、高和库存体积。

产品型号	产品规格 （长×宽×高）	长	宽	高	体积		
A	1.34×0.32×0.83						
B	1.24×0.36×0.94						
C	1.44×0.42×0.45						
D	1.14×0.38×0.98						
E	1.36×0.35×0.67						
F	1.54×0.30×0.28						
G	1.34×0.36×0.59						
H	1.24×0.31×0.60						
I	1.34×0.32×0.71						

图9-17　产品库存规格记录

解决方法

　　在本例中，产品的规格按照"长×宽×高"的规则进行存储，如果想要获取这些数据，可以使用 FIND() 函数来定位提取的字符串的位置。

　　由于长、宽、高的数据分别位于字符串的左、中、右位置，因此，

◆　使用 LEFT() 函数提取第一个"×"之前的字符，即长。

◆　使用 MID() 函数提取两个"×"之间的字符，即宽。

◆　使用 RIGHT() 函数提取第二个"×"之后的字符，即高。

　　在完成长、宽、高的提取之后，由于提取的结果将要参加产品库存体积的计算，所以为了避免计算结果由于数据格式的原因出错，需要将最终提取的结果转换为数值型数据，其具体操作如下。

STEP01　打开素材文件，选择C2:C10单元格区域，在编辑栏中输入如下公式。按【Ctrl+Enter】组合键确认输入的公式并获取产品的长度，如图9-18所示。

$$=LEFT(B2,FIND("×",B2)-1)*1$$

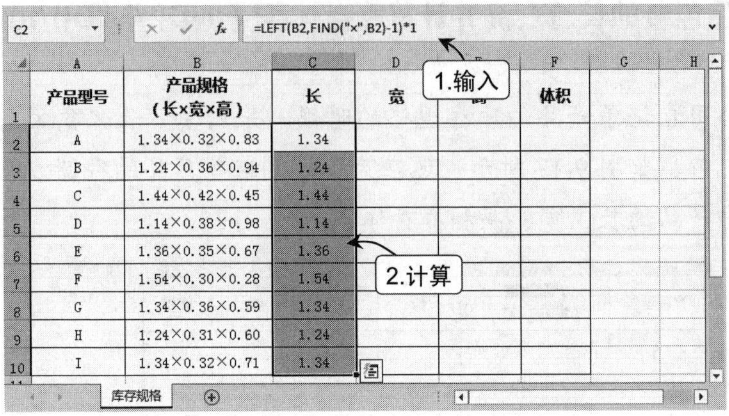

图 9-18 从规格数据中获取各产品的长度

STEP02 选择D2:D10单元格区域，在编辑栏中输入如下公式。按【Ctrl+Enter】组合键确认输入的公式并获取产品的宽度，如图9-19所示。

$$=MID(B2,FIND("×",B2)+1,FIND("×",B2,FIND("×",B2)+1)-FIND("×",B2)-1)*1$$

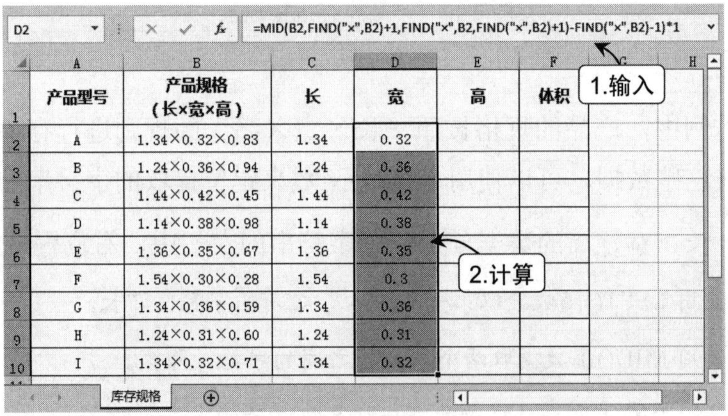

图 9-19 从规格数据中获取各产品的宽度

STEP03 选择E2:E10单元格区域，在编辑栏中输入如下公式。按【Ctrl+Enter】组合键确认输入的公式并获取产品的长度，如图9-20所示。

$$=RIGHT(B2,LEN(B2)-FIND("×",B2,FIND("×",B2)+1))*1$$

E2 =RIGHT(B2,LEN(B2)-FIND("×",B2,FIND("×",B2)+1))*1

产品型号	产品规格（长×宽×高）	长	宽	高	体积
A	1.34×0.32×0.83	1.34	0.32	0.83	
B	1.24×0.36×0.94	1.24	0.36	0.94	
C	1.44×0.42×0.45	1.44	0.42	0.45	
D	1.14×0.38×0.98	1.14	0.38	0.98	
E	1.36×0.35×0.67	1.36	0.35	0.67	
F	1.54×0.30×0.28	1.54	0.3	0.28	
G	1.34×0.36×0.59	1.34	0.36	0.59	
H	1.24×0.31×0.60	1.24	0.31	0.6	
I	1.34×0.32×0.71	1.34	0.32	0.71	

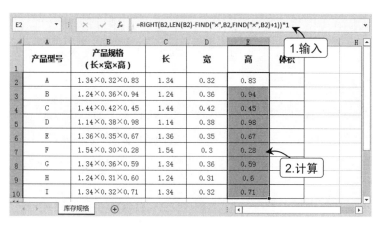

图 9-20　从规格数据中获取各产品的高度

STEP04 选择F2:F10单元格区域，在编辑栏中输入如下公式。按【Ctrl+Enter】组合键确认输入的公式并根据长、宽、高数据计算各产品的体积，如图9-21所示。

=ROUND(PRODUCT(C2:E2),2)

F2 =ROUND(PRODUCT(C2:E2),2)

产品型号	产品规格（长×宽×高）	长	宽	高	体积
A	1.34×0.32×0.83	1.34	0.32	0.83	0.36
B	1.24×0.36×0.94	1.24	0.36	0.94	0.42
C	1.44×0.42×0.45	1.44	0.42	0.45	0.27
D	1.14×0.38×0.98	1.14	0.38	0.98	0.42
E	1.36×0.35×0.67	1.36	0.35	0.67	0.32
F	1.54×0.30×0.28	1.54	0.3	0.28	0.13
G	1.34×0.36×0.59	1.34	0.36	0.59	0.28
H	1.24×0.31×0.60	1.24	0.31	0.6	0.23
I	1.34×0.32×0.71	1.34	0.32	0.71	0.3

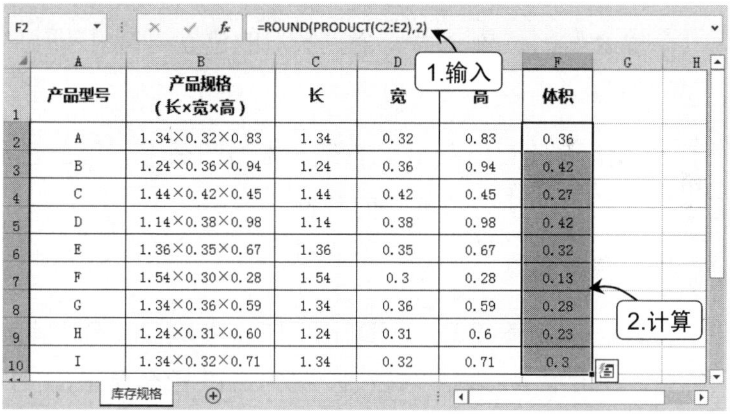

图 9-21　根据获取的长、宽、高数据计算各产品的体积

公式解析

在本例的问题解决过程中，分为 4 步来进行的。

【第 1 步：获取长度】

在“=LEFT(B2,FIND("×",B2)-1)*1”公式中，先使用 FIND()函数获取产品规格中第一个符号“×”的位置，然后使用 LEFT()函数提取产品

规格字符串中该位置之前的字符，由于通过 LEFT()函数提取出来的是文本型的数字，因此还需要使用"*1"部分将该结果转换为数值型的数据。

【第 2 步：获取宽度】

在 " =MID(B2,FIND("×",B2)+1,FIND("×",B2,FIND("×",B2)+1)-FIND("×",B2)-1)*1"公式中，使用 MID()函数提取两个符号"×"之间的字符串。假设 MID()函数的 3 个参数分别为 m1、m2 和 m3，则：

◆   m1=B2

◆   m2=FIND("×",B2)+1=第一个"×"的位置加 1

◆   m3=FIND("×",B2,FIND("×",B2)+1)-FIND("×",B2)-1

对于参数 m3，其中的"FIND("×",B2,FIND("×",B2)+1)"部分表示从 B2 单元格的第"FIND("×",B2)+1"位开始查找"×"出现的位置。

将第二个"×"的位置减第一个"×"的位置再减 1 即可得到两个"×"之间的间隔。

由于通过 MID()函数提取出来的是文本型的数字，因此还需要使用"*1"部分将该结果转换为数值型的数据。

【第 3 步：获取高度】

在"=RIGHT(B2,LEN(B2)-FIND("×",B2,FIND("×",B2)+1))*1"公式中，"LEN(B2)-FIND("×",B2,FIND("×",B2)+1)"部分是 RIGHT()函数的第二个参数，该参数也分为两个部分，即：

◆   第一部分"LEN(B2)"用于计算 B2 单元格中的数据的总长度。

◆   第二部分"FIND("×",B2,FIND("×",B2)+1)"表示第二个"×"的位置。

用总长度减去第二个"×"的位置可以得到 B2 单元格中的字符最后剩余的字符数，即整个公式表示使用 RIGHT()函数从产品规格的右侧提取字符，提取的字符长度为字符串的总长度减去查找到的第二个符号"×"的位置。

由于通过 RIGHT()函数提取出来的是文本型的数字，因此还需要使用"*1"部分将该结果转换为数值型的数据。

【第4步：计算体积】

在"=ROUND(PRODUCT(C2:E2),2)"公式中，使用 PRODUCT()函数计算产品长、宽、高的乘积，然后使用 ROUND()函数将计算结果四舍五入为两位小数。

NO.082
输入库存编号自动查询库存明细【LOOKUP()】

资源：素材\第9章\钢材库存表.xlsx　　|　　资源：效果\第9章\钢材库存表.xlsx

如图 9-22 所示为某钢材企业的库存明细表，在其中详细记录了钢材的编号、类型、规格、重量、现有库存量等数据，现在已经在表格下方创建了一个库存查询表格，为了方便用于选择查询的库存编号，已经通过数据验证功能将编号数据设置为下拉列表的方式进行选择，现需实现通过选择库存编号，便能得到相应钢材库存信息。

编号	类型	规格(H×B×t1×t2)	重量(kg/m)	现有库存量(件)
GC-001	H型钢	100×100×6×8	17.2	1156
GC-002	H型钢	125×125×6.5×9	23.8	1462
GC-003	H型钢	148×100×6×9	21.4	1020
GC-004	H型钢	150×150×7×10	31.9	1360
GC-005	H型钢	150×75×5×7	14.3	1615
GC-006	槽钢	63×40×4.8×7.5	6.634	1207
GC-007	槽钢	80×43×5.0×8.0	8.045	1428
GC-008	槽钢	100×48×5.3×8.5	10.007	1054
GC-009	方形空心型钢	30×30×2.5	2.032	1581
GC-010	方形空心型钢	30×30×3.0	2.361	1139
GC-011	方形空心型钢	40×40×2.5	2.817	1394
GC-012	方形空心型钢	40×40×3.0	3.303	1445

库存查询

选择库存编号	类型	规格(H×B×t1×t2)	重量(kg/m)	现有库存量(件)

图 9-22　钢材库存明细表

解决方法

　　本例就是一个根据指定关键字来查询数据表中的数据的问题，直接使用 LOOKUP()函数即可完成，但是在设置参数中一定要注意单元格的引用方式。下面介绍解决本问题的方法，其具体操作如下。

STEP01 打开素材文件，选择B18:E18单元格区域，在编辑栏中输入如下公式。按【Ctrl+Enter】组合键确认输入的公式，由于此时未设置库存编号，查询结果单元格中显示#N/A错误值，如图9-23所示。

$$=LOOKUP(\$A\$18,\$A\$3:\$A\$14,B3:B14)$$

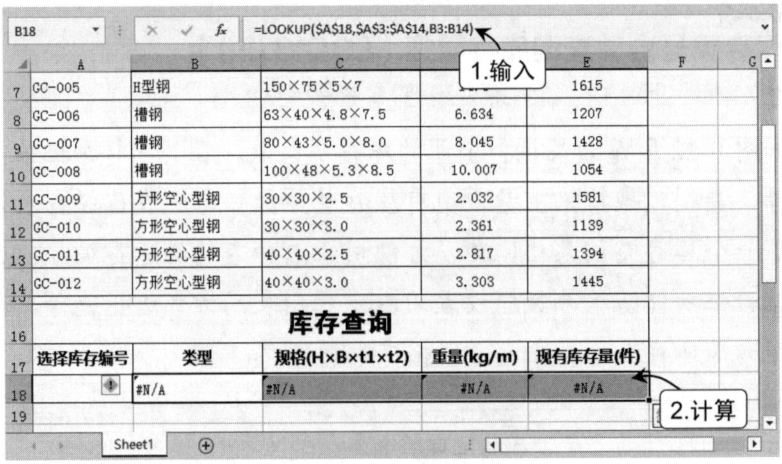

图 9-23　确认设置的查询公式

STEP02 选择A18单元格，单击其右侧出现的下拉按钮，在弹出的下拉列表中选择"GC-011"选项，如图9-24所示。

图 9-24　设置要查询库存信息的编号

STEP03 程序自动执行查询公式，并在查询结果单元格中显示对应的钢材库存信息，如图9-25所示。

	A	B	C	D	E	F	G
7	GC-005	H型钢	150×75×5×7	14.3	1615		
8	GC-006	槽钢	63×40×4.8×7.5	6.634	1207		
9	GC-007	槽钢	80×43×5.0×8.0	8.045	1428		
10	GC-008	槽钢	100×48×5.3×8.5	10.007	1054		
11	GC-009	方形空心型钢	30×30×2.5	2.032	1581		
12	GC-010	方形空心型钢	30×30×3.0	2.361	1139		
13	GC-011	方形空心型钢	40×40×2.5	2.817	1394		
14	GC-012	方形空心型钢	40×40×3.0	3.303	1445		
16	**库存查询**						
17	选择库存编号	类型	规格(H×B×t1×t2)	重量(kg/m)	现有库存量(件)		
18	GC-011 ▾	方形空心型钢	40×40×2.5	2.817	1394	查看	

图 9-25 查看查询结果

公式解析

在本例的"=LOOKUP($A$18,$A$3:$A$14,B3:B14)"公式中，A18单元格用于指定要查询的库存编号，A3:A14 单元格区域用于指定要查询的区域，B3:B14 单元格区域用于指定要返回的数据区域，由于指定的库存编号位置和查询位置都是固定不变的，因此单元格引用方式采用绝对引用，而返回的区域依次为表格中的 B~E 列，因此 LOOKUP()函数的第三个参数采用相对引用方式。